延安气田富县区域下古生界马家沟组天然气勘探开发理论与实践

刘宝平 著

西南交通大学出版社
·成都·

```
图书在版编目（CIP）数据

延安气田富县区域下古生界马家沟组天然气勘探开发
理论与实践/刘宝平著. —成都：西南交通大学出版
社，2022.3
　ISBN 978-7-5643-8432-6

　Ⅰ.①延… Ⅱ.①刘… Ⅲ.①鄂尔多斯盆地–古生代
–天然气–油气勘探–研究–富县 Ⅳ.①P618.130.8

　中国版本图书馆 CIP 数据核字（2021）第 257865 号
```

Yan'an Qitian Fuxian Quyu Xiagushengjie Majiagouzu Tianranqi Kantan Kaifa Lilun yu Shijian

延安气田富县区域下古生界马家沟组天然气勘探开发理论与实践

刘宝平　著

责 任 编 辑	陈　斌
封 面 设 计	何东琳设计工作室
出 版 发 行	西南交通大学出版社 （四川省成都市金牛区二环路北一段 111 号 西南交通大学创新大厦 21 楼）
发行部电话	028-87600564　028-87600533
邮 政 编 码	610031
网　　　址	http://www.xnjdcbs.com
印　　　刷	成都蜀通印务有限责任公司
成 品 尺 寸	170 mm × 230 mm
印　　　张	17.5	字　　　数	297 千
版　　　次	2022 年 3 月第 1 版	印　　　次	2022 年 3 月第 1 次
书　　　号	ISBN 978-7-5643-8432-6
定　　　价	68.00 元

图书如有印装质量问题　本社负责退换
版权所有　盗版必究　举报电话：028-87600562

前言

天然气作为一种清洁的能源，在能源消费结构中所占的比重逐年提高。鄂尔多斯盆地下古生界马家沟组碳酸盐岩天然气资源丰富，延安气田主体主要分布在靖边、志丹、延安一带，为国家的经济发展和服务民生做出了突出贡献。

延安气田富县等南五县区块位于盆地东南部，更靠近中央古隆起区和渭北隆起带，特殊的大地构造位置造成了研究区气藏综合地质条件与前述各区块下古生界马家沟气藏均有一定差别，因此成藏模式不能完全鉴用，勘探思路与勘探部署工作也不能照搬应套。大部分试气工作结果表明：研究区试气产能变化范围大，整体气井单井产能中等偏低、存在高产与低产共存等特点。开发实践表明：压力下降快、产水明显、稳产难等问题，导致气藏开采面临严峻的压力。近年来，在深化下古生界马家沟组地质认识和高效勘探开发关键技术的引领下，在富县、甘泉等区域进行多年的天然气勘探工作终于取得工业性突破。

本次研究在岩心、野外踏勘、分析测试、测井、录井资料基础上，结合区域构造沉积背景，开展了精细地层划分对比，研究了现今构造、古构造、沉积环境和古地貌。从生、储、盖、运、圈、保六要素分析了研究区能形成优质巨大的天然气资源潜力的油气藏的地质条件，认为气藏受古（今）构造、古地貌、储层、盖层、烃源岩以及运移通道多元耦合关系控制；并丰富创新了古地貌和古地质地层出露图件的编图方法，总结了形成高产气井的基本条件和测井、录井等一体化综合识别法则；在成藏期次研究基础上，综合分析成藏主控因素及工区马家沟组上、中、下气层组的成藏模式，揭示了研究区天然气富集的客观规律。

作 者

2021 年 8 月

目录

第一章 绪论 ··· 001
第一节 研究背景 ····································· 001
第二节 研究区概况 ··································· 002
第三节 研究思路及关键技术 ····························· 003
第四节 研究内容 ····································· 005
第五节 完成工作量 ··································· 007
第六节 取得的主要认识 ································· 009

第二章 地层划分与对比 ································· 011
第一节 区域地质背景 ································· 011
第二节 精细地层划分与对比 ····························· 019
第三节 地层发育特征 ································· 030
第四节 现今顶面构造特征 ······························· 048

第三章 沉积相分析 ····································· 053
第一节 区域沉积演化概况 ······························· 053
第二节 沉积相划分标志 ································· 056
第三节 沉积相类型 ··································· 065
第四节 区域内沉积相发育特征 ··························· 069

第四章 古地貌及其构造特征 ····························· 078
第一节 盆地古岩溶地貌 ································· 079
第二节 研究区古地貌恢复 ······························· 081
第三节 区域古构造恢复及其特征 ························· 090

第五章 烃源岩评价 ····································· 096
第一节 烃源岩有机地球化学特征 ························· 096
第二节 烃源岩发育特征 ································· 108

第三节　烃源岩生烃能力评价 …………………………………… 112

第六章　储层特征 …………………………………………………… 119
　　第一节　储层岩石类型及分布特征 ……………………………… 119
　　第二节　白云岩储层成因分析 …………………………………… 128
　　第三节　储层成岩作用 …………………………………………… 137
　　第四节　储集空间特征 …………………………………………… 143
　　第五节　储层物性特征 …………………………………………… 154
　　第六节　储层影响因素分析 ……………………………………… 186
　　第七节　储层分类评价 …………………………………………… 200

第七章　气藏形成演化与成藏模式分析 ………………………… 209
　　第一节　气源分析 ………………………………………………… 209
　　第二节　成藏期次分析 …………………………………………… 217
　　第三节　盖层特征 ………………………………………………… 222
　　第四节　天然气运移聚集特征 …………………………………… 231
　　第五节　圈闭条件分析 …………………………………………… 233
　　第六节　源储配置关系及成藏模式 ……………………………… 234

第八章　气藏主控因素及有利区预测 …………………………… 243
　　第一节　气层分布特征 …………………………………………… 243
　　第二节　气藏主控因素 …………………………………………… 252
　　第三节　有利区预测 ……………………………………………… 263

第九章　结　论 …………………………………………………… 268

参考文献 …………………………………………………………… 271

第一章 绪 论

第一节 研究背景

鄂尔多斯盆地下古生界碳酸盐岩天然气资源丰富，已探明含气层位于马家沟组。盆地内奥陶系马家沟组含气层在区域上都有富集，目前产气区域主体都位于南五县区块的北部，靖边气田、延安气田西部气区在马家沟组都有产气突破，对鄂尔多斯盆地马家沟组气藏成藏的认识主要集中在这些区域。延安气田与北部靖边气田一样，位于正宁-环县-定边-鄂托克旗一线"L"形中央古隆起的东侧，白云岩是盆地奥陶系最重要的有效储集岩类，前人已从沉积、构造、成岩等角度分析东侧马家沟储层的形成机理及其影响因素，古地貌恢复发现石炭系沉积前中央古隆起东侧古地貌处于岩溶斜坡位置，其间岩溶高地、斜坡、洼地及沟槽间互出现，逐渐过渡为盐洼地。从中奥陶世-早石炭世经历了长达1.3亿年的风化、剥蚀和淋滤作用，使该区域内马五段储层经历了白云化、去白云化、去膏化、溶蚀、角砾化等作用，使岩溶高地、岩溶斜坡储层孔隙得到极大的改善；逐渐往东岩溶盆地区，岩溶储层孔洞充填程度高，逐渐转为白云岩致密储层。研究发现目前各区块内主力产气层马家沟组马五段基本都位于奥陶纪古隆起至拗陷区的过渡区，该区域的构造格局和古地理特征为气藏的形成提供了有利的成藏条件，为周边区域马家沟组气藏的研究奠定了必要的理论、勘探和实践基础。

南五县区域紧邻目前主要的产气区，北部吴起-志丹地区下古生界马家沟组，已形成规模性气藏，多口井试气获得高产气流。已有的盆地烃源岩评价成果认为南五县区域上古生界烃源岩厚度及生烃潜力较北部邻区差，但下古生界多口井试采获得工业气流，且长庆油田在宜川-黄龙地区下古生界试气有8口井获1.12~3.70万 m^3/日天然气工业流，中石化在富县牛武地区试气也获得了工业气流，预示着该区下古生界有着良好的天然气资源潜力。南五县区块北邻延安气田延气2-延128天然气规模生产区和延长气田西部气区，为延长气田南部扩边的重要区域。

鄂尔多斯盆地奥陶纪时期在盆地中南部存在一个古隆起，南五县区块相较北部区块更靠近古隆起区，造成其气藏综合地质条件与前述各区块下古生界马家沟气藏均有一定差别，因此成藏模式不能完全借用，勘探思路与勘探部署工作也不能照搬照抄。目前该区虽已有231口井钻遇马家沟组，但试气井数量少，对区域的认识不清，地质认识有待进一步加深；多口井马五段有气测显示，但试气效果差，对制约气井产能的因素认识不够，对气层的识别也明显不足。马家沟组成藏综合条件认识的不明确，对勘探的指导具有严重的制约作用。因此，针对马家沟组还需继续研究，以取得更大突破与进展。

第二节　研究区概况

本次研究区位于南五县，包括宜川、富县、黄陵、洛川、黄龙五个行政县，面积 $1.4 \times 10^4 \, km^2$。该区域隶属于鄂尔多斯盆地伊陕斜坡的南部，南接渭北隆起，东接晋西挠褶带。目前本次研究选取 $9\,696 \, km^2$ 的区块展开，工区内共收集445口井资料，其中富县、宜川境内有231口井次钻遇马家沟组，有175口井钻穿马五$_4$，59口井钻穿马五$_{10}$。截至目前，富县地区马家沟组共试气67口79层，无阻万方以上22口，占比32.8%，34口低产。其中，2018年，马家沟组共试气41口56层，无阻万方以上14口，17口低产。试气层位主要为上组合马五$_1$-马五$_4$，射开层位主要位于马五$_1^3$、马五$_1^4$、马五$_2^2$、马五$_4^1$，有23口井获万方以上无阻流量；有15口井射开中组合马五$_5$、马五$_7$、马五$_{10}$，有4口井获万方以上无阻。试气结果呈现局部高产、临井差异大的特征。

根据工区内已有试气产能情况，结合收集的资料确定本次主要研究目的层位于马家沟组马五层段的马五$_1^2$、马五$_1^3$、马五$_1^4$、马五$_2^2$、马五$_4^1$。马五$_5$段马五时期发生的最大海侵期的产物，形成了大量的灰岩沉积。由于马五$_5$位于马五$_4$蒸发环境之下，为白云岩化提供较好条件，目前多口探井在此层位进行试气试采，如延*、延*井都射开了马五$_5$，合层试采获得一定产能，如延*井试气无阻流量达到$16 \times 10^4 m^3$。所以马五$_5$单独称为中组合上段，是非常重要的产层之一。本次研究将兼顾中组合马五$_5$、马五$_7$。工区内马四认识程度低，在现有资料基础上做初步勘探评价。根据已有认识，其他层段如马五$_3$、马五$_6$等因产气能力低，不作为主要论述对象。

第三节 研究思路及关键技术

本次研究将在岩心、野外踏勘、分析测试、测井、录井资料的基础上，结合区域构造沉积背景，开展精细地层划分对比，分析工区现今构造、古构造、沉积环境和古地貌。从生、储、盖、运、圈、保五要素开展成藏要素研究，在成藏期次研究基础上，综合分析成藏主控因素及工区马家沟组上、中、下气层组的成藏模式。

本次研究采用的关键技术：

（1）古地貌、古构造恢复技术。

该技术关键在于优选方法，确定等时界面，在地层划分基础上，计算合适的参数值，结合岩石学特征，开展马家沟组顶面古地貌恢复；选取适宜的剥蚀厚度确定方法，恢复不同地质历史时期的古构造。

（2）生烃评价技术。

有机质类型、有机质丰度、热演化程度、烃源岩的分布面积以及烃源岩厚度等都可以一定程度上体现烃源岩的生烃能力，由于上古和下古烃源岩普遍处于高-过成熟阶段，多种地化评价参数都会受此影响，无法反映真实的生烃能力，因此本次研究开展生烃强度评价，利用多参数综合分析，减少单因素影响比重。相关技术路线如图1-1所示。

（3）有利储层评价技术。

储层评价参数多样，由于碳酸盐岩储层非均质性强，在物性、孔喉等方面差异大，这些因素是影响储层储集、渗流条件的关键，本次研究在物性、孔喉分类基础上，结合单井试气产能利用聚类分析进行有利储层评价。

（4）成藏模式研究技术。

油气成藏模式是一组类似的控制油气藏形成的基础条件、动力介质、形成机制、演化历程等要素单一模型或者多要素复合模型的概括。成藏模式研究的关键在搞清楚成藏基本要素的基础上进行，提供对已知油气藏的形成机理和时空分布进行分析和综合的样板。目前成藏模式研究大都停留于积累资料、分类定性描述和定性推理解释状态，其关键在于选取合适的要素建立复合模型。建立符合区域实际的成藏模式，揭示油气成藏规律并指导有利区带和有利圈闭预测。

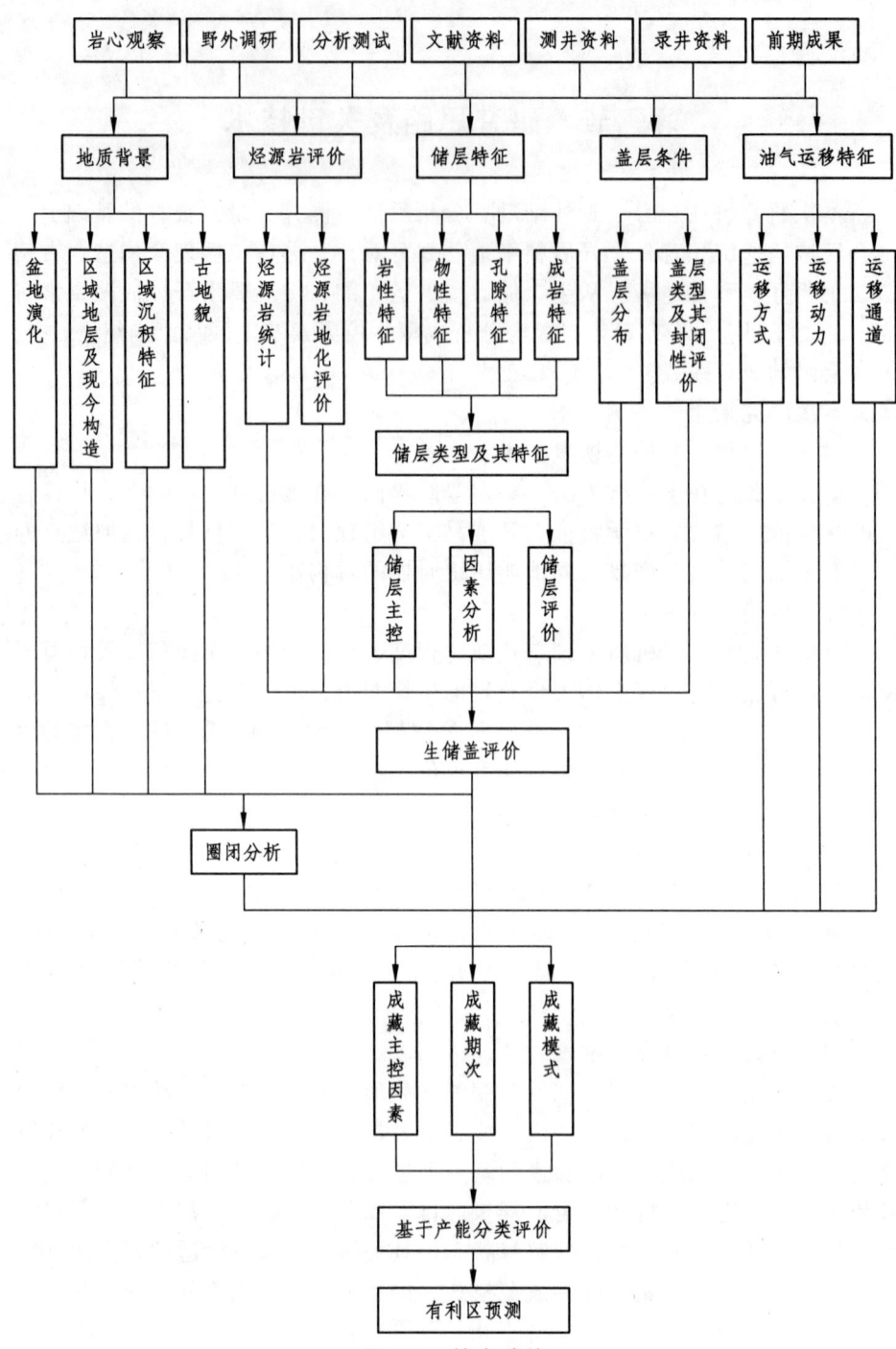

图 1-1　技术路线

第四节 研究内容

本次主要研究内容包括：地层精细划分与对比，并建立标准剖面；古地貌恢复，古构造演化分析；储层评价及其控制因素分析，生烃潜力分析，成藏条件和成藏模式分析，并在前期研究基础上预测资源量及有利区。

（1）精细地层划分与对比。

南五县区域马家沟组位于中央古隆起东南侧，马家沟组顶部存在剥蚀不整合面，造成峰峰组和马五不同程度的缺失，依据古生物特征、沉积旋回及区域性标志将奥陶系马家沟组分为5个地层岩性段，自下而上为马一段至马五段，岩性概括为"三云两灰"，马二段及马四段主要由石灰岩组成，马三段及马五段主要由泥质白云岩和膏盐岩组成。马家沟组地层与上覆本溪组、太原组地层明显不同，太原组内发育的东大窑灰岩、煤层，本溪组内发育的煤层及底部普遍存在的风化壳铝土岩层是准确区分上古和下古地层的关键。研究将借助这些标志层进行马家沟组地层的精细划分对比，建立等时地层格架，分析现今构造格局。并选出标准井，建立标准井地层剖面。

（2）沉积微相研究与古地貌恢复。

准确的岩相古地貌恢复是预测马家沟组白云岩储层分布的关键。奥陶纪富县地区马家沟组在沉积期间有多次海水进退，形成频繁的潮上、潮下多旋回沉积组合。结合岩心观察、测录井资料、薄片鉴定资料识别单井沉积微相类型，绘制单井沉积相图，统计灰岩、云岩、膏岩等岩层厚度，绘制连井沉积相剖面图。结合不同时期地层分布特征，利用多因素沉积相作图法，绘制平面相图。

根据古风化壳下部的残余地层厚度难以准确刻画古地貌形态，而上覆印模厚度则能较为真实地反映底部已发生构造运动的地层地貌形态。只有准确的剥蚀厚度数据，才能准确地反映出本地区的埋藏史，为后来的古压力恢复奠定基础。因此，本次研究将在印模法基础上，采用双界面法，该方法既考虑沉积前地形及剥蚀差异的影响，相比传统印模法能直观反应顶面古地貌，为了保证误差在许可范围内，结合印模法和残厚法的数据相互验证分析判断，该方法同样适用于对于具有构造运动的地区。

（3）生烃潜力分析。

区域内上古生界和下古生家烃源岩研究成果丰富，本次研究将大量搜集相关研究成果，在研究区内选取一定数量样品进行测试分析，结合前期气藏研究中已有烃源岩样品的地化分析资料开展烃源岩的评价，分析研究区生烃潜力。

利用有机碳含量（TOC）、氯仿沥青"A"含量，辅助参考有机质热解参数[生烃潜量（S_1+S_2）和总烃（HC）]含量这四项地球化学指标，对取心的重点研究层段生烃能力进行综合分析评价；依据干酪根元素组成、干酪根碳同位素和干酪根显微组分判断有机质类型；用干酪根镜质体反射率 R_0 和生油岩热解峰温 T_{max} 两项指标来评价有机质成熟度。

（4）储层识别与评价。

马家沟组储层的形成与岩性、孔洞发育程度密切相关，奥陶系马家沟组储层岩性主要为白云岩和石灰岩，另外包含一些非储层的蒸发岩（如盐岩、膏盐）和泥岩等。不同的岩性在光电截面吸收指数、补偿密度、自然伽马、声波时差以及补偿中子等测井曲线的响应值各有差异，本次研究将归纳渗透层的测井识别标志，识别马家沟组渗透层。

碳酸盐岩储层的储集空间类型和组合形式以及孔隙结构复杂多样，导致储层分类方案也各不相同。依据储集空间和流体渗流通道类型将碳酸盐岩储层分为孔隙型储层、溶洞型储层、裂缝型储层以及复合型储层。通过野外露头、岩心观察以及显微镜下薄片鉴定分析等方法，本次研究将按照储集空间成因将储层进行分类，并在此基础上分析不同类型储层的岩性、物性、孔隙及孔隙结构、成岩作用特征，并进行综合评价。结合沉积、构造等特征分析控制储层分布的关键因素。

（5）天然气成藏机理。

① 生储盖组合评价。

盖层是油气成藏要素之一，盖层的横向连续性是油气保存的主要控制因素，盖层的分布影响着油气的分布。在生油层和储层评价的基础上，对南五县区域内不同岩性的盖层展开评价，分析盖层发育规模，以及区域性盖层与局部盖层的封闭性能。基于前面对烃源岩、储集层和盖层的认识以及研究区下古生界生储盖组合类型，结合试气情况分析不同生储盖组合类型的特征。

② 圈闭分析。

圈闭判别及其有效性是油气勘探工作中的关键一环。在生储盖成藏要素分析的基础上，结合沉积、构造特征可以判断研究区主要的圈闭类型，并分析这些圈闭的保存条件。

③ 天然气运移特征。

只要圈闭形成之前就有油气形成，并存在剩余压力条件下，就可以产生运移，由烃源岩向储层（或圈闭）的运移就是一个持续不断的过程。但是决定油气成藏关键性的运移期次都往往不多。一般来说，烃源岩的生烃高峰时期就是油气成藏关键的运移时期。本次研究将从运移方式、运移动力、运移通道、运移方向展开，分析天然气运移与圈闭的时空配置关系，这才是影响天然气聚集量的关键。

④ 天然气成藏主控因素。

就一个地区的油气藏形成条件来说，在其他条件具备时，只有一个或多个要素是控制油藏形成的关键因素。故在分析油气源、储集层、圈闭、运聚、保存等这些基本因素的基础上，最终要找出影响油气成藏的关键因素。

⑤ 天然气成藏期次及成藏模式。

结合马家沟组埋藏史和热史，根据流体包裹体均一温度分析，根据均一温度对应的峰值，在埋藏史热史图中找到所对应的地质年代，即为对应的天然气充填时期。综合所有的成藏要素分析结果，总结南五县马家沟气藏的成藏模式。

（6）资源评价及有利区预测。

在成藏模式研究的基础上，分析可能成藏的部位，综合地层、构造、沉积、储层、盖层等认识，估算含气区域内的资源量，评价有利区，最后对整个区块进行综合评价并进行勘探前景分析。

第五节 完成工作量

本次完成的研究内容如表 1-1 所示，绘制图件工作量如表 1-2 所示。

表 1-1 完成工作量

序号	研究内容	数量	完成情况
1	资料收集	420 余口	已完成
2	野外地质调查及岩心观察	2 次 49 口	已完成
3	实验测试分析	烃源岩 43 个	已完成
4	地层划分与对比	标准井及骨干剖面	已完成
5	现今构造研究	30 m，5 m 图	已完成
6	古构造研究	30 m，10 m 图	已完成
7	沉积特征研究	单井、剖面、平面	已完成

续表

序号	研究内容	数量	完成情况
8	烃源岩分析	厚度、地化参数、生烃强度	已完成
9	盖层研究	灰岩、铝土岩等	已完成
10	储层特征	孔隙、成岩、物性	已完成
11	测井解释及储层综合评价	350标准化、岩心归位43、2套模板、物性解释	已完成
12	成藏分析	成藏期次（3期）、成藏模式（2个）	已完成
13	有利区预测	试气成果多因素叠合	已完成

表1-2 完成的主要图件

序号	内容及图件	要求	完成情况
1	地层对比剖面图	6幅	15幅
2	地层分布图	13幅	16幅
3	气藏剖面图	4幅	6幅
4	现今构造图	6幅	12幅
5	古构造剖面图	10幅	10幅
6	古构造平面图	5幅	10幅
7	单井综合柱状图	6幅	8幅
8	沉积相平面分布图	12幅	12幅
9	沉积相剖面图	6幅	6幅
10	古地貌图	1幅	1幅
11	成岩相平面分布图	12幅	12幅

续表

序号	内容及图件	要求	完成情况
12	储层厚度、孔隙度、渗透率和饱和度平面图	32 幅	36 幅
13	储层综合评价——有利储层分布图	3 幅	10 幅
14	烃源岩厚度图	6 幅	9 幅
15	生烃强度平面分布图	2 幅	3 幅
16	生烃强度统计表		1 张
17	马家沟组资源量计算表	1 张	1 张
18	封盖层平面分布图	4 幅	5 幅
19	成藏模式图	1 幅	2 幅
20	有利区预测图件	3 幅	8 幅

第六节　取得的主要认识

（1）统一地层划分方案，研究区地层发育特征符合地质背景，往南西方向地层剥蚀量逐渐增加，西南部黄陵境内马五地层全部缺失，研究区存在三个地层突变的区域，形成富县境内西北部、黄陵-洛川交界处、黄龙境内三个岛状残留带。

（2）根据岩心、测井、地球化学多方法确定研究区存在高温蒸发、还原水体条件，水体动荡，且存在斜坡，故碳酸盐岩多为在潮上、潮间带的产物。在海退海进背景下，在局限台地和开阔台地基础上，按岩相识别出马$五_1$、马$五_2$、马$五_4$酸盐岩主要为局限台地云坪微相，马六、马$五_5$、马$五_7$为开阔台地下的灰坪及云坪沉积微相。

（3）按双界面法，并参考印模法，建立富县地区古地貌单元划分标准，刻画的古地貌显示，富县境内位于岩溶斜坡与岩溶高地过渡区域，侵蚀沟谷的起点主要位于富县境内，由此在志丹、洛川、黄龙形成多个溶丘，至延安、宜川一线往北东方向进入岩溶盆地。

（4）山西组、本溪组、马家沟组暗色泥质烃源岩主要为Ⅱ₂、Ⅲ干酪根，普遍进入高成熟生干气阶段。在此基础上计算山西组、太原组、本溪组煤层，以及马家沟组上组合中的暗色泥质源岩的生烃强度，研究区平均生气强度 $20.76 \times 10^8 \ m^3/km^2$，山西组和本溪组累计贡献占 82.5%，以煤和泥岩为主要的烃源岩，太原组几无贡献。下古马家沟组泥岩贡献占比约为 13.8%，以上组合马五₃、马五₁₄ 为主。下古马家沟碳酸盐岩生烃贡献约占 5%。

（5）富县地区资源量估算面积 6 222 km²，在未统计马家沟组灰岩源岩的情况下，预测上下古总生烃量 $131\ 400 \times 10^8 \ m^3$，预测资源量 $1\ 314 \times 10^8 \ m^3$；其中富县境内发育富县北、张家湾、张村驿、牛武-岔口四个生烃潜力带，宜川地区发育云岩-延187-延1713、高柏-交里-英旺、砖梁庙-宜川县城-寿峰三个生烃潜力带。

（6）综合岩心、试气、测井资料，并多因素模糊聚类，将储层分成三大类，并在富县开发区圈定Ⅰ类、Ⅱ类储层。富县地区马家沟组马五₁-马五₅主要含气层Ⅰ、Ⅱ储层叠合面积为 2 956.09 km²，储量丰度 $0.4 \times 10^8 \ m^3/km^2$ 情况下，储量约为 $1\ 182.4 \times 10^8 \ m^3$，按照采气速度 1.5%，可建产 $17.74 \times 10^8 \ m^3$。

（7）在传统倒灌式成藏模式基础上，根据马家沟组上、中、下组合的源储等成藏要素的差异，细化成藏模式，上组合成藏模式多样，包括直接顶灌式成藏、砂岩疏导顶灌成藏、裂缝疏导成藏、直接侧向式成藏；中下组合在靠近剥蚀区为侧向式成藏，高埋深区多混合成藏，靠裂缝，但成藏规模小。

（8）综合马家沟组古地貌、地层出露、盖层、构造演化、储层质量、烃源岩、试气效果等分析气藏控制因素，认为古地貌、储层质量不仅控制气藏分布，也是决定产能的关键，在此基础上，结合剥蚀线、盖层特征预测各小层勘探有利区，共圈定有利区气区 1 802.55 km²，其中富县境内 818.1 km²，洛川、黄龙境内 191.73 km²。

第二章 地层划分与对比

本次研究根据邻近井区若干条相关野外剖面的分析与对比，依据古生物化石、岩性组合及其共生成因关系、测井响应、标志（标准）层等，对延安气田富县地区内的 400 余井次进行逐一的地层划分，并对奥陶系马家沟组精细化分，建立等对比剖面，将马五$_1$细分成马五$_1{}^1$、马五$_1{}^2$、马五$_1{}^3$、马五$_1{}^4$，将马五$_2$细分成马五$_2{}^1$、马五$_2{}^2$，将马五$_4$细分成马五$_4{}^1$、马五$_4{}^2$、马五$_4{}^3$ 等，并绘制各小层地层对比图、地层厚度平面展布图、主力层现今顶面构造平面图等三种基础图件，分析地层分布以及主力层现今构造特征。

第一节 区域地质背景

一、盆地构造演化

鄂尔多斯盆地位于华北地台西部，并以深断裂与相邻单元分界。鄂尔多斯盆地兼受其东滨太平洋构造域和其西南特提斯-喜马拉雅构造域地壳运动的影响，是一个稳定沉降、拗陷迁移的多旋回克拉通叠加盆地（李文厚，2004）。

鄂尔多斯盆地基底由太古界和下元古界变质岩系组成，南北分别毗邻秦祁海槽和兴蒙海槽，东西则被贺兰拗拉槽和燕山-太行山拗拉槽所夹持。其中盆地偏北部分基底的时代相对更为古老，从其北侧的阴山地区及其西侧的贺兰山地区出露的片麻岩类的年龄值推断，盆地最老基底约为 20~25 亿年（王鸿祯，1981）。

在基底之上，鄂尔多斯盆地经历了五个地质演化阶段。

中晚元古代坳拉谷阶段，这是构成盆地的基础。早元古代，华北陆块和塔里木陆块经过吕梁地壳运动的拼接而逐渐稳固化，但两个陆块之间还存在着阿尔金平移断裂带。至中晚元古代，由地壳热点所控制的秦祁裂谷带产生并发展为陆间裂谷系。从西往东依次存在有贺兰拗拉谷、陕豫晋拗拉谷和皖苏鲁拗拉谷等。中元古代末，本地区的裂谷相继闭合；震旦纪时形成了一个统一的克拉通。

早古生代浅海台地阶段，此阶段在盆地内部沉积了 400~1 000 m 浅海台地相碳酸盐岩。此阶段期间鄂尔多斯地块和华北地区一样，北部为兴蒙海槽，东为晋陕拗拉谷，南部为秦岭海槽，西为贺兰拗拉谷，古地貌的地势为中间高、东西两侧低、北高南低的态势。盆地中部盐池－庆阳－黄陵隆起带走向北西，在黄陵方向偏转为北西西，略呈一向西南突出的弧形。"L"形格局的中央古隆起是控制盆地中东部及南部沉积格局的关键。隆起带以东，为一近南北向的凹陷。西南缘属于被动大陆边缘，为一倾斜向秦祁海槽的大陆架，沉积了巨厚的海相碎屑岩、碳酸盐岩和浊积岩，厚度可达 4 500 m。

奥陶纪末，加里东运动使华北陆块整体抬升，海水退出鄂尔多斯地块，本地区缺失志留系、泥盆系以及下石炭统的地层，呈一个剥蚀古陆的状态。长达 1.3 亿年的剥蚀，使鄂尔多斯地区的奥陶纪地层顶部形成了一套风化壳古岩溶带，这套风化壳古岩溶带成为马家沟组顶部重要的含气层。

晚古生代近海平原阶段，华北陆块的构造特征发生了巨大变化，鄂尔多斯地区的地理环境由海相变化为陆相，其地质构造也由海中"隆"变为陆上"盆"，海陆格局也由南北两侧临海变为南侧半临海，规模也变大，扩展为华北-塔里木区。在中晚石炭世和二叠系沉积了厚约 1 000 m 的煤系地层和巨厚的河流相碎屑岩，与下伏碳酸盐岩地层形成明显的不整合接触，该不整合面是识别奥陶系顶面的重要标志。

早石炭世，鄂尔多斯地区的海域扩大，南侧的秦岭海北缘可达南阳至西安一线，北侧的兴蒙海南缘可达赤峰至额济纳旗，呈现出华北陆块、塔里木陆块和柴达木陆块相分隔的局面；至晚石炭世，海侵范围继续扩大，全区总体呈现为局限浅海的沉积背景，从华北经鄂尔多斯地区到贺兰山区形成了统一的太原组沉积的局面，由于古隆起的存在，还发育了海湾泻湖相的沉积；到早二叠世，海水开始退却，沉积环境开始以陆相为主；晚二叠世，鄂尔多斯地区内部开始发育一系列的河流-沼泽-浅湖-三角洲相的沉积地层，沉积环境已过渡为内陆湖盆。

中生代内陆湖盆阶段，在中生代初，陕甘宁地区为大华北盆地的一个主体坳陷，到三叠开始演变为独立的内陆盆地，共发育 5 个沉积旋回，厚 3 000 m。早中三叠世，鄂尔多斯地区的地形总趋势呈北高南低、西陡东缓，盆地内沉积以河流沉积为主，湖泊呈局限分布；晚三叠世，受印支运动的影响，华北克拉通全区抬升，并且向西挤压，由于鄂尔多斯地区西高东低的地形，形成了稳定地台上的大型内陆拗陷盆地。晚三叠世末，由于盆地基底抬升，鄂尔多斯盆地内部发育的大型内陆淡水湖泊逐渐消亡，形成了一套厚约1 000余米的湖相-三角洲相-河流相碎屑岩沉积体系。

新生代周边断陷阶段，第三纪开始，盆地东部隆升，周边相继断抬形成一系列地堑。

鄂尔多斯盆地接受了这五个阶段沉积的地层，除缺失下石炭统、泥盆系和志留系地层外，其他各地质时代的地层基本齐全（见表2-1）。鄂尔多斯盆地现今构造格局开始形成于中侏罗世，构造定型于早白垩世，盆地内构造平缓，拗陷迁移复合、扭动明显，总体呈现东部翘起、西部倾伏的区域性斜坡面貌（李文厚，2004）。

表 2-1　鄂尔多斯盆地地层（据王道富等，2003 修改）

地层						油气层组	地层厚度/m	构造运动	
界	系	统	组	段(层)	符号			构造	性质
新生界	第四系	全新统			Q_4		0～60	喜马拉雅运动	右旋拉张
^	^	上更新统			Q_3		0～80	^	^
^	^	中更新统			Q_2		0～140	^	^
^	^	下更新统			Q_1		0～70	^	^
^	上第三系	上新统			N_2		0～70	^	^
^	下第三系	渐新统			E_3		150～350		^
中生界	下白垩系	志丹统		泾川层	K_{1Z6}		0～119	燕山运动	^
^	^	^		罗汉洞层	K_{1Z5}		66～180	^	^
^	^	^		环河层	K_{1Z4}		200～243	^	^
^	^	^		华池层	K_{1Z3}		132～294	^	^
^	^	^		洛河层	K_{1Z2}		66.5～447	^	^
^	^	^		宜君层	K_{1Z1}		0～450	^	^

续表

界	系	统	组	段（层）	符号	油气层组	地层厚度/m	构造	性质
中生界	侏罗系	中统	安定组		J_2a		80~150	左翼剪切	
			直罗组		J_2c	直1-直7	200~400		
		下统	延安组		J_1y	延1-延10	250~300		
			富县组		J_1f		0~150		
	三叠系	上统	延长组	第五段	T_3y5	长1	0~245	印支运动	
				第四段	T_3y4	长2，3	220~300		
				第三段	T_3y3	长4+5，6，7	280~400		
				第二段	T_3y2	长8，9	160~210		
				第一段	T_3y1	长10	170~280		
		中统	纸纺组		T_2z		300~530		
		下统	和尚沟组		T_1h		47~200		
			刘家沟组		T_1y		202~422		
上古生界	二叠系	上统	石千峰组		P_3s	千1，2，3，4，5	200~345	海西运动	相对宁静
		中统	上石盒子组		P_2sh	盒1，2，3，4	110~160		
			下石盒子组		P_2x	盒5，6，7，8	120~170		
		下统	山西组		P_1s	山1，2	37~150		
			太原组		P_1t		22~276.1		
	石炭系	上统	本溪组		C3b		15~58		

续表

界	系	统	组	段（层）	符号	油气层组	地层厚度/m	构造	性质
下古生界	奥陶系	上统	北锅山组		O3b		270~799.6	加里东运动	升降运动
		中统	平凉组		O2p		130~2 154		
		下统	马家沟组		O1m	马五	200~1 556		
			亮甲山组		O1i		58~90		
			冶里组		O1y		50~73		
	寒武系	上统	凤山组		∈3f		8~57		
			长山组		∈3c		10~88		
			崮山组		∈3g		81~270		
		中统	张夏组		∈2z		50~175		
			徐庄组		∈2x		53~126		
			毛庄组		∈2m		30~42		
		下统	馒头组		∈1m		30~74		
			猴家山组		∈1b		38~104		
上元古界	震旦系		罗圈组		Z3		11~182		
	蓟县系				Z2		705~2 243		
	长城系				Z1		14~428		
下元古界	滹沱系				Pt12		0~8 000		
	五台系				Pt11		8 000~16 000		
太古界	桑干系				Ar		9 000		

二、盆地马家沟组地层发育特征

鄂尔多斯盆地基底由太古界和下元古界变质岩系组成，盆地盖层包括中上元古界的长城系、蓟县系、震旦系，下古生界的寒武系、奥陶系，上古生界石炭系、二叠系，中生界三叠系、侏罗系、白垩系以及新生界第三系、第四系。中新生界在盆地内不同位置沉积的地层厚度不同，由于受燕山运动和喜马拉雅运动影响，不同位置会因抬升剥蚀缺少一定数量的地层。但整体看来，盆地内沉积岩平均厚度约为6 000 m。

鄂尔多斯盆地下古生界发育有海相碳酸盐岩、盐膏岩相沉积层，顶部侵蚀面经风化剥蚀形成风化壳岩溶带，根据古构造和古地理变迁，冯增昭和陈继新将鄂尔多斯地区的早古生代的沉积岩划分为四个阶段：① 苏峪口-徐庄组：为陆源、内源混合沉积特征，发育碎屑岩和云坪。② 张夏组-亮甲山组：以清水沉积为特征，发育海滩相以及滩间海。③ 马家沟组：其中马一、马三、马五段为海退期，以蒸发岩沉积为主，发育云坪和膏岩洼地，开阔海已退居次要地位。马二、马四、马六段为海进期，以陆表海沉积为主，发育低能浅海台地相，各种滩相、灰坪沉积发育，而云坪、膏盐湖不发育。④ 平凉组-背锅山组：以深水斜坡沉积为主，发育重力流碳酸盐岩（据冯增昭，陈继新等，1991）。

其中在马五期海退时，由于南部秦岭洋壳和北部兴蒙洋壳的俯冲，造成了盆地内南北向地层的相向挤压，盆地整体上表现为"震荡性、间歇性"的海退过程，此时中央古隆起暴露地表（见图 2-1），将鄂尔多斯地区分隔成东西两个沉积体系，即西部祁连海沉积体系和东部华北海沉积体系。中央古隆起东侧发育局限台地沉积，马五时，气候干热，为该地区最重要的一次膏盐发育期，受古地貌控制，沉积相带的发育具有围绕盆地东部洼陷区呈环带状展布的特点，自东向西海水含盐度逐步降低，依次发育膏盐洼地、含膏白云岩坪和环陆白云岩坪沉积（据黄正良，刘燕等，2014）。

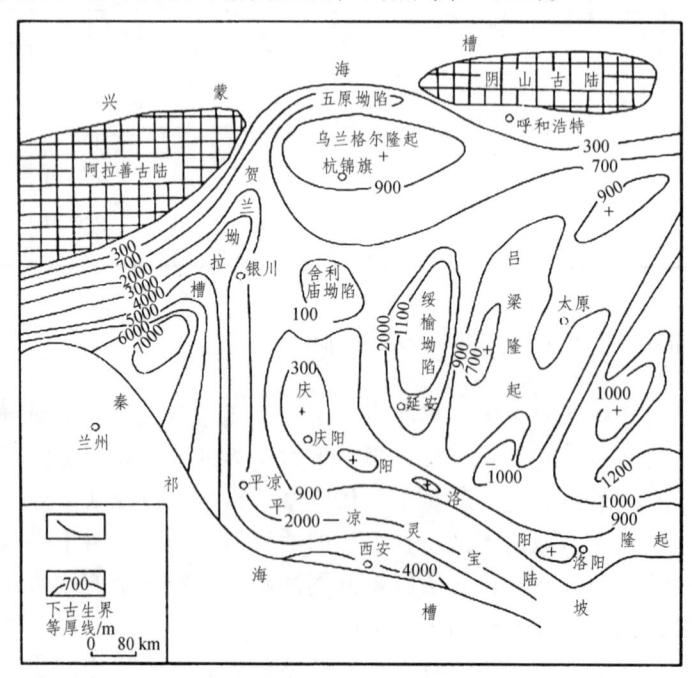

图 2-1 鄂尔多斯盆地早古生代古地理格局（据王玉新）

第二章 地层划分与对比

马五段地层又被分为十个亚段，在具体勘探开发中，鄂尔多斯勘探者们将马五$_1$~马五$_4$称为"上组合"，主要为风化壳储层，靖边气田就是在此基础上发现的。而马家沟组"中组合"的概念是由鄂尔多斯盆地勘探者们于2009年提出的，指的是奥陶系马家沟组五段5亚段至10亚段的含气层组合，由于中组合勘探自取得突破以来，主力层系一直为马五$_5$亚段，故将其与下伏6亚段至10亚段分开，马五$_6$~10层段统称为中组合中下段（见图2-2）。其中，马五$_6$、马五$_8$、马五$_{10}$为次一级的海退期，沉积物以蒸发岩、含膏云岩为主；马五$_5$、马五$_7$、马五$_9$为次一级海侵期，以碳酸盐岩沉积为主。苏里格气田苏203、苏345等一批探井就是在中部含气组合马五$_5$中得到的百万方产能的井位，苏322在中组合中下段马五$_6$获十万方高产气流。马五以下的称为"下组合"，由于富县地区井位只有极个别井位钻遇"下组合"，故不作为主要研究层位。马家沟组中下组合地层亚段划分方案见表2-2。

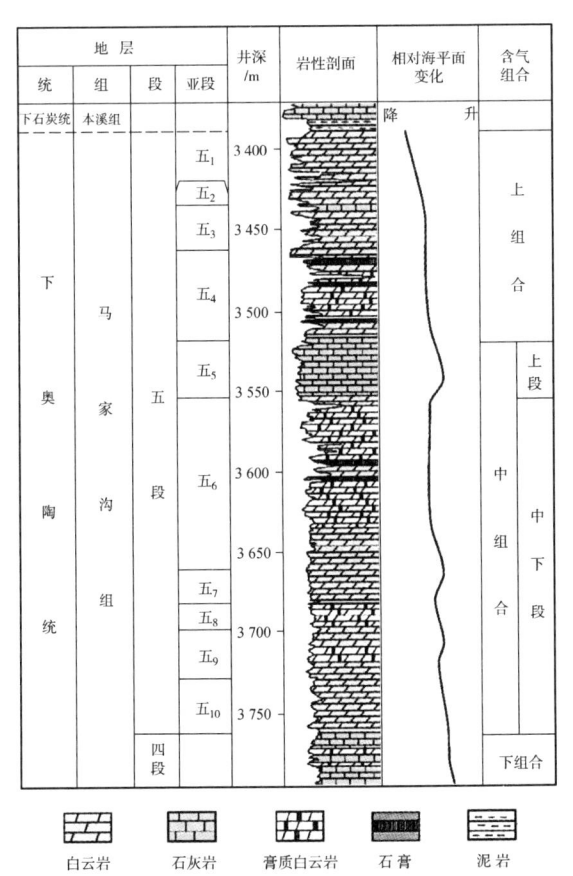

图 2-2　鄂尔多斯盆地奥陶系马家沟组含气组合划分（据黄正良，2014）

表 2-2　马家沟组中下组合地层亚段划分方案（据王起琮，2015）

组	段	亚段	小层	
马家沟组	马六			
	马五	马五$_1$	马五$_1^1$	上组合
			马五$_1^2$	
			马五$_1^3$	
			马五$_1^4$	
		马五$_2$	马五$_2^1$	
			马五$_2^2$	
		马五$_3$		
		马五$_4$	马五$_4^1$	
			马五$_4^2$	
			马五$_4^3$	
		马五$_5$		中组合上段
		马五$_6$		中组合下段
		马五$_7$		
		马五$_8$		
		马五$_9$		
		马五$_{10}$		
	马四			下组合

马六期（峰峰期）是一次小幅度的海侵，全盆地范围内沉积厚度变化大，除存在庆阳古陆和伊盟古陆之外，其余地区均属于开阔海沉积。沉积相主要有石灰岩陆棚（中东部）、白云岩-石灰岩缓坡（南部）、石灰岩陆棚（西部）和重力流碳酸盐岩斜坡（西部、南部边缘）（据何自新，杨奕华，2004 年）。

马六期以后，区域性的加里东运动使包括鄂尔多斯台地在内的整个华北地块全部抬升为陆，盆地很多层位遭到剥蚀，出现了层位缺失，尤其是研究区西南地区，因靠近庆阳古陆，部分井马五段整体被剥蚀，风化壳已位于马三段。庆阳古陆东部区域风化剥蚀程度的差异，造成奥陶系顶部出露层位由东到西逐渐变老。研究区内奥陶系顶部风化剥蚀造成地层起伏较大，除宜川中部地区外，其余地区井位多在马家沟组出现地层缺失现象，对于地层的划分以及对比要求较高，辨识难度较大。

第二节　精细地层划分与对比

一、地层划分与对比方法

区域地层划分方法很多，常见的有岩石地层学方法、生物地层学方法、同位素地质年龄测定、地球物理方法、构造学方法、层序地层学方法以及目前新发展的地球化学对比方法，等等（陈碧珏，1996）。

1. 岩性地层学方法

包括岩性对比法、岩石组合法（沉积旋回法）和矿物（组合）法等。

（1）岩性对比法。基于沉积成层原理以及沉积过程中相邻地区岩性的相似性、岩性变化的顺序性和连续性，常常利用岩性标准层（标志层）进行地层的划分与对比。在地层剖面中分布广泛，特征明显（突出），岩性稳定、厚度适中，易于识别的岩层以及颜色、成分、结构、构造等方面有特殊标志的岩层均可用于地层划分与对比。

（2）岩石组合法（沉积旋回法）。在同一盆地内，地壳升降运动过程大体一致，且不可逆，同期形成的地层具有相同类型的沉积旋回。这种垂直地层剖面上，若干相似岩性、岩相的岩石有规律地周期性重复，可从岩石的颜色、岩性、结构（如粒度）、构造等诸多方面表现出来。

（3）矿物（组合）法。同一地区的沉积物来源、搬运条件及沉积环境近似，其矿物组成及某些矿物含量基本不变或有规律地变化。

2. 生物地层学方法

生物地层学方法是基于生物演化的发展性、阶段性、不可逆性、迁移理论，在不同地区地层所含化石或化石组合若相同，则代表着它们的地质时代相同和大致相同。因此，利用地层中古生物化石类型、化石组合及含量差异来鉴别地层时代。

3. 地球物理资料对比

包括利用地震资料和测井资料进行划分对比。利用二维或三维地震剖面，通过井标定各反射标准层，并追踪（强反射同相轴）、闭合；在搞清岩性-电性关系，确定电性标志层的基础上，对比电性标志层或相邻井的相似曲线特征。

4. 构造学方法

构造学方法是利用地层之间的接触关系（包括整合接触与不整合接触）来划分、对比地层的方法。区域性的构造事件可形成横向稳定的标志，不整合面成为地层划分对比的主要标志层。

5. 地球化学对比

地球化学对比是依据岩石中主元素和微量元素的分布与组合特征以及同位素分析等新的实验技术方法，来确定沉积物的母岩类型、物源方向，同时对沉积环境、气候条件可以做出相对准确的对比。

二、地层划分与对比依据

1. 区域不整合面

鄂尔多斯盆地受多次构造运动的叠加影响，尤其是加里东运动和海西运动造成了泥盆系至下石炭统缺失，同时根据多次构造运动产生大的不整合，可把盆地东南缘地区基底之上的沉积盖层分为中上元古界-下古生界海相碳酸盐岩层；上古生界-中生界的滨海相、海陆过渡相及陆相碎屑岩层；新生界岩层三大部分。

研究区内受海西运动和加里东运动影响，在石炭系和奥陶系之间发育这个平行不整合接触面，同时它也是一个岩性转换面（见图2-3），是区别马家沟组与上覆本溪组的主要标志层。

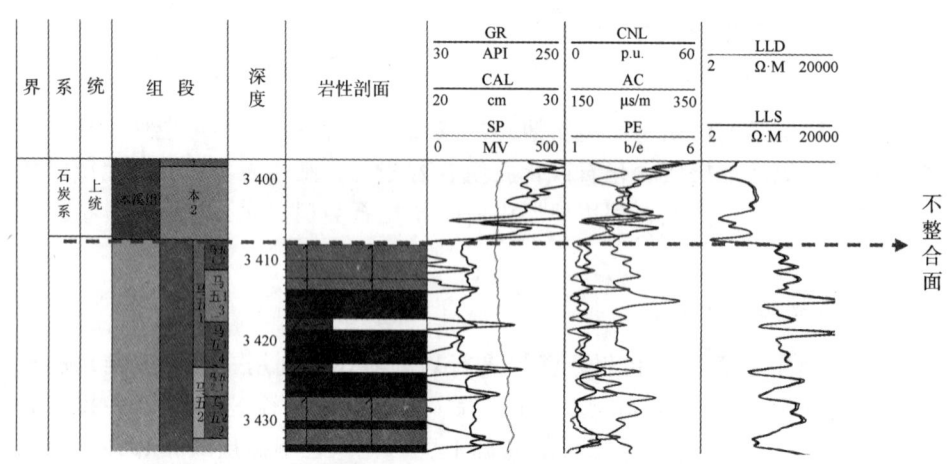

图 2-3 延安气田富县地区延*井石炭系与奥陶系划分标志层

2. 剖面结构及电测曲线组合类比法

电测曲线往往能较好地反映岩性的变化，在正常条件下，电测曲线的变化可以反映岩石微观结构的变化，而电测曲线组合变化则常常更能说明岩性组合变化的趋势，更具有可比性和可靠性，从而对区域地层、沉积乃至储层的发育等研究提供大量资料。由于煤层、泥岩和砂岩与碳酸盐岩岩性上的差别，乃至研究区古生界地层的自然电位、自然伽马、声波时差、电阻率测井等的组合特征在早古生代与晚古生代之间明显的测井曲线差异，可以明显区分出上下地层，如本溪组底部高伽马低电阻组合反映了风化淋滤带铝土层的特征，而马五$_5$地层整段对应的低自然伽马的特点，反应这段时间海域较大的沉积环境，横向连续性好；这些组合不仅是层位上的限定，而且反映了沉积环境的诸多特征，是划分和对比地层上下古及古生界内部地层常用的依据之一。

3. 标志层

标志层是指那些在剖面中岩性稳定、厚度变化不大、标志明显、分布广泛、测井曲线上容易识别、与上下岩层容易区分开来的时间地层单元，可以是一个单层或是一套岩性组合，也可以是一个界面。标志层是所有地层对比方法中最为有效的方法之一。许多地质工作者在研究区及邻区已开展了许多油气地质综合研究工作，建立了区域地层层序。根据研究区内 400 余口井位的钻井实际情况，本次研究用来进行地层划分的标志层如下：

（1）石炭系。

① 下煤组。

下煤组是区域内分布最稳定、分布面积最广、平均厚度最大的地层。下煤组顶部是石炭系本溪组与二叠系太原组的分界标志。其由 8、9 号煤层组成，有时 8、9 号煤层合并为单一煤层，呈煤系出现（见图 2-4）。测井响应特征为低自然伽马、低密度、异常高声波时差、低电阻和扩径。

该煤层一般厚度大、较稳定、结构简单，但因含硫较高，常具异味，俗称臭煤。

② 湖田段铁铝岩层。

由底部的山西式铁矿和紧随其上的 G 层铝土矿组成，这是本区最易识别的岩性标志层，它位于本溪组底部平行不整合于马家沟组之上，研究区内广泛分布。铝土岩呈灰白色或红褐色，其下部为具鲕粒结构及环带构造红褐色赤铁矿、菱铁矿或含铁泥岩，铝土岩具有自然伽马高、中子高、密度较高、声波时差较低、中低电阻率的特征（见图2-4、图2-5）。

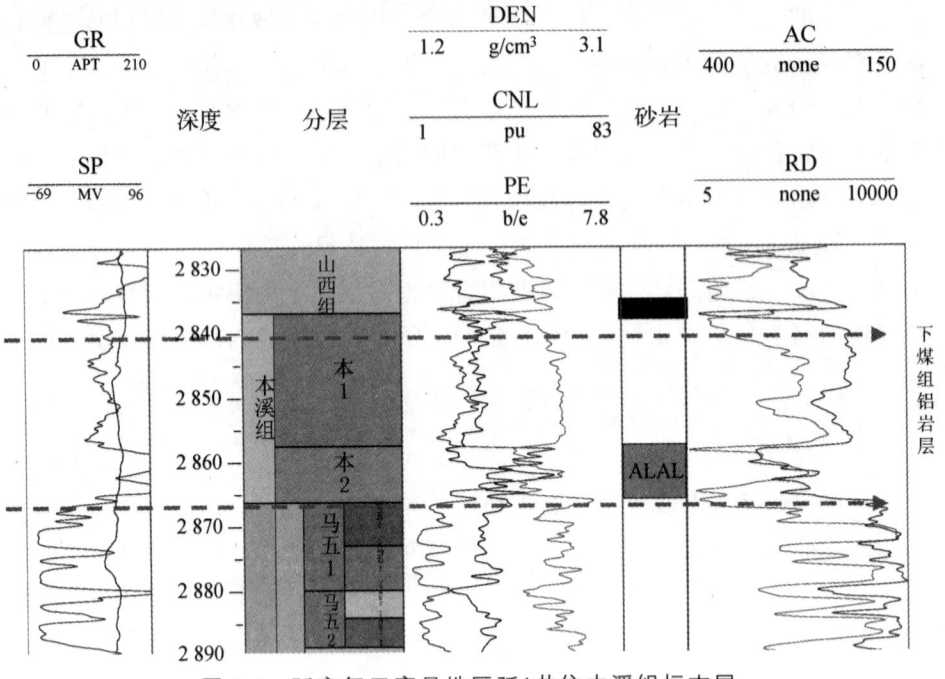

图 2-4 延安气田富县地区延*井位本溪组标志层

铁铝层在华北地台普遍发育，关士聪等（1952）曾将其命名为湖田统，现已作为华北区的一个正式岩石单位，称之为湖田段（张淑芳等，1994）。该层全区普遍分布，但是厚度因各地而异，具有明显的穿时性。

在研究区内此类标志层特征明显，其下紧接马家沟组顶界面，是区分本溪组和马家沟组的主要标志层位。

（2）下古生界。

下古生界与上古生界间存在明显的沉积间断，故奥陶系顶面既是一个地质时代界面，又是一个物性界面，也是一个岩性渐变面，测井中自然伽马、声波时差都有明显变化。同时在奥陶系内部发育多套明显的标志层，主要包括：

① 马六段灰岩。发育于马六段底部，残余厚度差异大，研究区富县区块大部分探井的马六段都遭剥蚀完全缺失，但宜川区块的井位马六段基本都有所保留，厚度10~20 m，故在分层时将其作为一个标志层（见图2-5）。

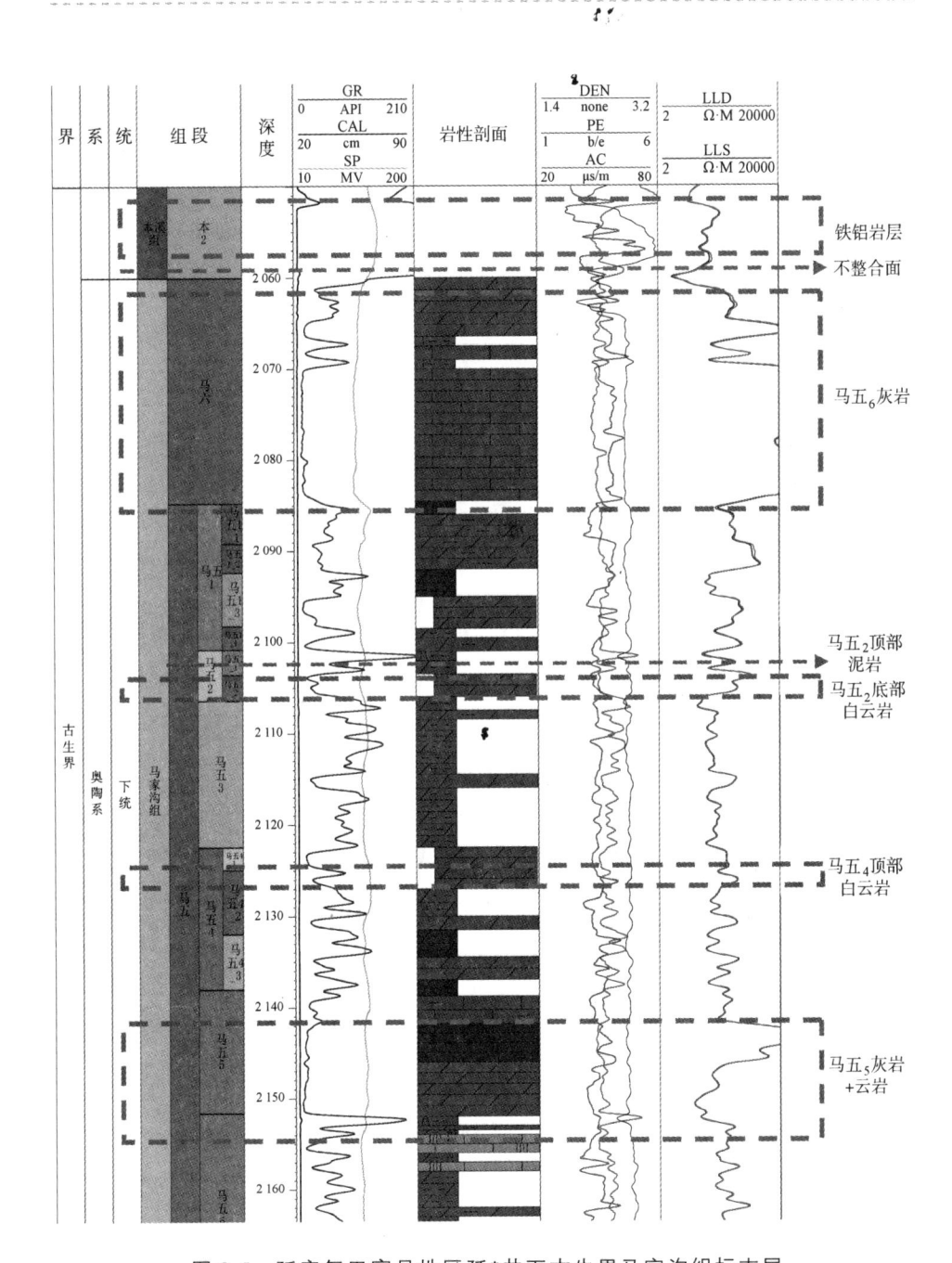

图 2-5 延安气田富县地区延*井下古生界马家沟组标志层

岩性为深灰色、灰色灰岩。电性特征上，自然伽马曲线呈值较小的低平箱状，起伏很小；密度曲线呈锯齿状微小波动，密度较泥岩高，与 CNL 基本重合；高 PE；声波时差起伏也很小，呈微锯齿状。

② 马五$_1$ 顶部泥质岩，厚度 1~2 m，全区普遍发育。电性上较容易识别。

岩性为泥质白云岩、深灰色白云质泥岩、灰黑色泥岩、深灰色泥晶泥质白云岩。由于研究区马家沟组中泥岩发育较少，本标志层的岩性特征为含泥质较高，上下地层对比中还需要结合电性特征来确定。

电性特征上，自然伽马曲线起伏明显，有较明显的剑状高值突起，其上、下地层的自然伽马值都较低，声波时差曲线呈一个较小的钟形突起（见图 2-5）；在上覆地层未缺失的情况下，其上、下地层的 GR 都较低，容易辨认，取 GR 半幅点为上下地层的分界点。

往下出现两个 GR 平直段，分别为马五$_1^2$ 和马五$_1^3$ 发育的两个白云岩段，两个平直段中间发育多个小幅波动的高值，较马五$_1^4$ 和马五$_2^1$ 顶部泥岩段的起伏小。马五$_1^2$ 底界位于第二个峰值之下（见图 2-6A）。第二个 GR 低平段底作为马五$_1^3$ 底界。马五$_1$ 亚段小层划分标志层见表 2-3。

表 2-3　马五$_1$ 亚段小层划分标志层

地层	标志层		电性特征
马五$_1^1$	整段		GR 起伏明显，出现剑状高值突起，部分井呈现上低下高。其上、下地层的 GR 都较低
马五$_1^2$	整段	白云岩	GR 低平，下部有 2 个剑状高峰，较马五$_1^4$ 和马五$_2^1$ 顶部的起伏小。底界位于第二个峰值之下，SP 低平，电阻率高
马五$_1^3$	底部	灰质白云岩	GR 为两个高值所夹的漏斗状低值；SP 为两个高值之间的较低值；Rt 小幅度高值突起
马五$_1^4$	顶部	泥岩	高 GR，通常出现两个剑状高值，高 SP，低 DEN，低 Rt。均呈指状
	底部	灰质白云岩、白云岩	GR 为上下两个剑状高值所夹的漏斗状低值，SP 为两个剑状高值之间的较低值；Rt 为小幅度的钟形突起

③ 马五$_1^4$ 底部白云岩，厚度 2~3 m，全区普遍发育。电性特征明显（见图 2-6A）。

岩性为灰褐色含气白云岩、深灰色泥质白云岩、浅褐灰色白云岩、灰色含气泥晶白云岩。电性特征上，自然伽马曲线特征较为明显，为一个上下两个剑状高值所夹的漏斗状低值（见图 2-6A），声波时差曲线也呈一个剑状高值之间的较低值；电阻率曲线则呈一个较小幅度的钟形突起，比较容易识别。该标志层上、下地层的自然伽马值都较高；上 GR 尖峰段的顶部作为马五$_1^3$ 和马五$_1^4$ 的分界线。

马五$_3$ 全段自然伽马曲线呈一个小幅的钟形突起，声波时差、补偿中子、密度曲线相似，呈小幅波状起伏，较为平直。在膏质云岩及膏岩层自然伽马、声波时差低平，电阻率曲线有尖峰状及近箱状高值突起，DEN 高，明显高于上下层（见图 2-6C）。横向可相变为白云岩，DEN 明显较膏岩低（见图 2-6D）。

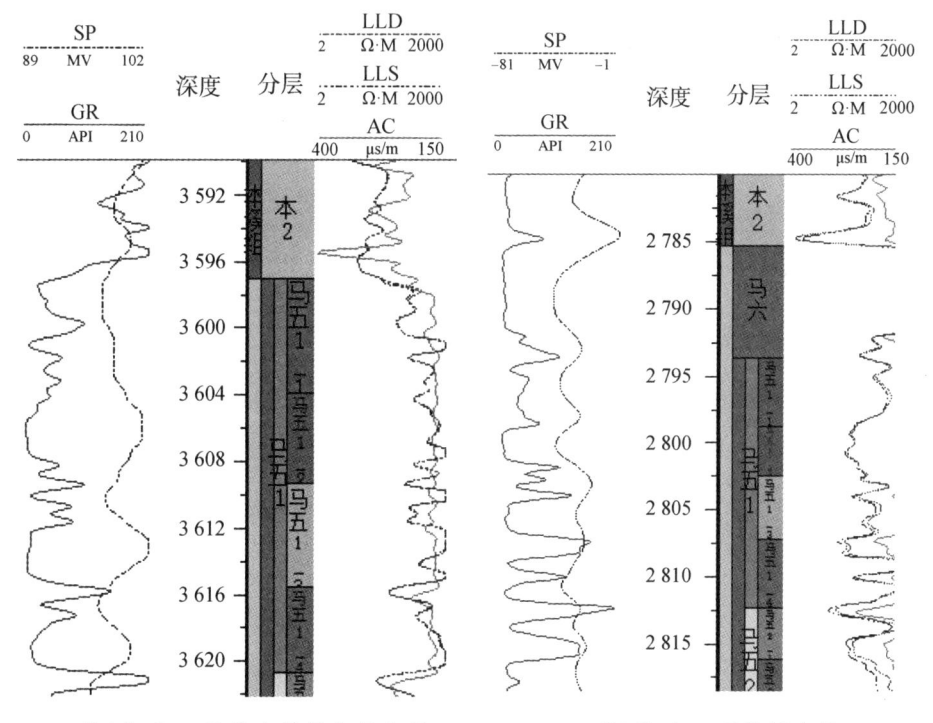

A. 延*井马五$_1$ 亚段小层划分标志层　　B. 延*井马五$_1$ 亚段标志层

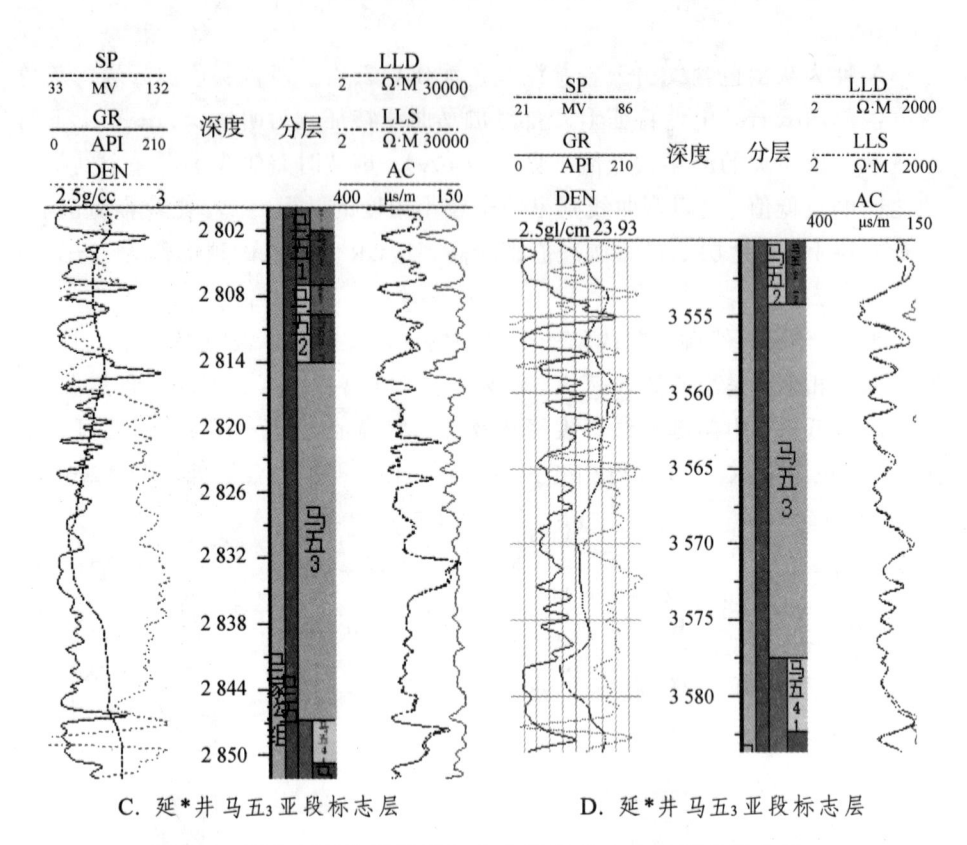

C. 延*井马五₃亚段标志层　　　　　　D. 延*井马五₃亚段标志层

图 2-6　延安气田富县地区下古生界马五内小层划分标志层

④ 马五₄¹顶部为白云岩，厚度 8～12 m（见图 2-7）。

岩性为灰色石膏质白云岩、褐灰色粉晶白云岩、褐色白云岩、浅灰色灰质白云岩、白色白云质膏岩、白色石膏岩的岩性组合，在分层中需要结合电性特征进行识别。

在电性特征上比较容易识别，其自然伽马曲线呈两个剑状高值夹两个明显的箱状低值；电阻率曲线呈一个小幅钟形高值；声波时差曲线则呈较小幅的波状起伏。其下紧邻的剑状高伽马段是凝灰质泥岩或泥岩（K3）。

马五₄²发育一套 GR 呈漏斗状，高 DEN、AC 的白云岩，或为低 GR、低 AC、高 DEN、低 CNL，高 Rt 膏岩层。马五₄亚段小层划分标志层见表 2-4。

表 2-4　马五$_4$亚段小层划分标志层

地层	标志层		电性特征
马五$_4^1$	顶部	白云岩，膏质白云岩	全段 GR 呈两个剑状高值夹的箱状低值；Rt 呈一个小幅钟形（近似箱形）高值；AC 呈微小波状起伏
马五$_4^2$	顶部 K3	凝灰质泥岩或泥岩	高伽马，高时差，高补偿中子，低密度，低电阻。均呈指状。有一定扩径
	底部	白云岩或膏质岩层	GR 漏斗状，DEN 高，与 AC、补 CNL 曲线相似，石膏层显示为低 GR、低 AC、高 DEN、低 CNL，高 Rt。底界位于大段膏质岩层之下
马五$_4^3$	整段		自然伽马较上下曲线快速起伏变化，有 3~5 个 GR 尖峰。顶界位于电阻率快速下降、时差增大段之上，底界在高时差尖峰凸起之下

⑤　马五$_5$亚段顶部泥质灰岩，厚度因探井钻遇深度不同在 4~15 m 不等，全区普遍发育。岩性为灰色、深灰色、灰褐色灰岩、深灰色泥质灰岩。电性特征上，自然伽马曲线较上下都低平，呈低平箱状；电阻率曲线呈一钟形高值；声波时差曲线呈小幅锯齿状起伏；密度曲线呈指状、尖刀状高值（见图 2-7A）。

⑥　马五$_6$亚段。

马五$_6$亚段的硬石膏岩或石盐岩等蒸发岩类也可以作为辅助标志层进行地层对比，马五$_6$段位于马五$_5$和马五$_7$的低平 GR 间的高锯齿状 GR 段，AC 出现明显增大。与上、下地层相比钾含量异常高（见图 2-7A）。其中硬石膏岩多具纹层构造，颜色以灰白色为主，具有硬度低、密度高、中子低、电阻率高以及光电截面吸收指数高等特点；石盐岩由于塑性大，易溶于水，因而多具溶孔，电性特征主要为大井径、高中子、极低密度、低电阻、低光电截面吸收指数。

⑦　马五$_7$、马五$_9$亚段。

马五$_7$海侵形成的碳酸盐岩也可以作为辅助标志层进行地层对比，马五$_7$亚段发育粉晶白云岩，颗粒白云岩，局部可见含膏云岩、泥质云岩、泥晶云岩，该段为两个高 GR 尖峰所夹的 GR 整体低平段，AC 低值微齿状起伏，Rt 高。往下发育 GR、AC 都呈较高值锯齿状，本段包括 2~3 个 GR 尖峰。Rt 略低于其他层，起伏明显。膏岩层 Rt 出现高异常。顶部为 GR 尖峰、低 Rt 泥质岩层，该段即为马五$_8$，也与马五$_9$差别明显。马五$_9$亚段发育中-细晶/粉晶/泥晶白云岩，见少量含生屑含膏角砾泥晶白云岩，含砾粉晶白云岩，岩性组合复杂，该段 GR 比马五$_8$低平，AC 中低值微齿状，Rt 中等。往下马五$_{10}$段 GR 变化稍大，锯齿状，Rt 变化大，夹低伽 GR、高 DEN、低 AC、高 Rt 的膏岩。

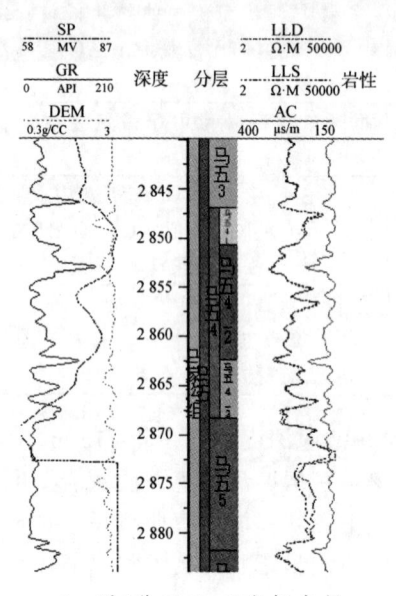

A. 延*井马五$_4$亚段标志层

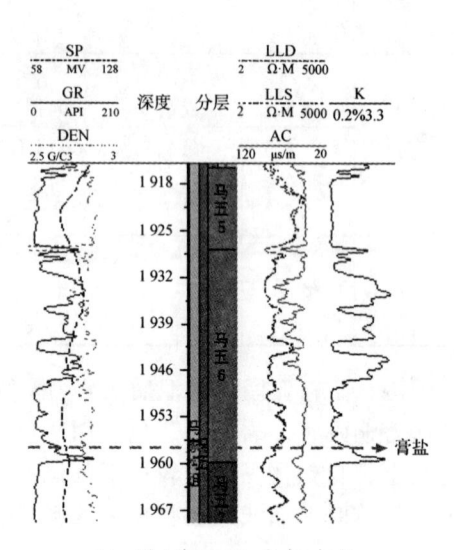

B. 延*井马五$_6$段标志层

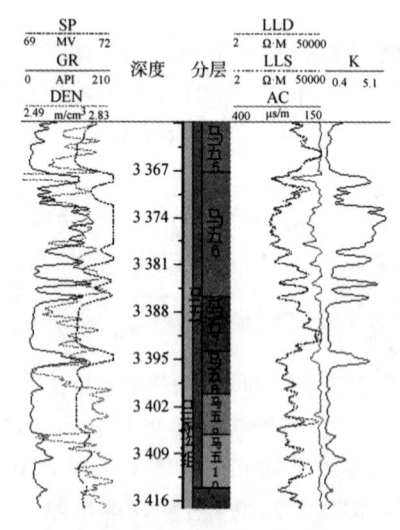

C. 延*井马五$_7$、马五$_8$亚段标志层

图 2-7 延安气田富县地区下古生界马五内小层划分标志层

4. 地层厚度法

在较小范围内相同地质时期沉积的地层，其厚度往往相近。鄂尔多斯盆地属于华北克拉通缓慢沉积的方式，盆地整体构造不发育，对于下古生界，在奥陶世末期，整体抬升造成了马家沟组顶部接受了长期的剥蚀，出现了沉积间断，很多井位地层缺失，但是在宜川和富县两个区块的小范围内，地势变化较小，两井间地层厚度依然存在可比性，自东向西地层厚度呈现变薄趋势，且出露地层年代自东向西逐渐变老，这些都成为地层划分对比的辅助标志层。

5. 野外露头证据

野外露头对于地层出露的直接观察是最有利于了解地层岩性特征的一种方式，同时我们还可以测量地层的产状，掌握地壳变动的状况；如果发现化石，这也是一种判断地质年代和层位的很好方式，也便于了解当时的地质环境。本次研究过程中笔者分别进行了 2 次野外露头踏勘，通过露头识别古生界多个层界面（见图 2-8）。

A. 本溪组与马家沟组界面 　　B. 马五与马四界线

C. 马三与马二分界线 　　D. 马四与马三分界线

图 2-8　山西省河津露头剖面

薛峰川剖面中可见本溪组底部发育一套含砾砂岩，往下为马家沟组风化壳，并找到本溪组内本 1 和本 2 界面处的厚层块状晋祠砂岩，以及作为太原组与山西组分界的标志层北岔沟砂岩。野外露头中马五$_5$、太原组厚层灰岩分布稳定，其上下都分布泥质含量很高的岩层，普遍风化严重，植被茂盛。

第三节 地层发育特征

由于鄂尔多斯盆地现今主要地质特点是西倾单斜，所以本次研究选择顺倾向以及与其垂直的方向作为主要的剖面方向。选择穿过富县地区的北东-南西向3条、北西-南东向3条，共计6条剖面作为主要剖面，以及其他9条剖面作为辅助剖面（北东-南西向6条，北西-南东向3条）（见图2-9）。由于奥陶系末期鄂尔多斯盆地差异抬升，导致靠近中央古隆起的区域剥蚀较严重，地层厚度变化较大，出现个别地区剥蚀不均的现象。但是总体来看，因西侧中央古隆起的存在，从北东往南西方向地层剥蚀厚度逐渐增大，出露地层时代逐渐变老，仅在研究区西南部出露马四（见图2-10），往北东方向马四上覆层逐渐增厚。

从北东-南西向来看，地层剥蚀明显，如延129-延433剖面（见图2-11），马五地层剥蚀厚度逐步增大，至延702井，地层已经完全剥蚀，风化壳已位于马四。至工区西南部延433井，马四也被剥蚀殆尽（见图2-12）；紧邻其上往富县开发区，延1768井马家沟组上组合已被完全剥蚀（见图2-10、图2-13）。

从北西-南东向来看，地层变化较小，部分区域存在地层缺失厚度大，如位于富县西北部延1756、延569、延1771井马五$_1$和马五$_2$已经被完全剥蚀，而周边马五$_1$和马五$_2$多存在部分残留（见图2-10），临井地层甚至出现突变。为验证该区域地层变化特征，特绘制富县西北角局部区域地层出露图和过该区的剖面图，富县西北部马五$_1$、马五$_2$存在一个内凹式的剥蚀带，造成井间地层剥蚀差异大（见图2-14、图2-15）。

位于研究区西南部的洛川、黄陵一带也存在局部剥蚀程度低的情况（见图2-16），延707井马五完全被剥蚀，该井更靠近中央古隆起，沉积厚度更薄、剥蚀程度更高，沿该井往西、南，各井顶面马五都已经被完全剥蚀，出露马四；延571井完整保留马家沟组上组合气组，该区从马五$_3$开始往下地层呈条带状展布，逐渐往黄陵中心延伸（见图2-17）。

黄龙地区延727井剥蚀程度最高，已剥蚀至马家沟组下组合马五$_6$-马五$_{10}$，形成一个局部严重剥蚀带，与该区其他井存在明显差异（见图2-18、图2-19），马五$_1$在该区内形成朵状展布，延展至洛川境内。

第二章 地层划分与对比

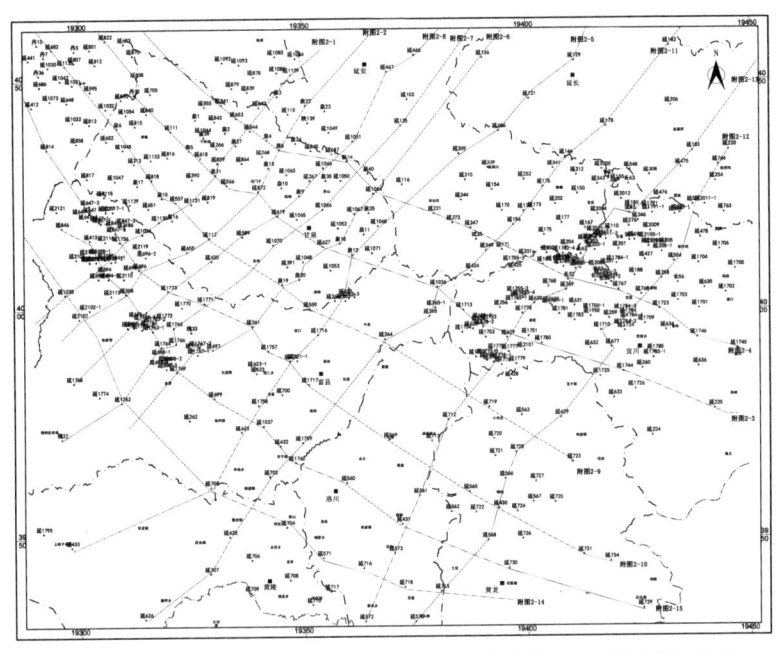

图 2-9 延安气田富县地区下古生界马家沟组工区剖面导向图

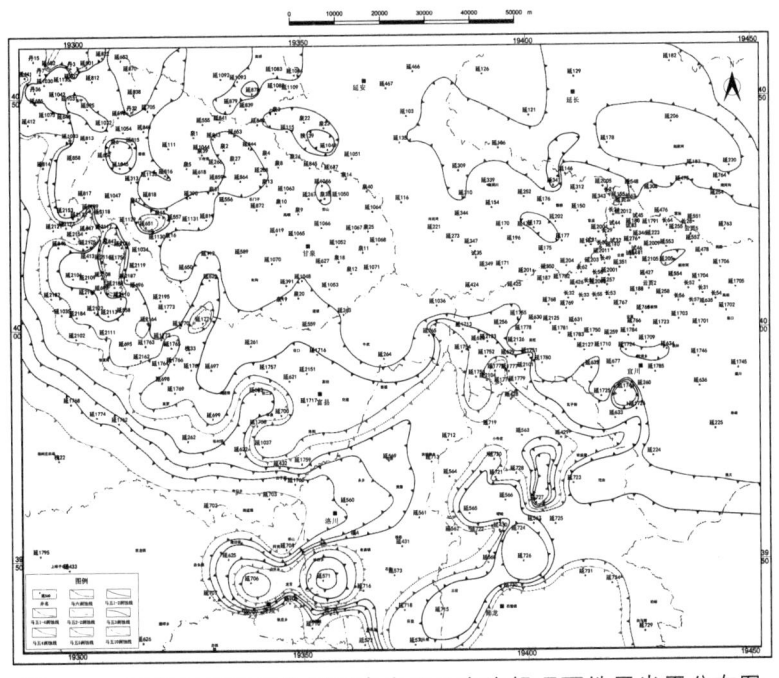

图 2-10 延安气田富县地区下古生界马家沟组顶面地层出露分布图

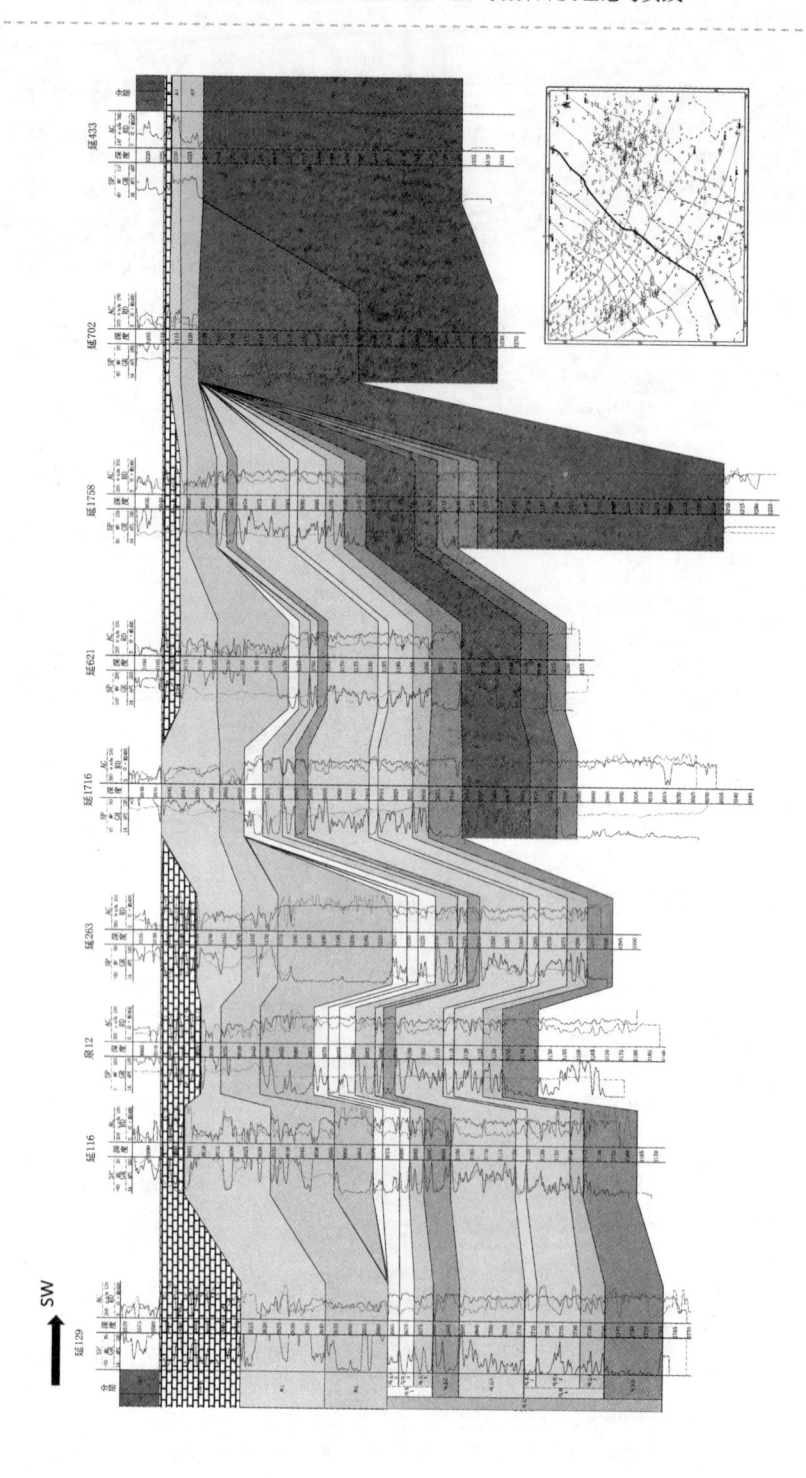

图 2-11 延安气田富县地区下古生界马家沟组延*-延*连井剖面地层对比图

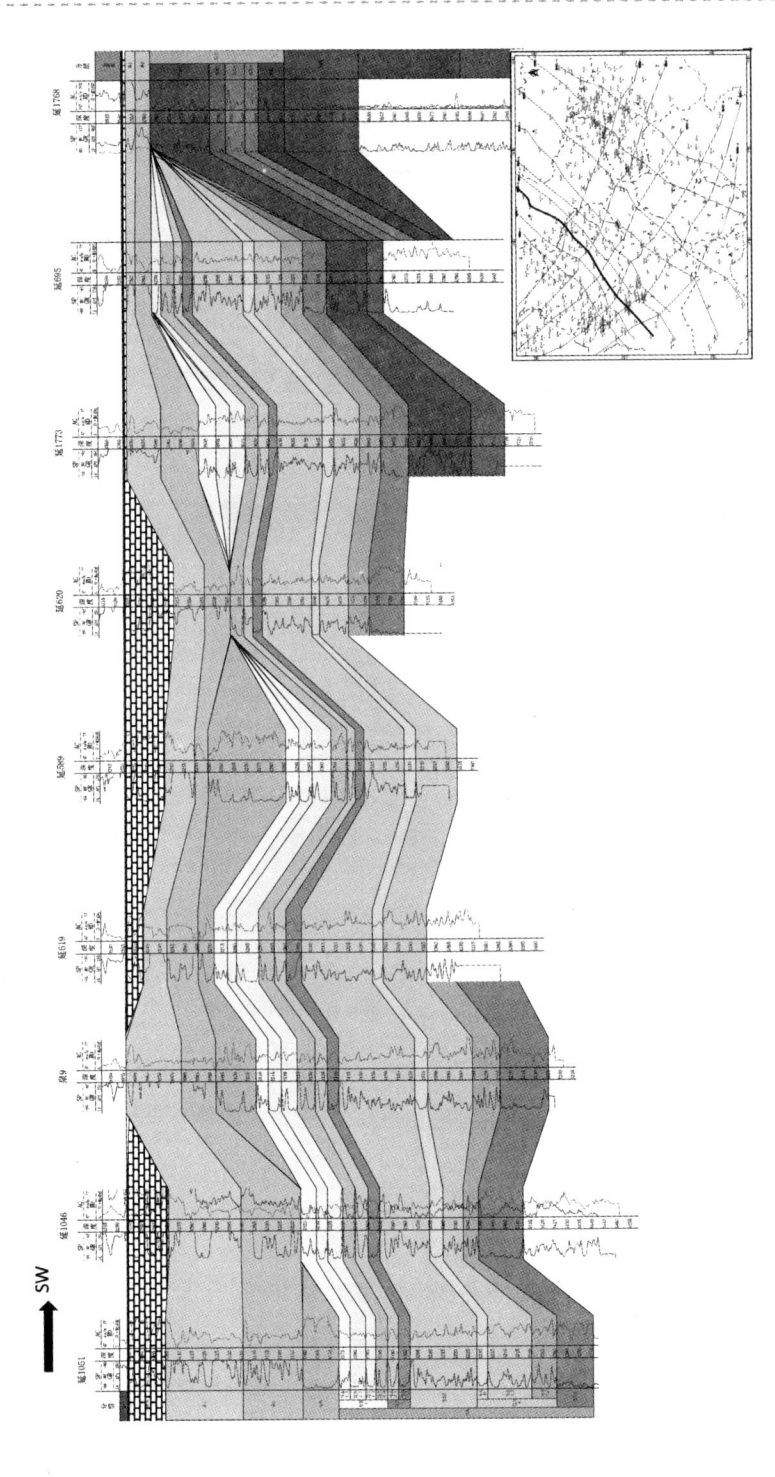

第二章 地层划分与对比

图 2-12 延安气田富县地区下古生界马家沟组延*-延*连井剖面地层对比图

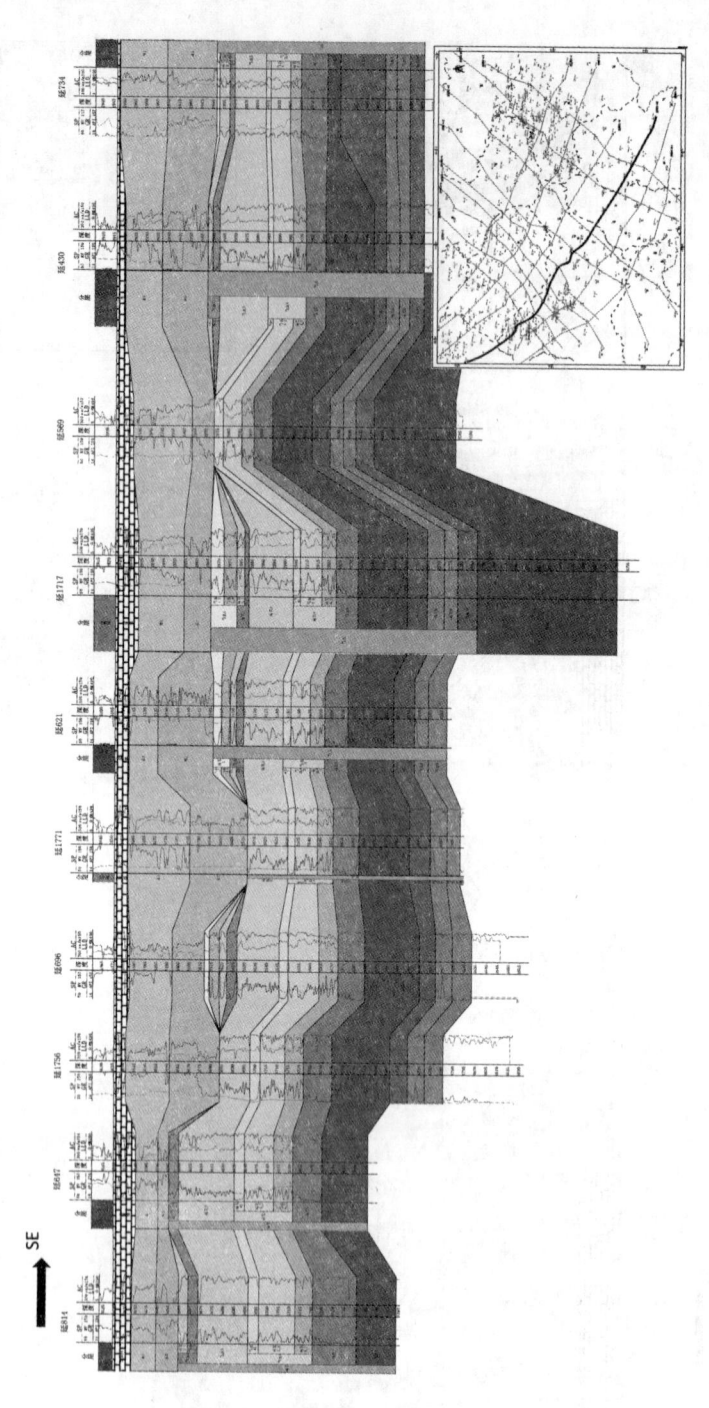

图 2-13 延安气田富县地区下古生界马家沟组延*-延*连井剖面地层对比图

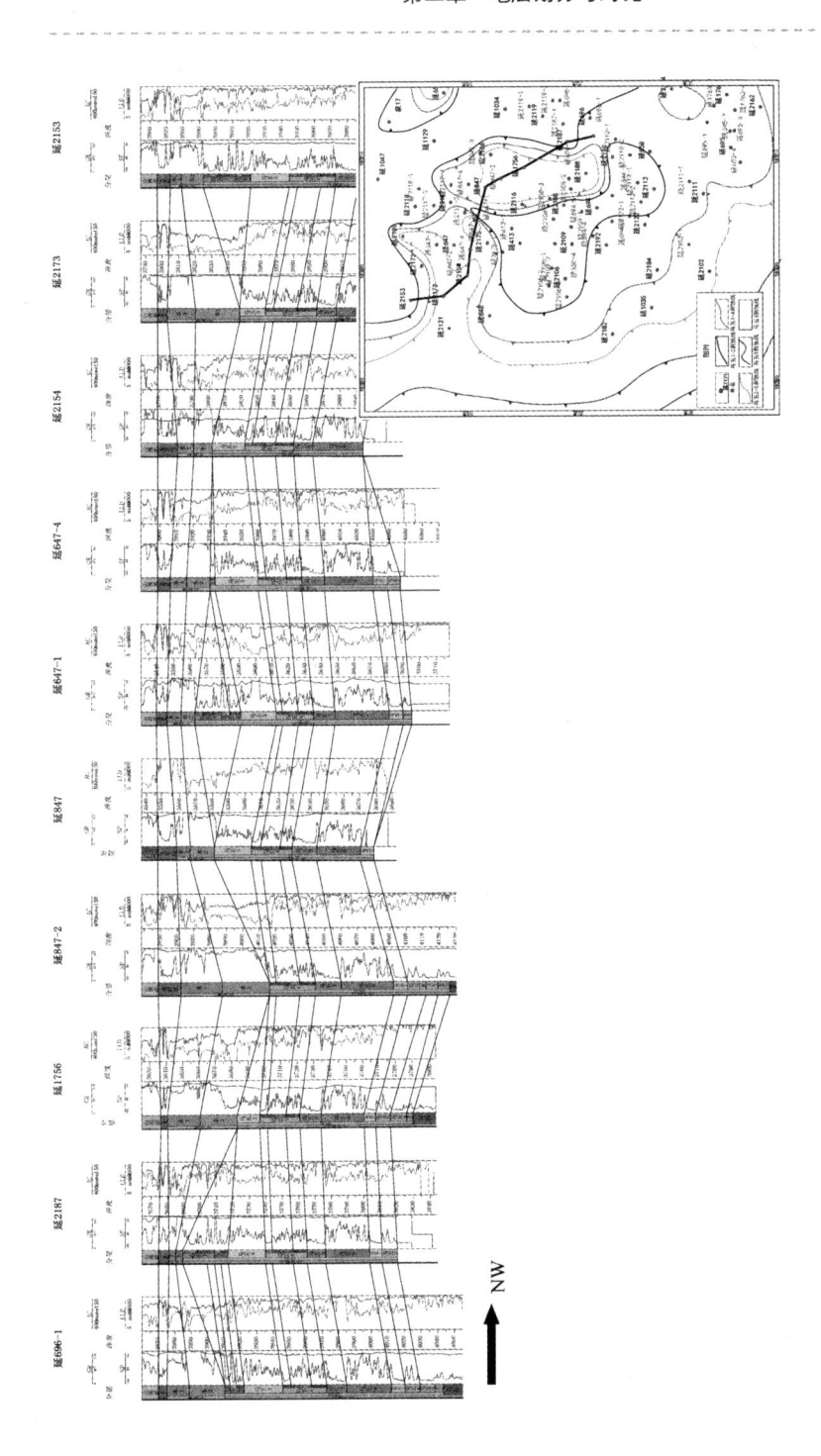

图 2-14 延安气田富县西北部延*-1-延*连井剖面地层对比图

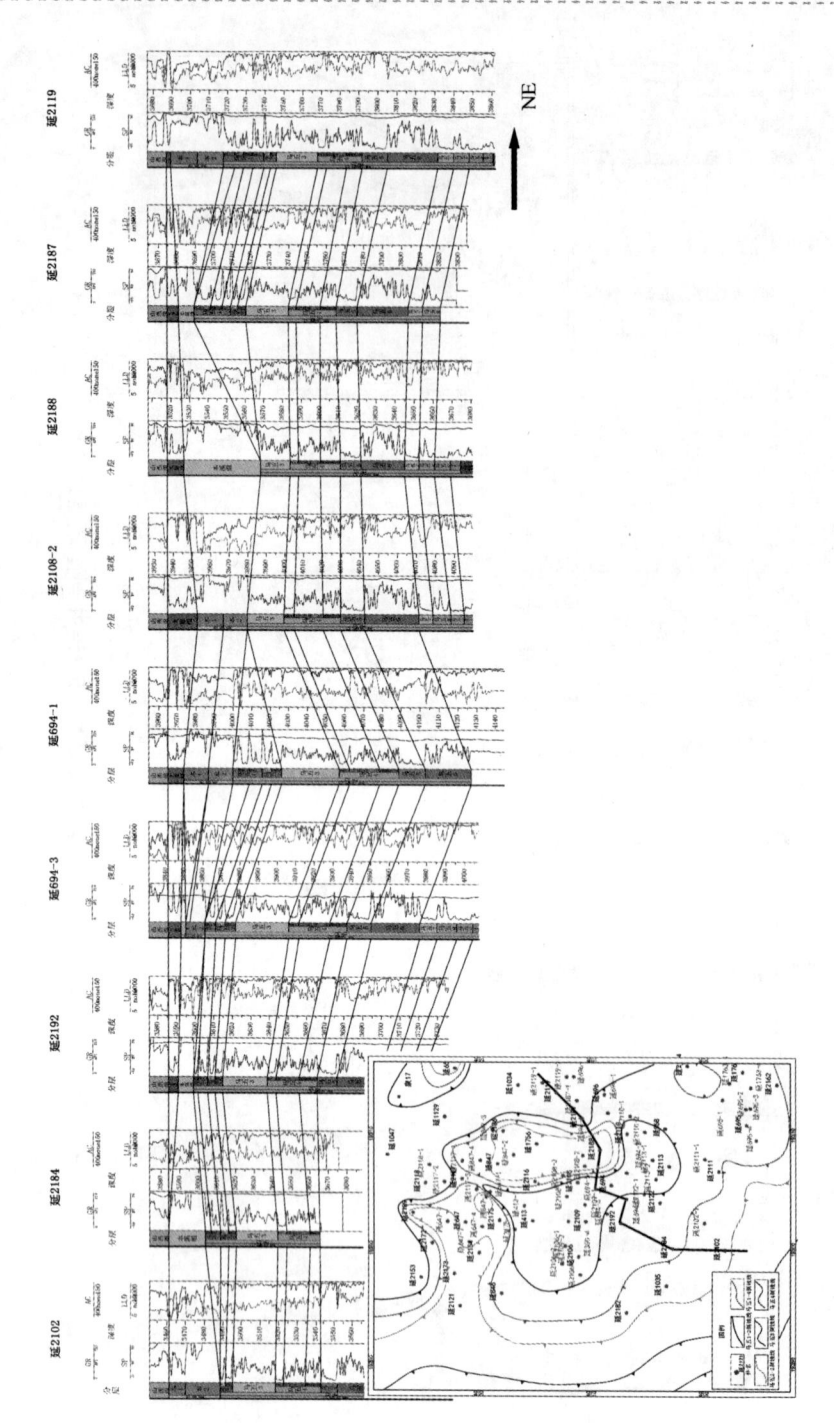

图 2-15 延安气田富县西北部延*-延*连井剖面地层对比图

第二章 地层划分与对比

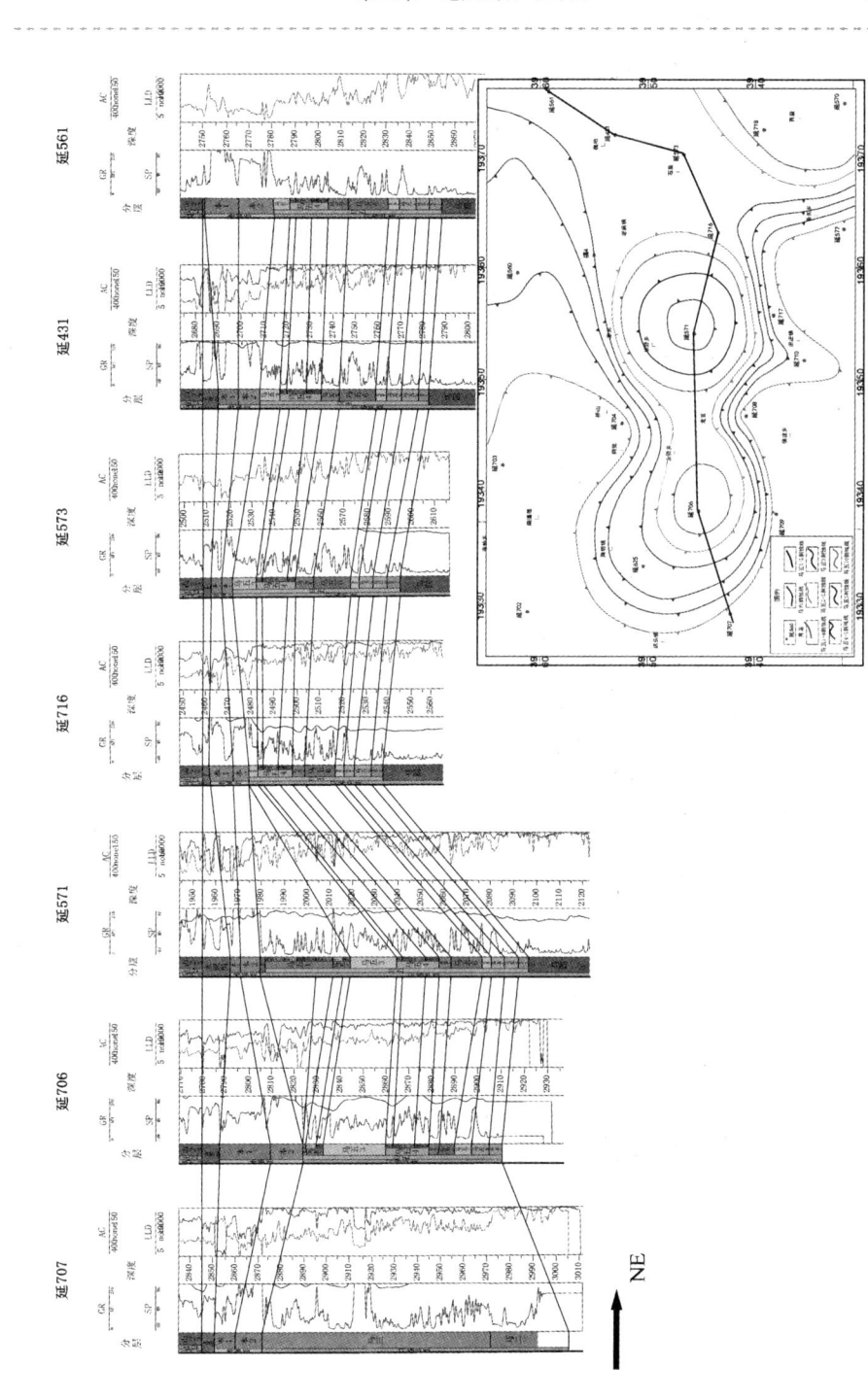

图 2-16 延安气田黄陵-洛川交界处延*-延*连井剖面地层对比图

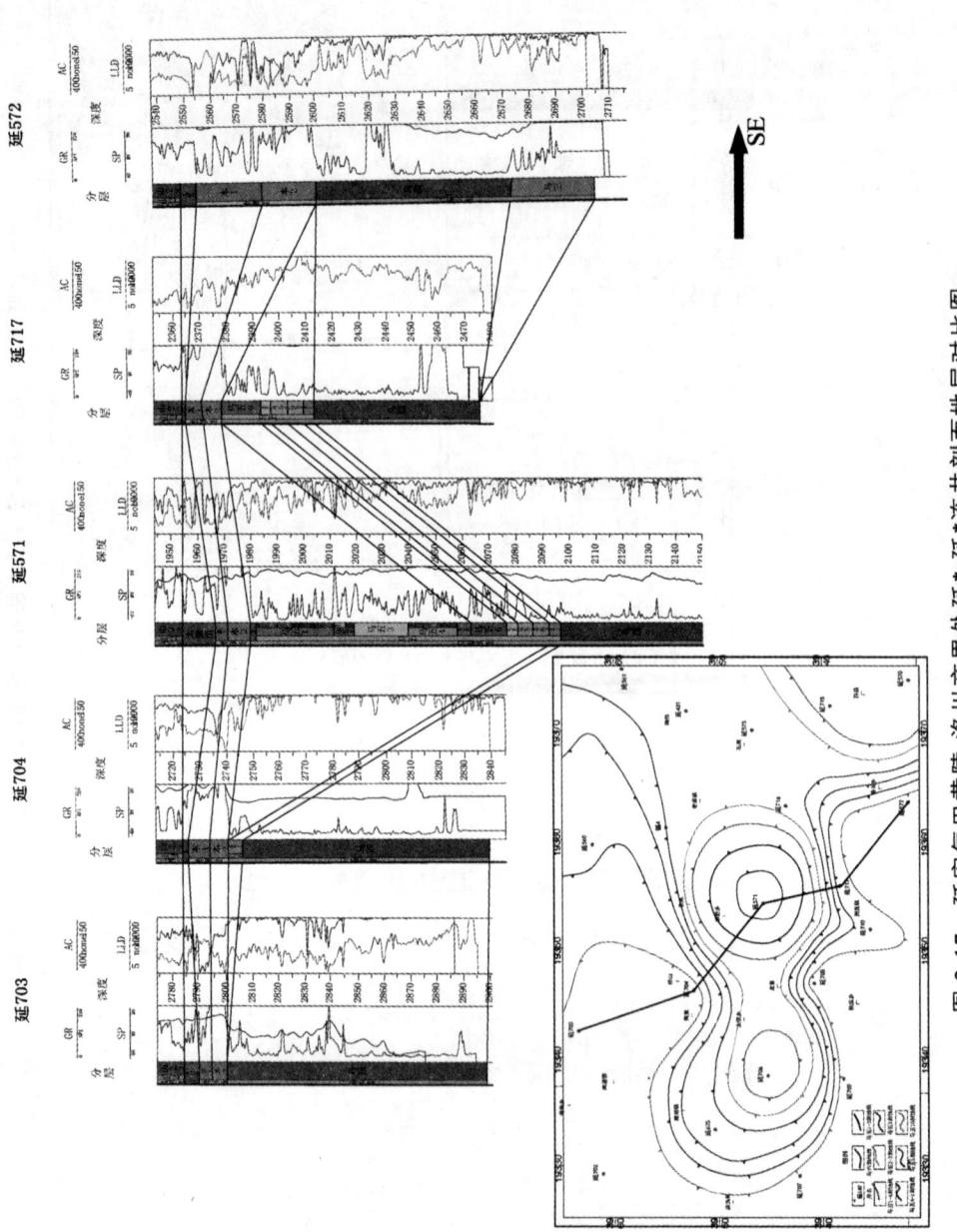

图 2-17 延安气田黄陵-洛川交界处延*-延*连井剖面地层对比图

第二章 地层划分与对比

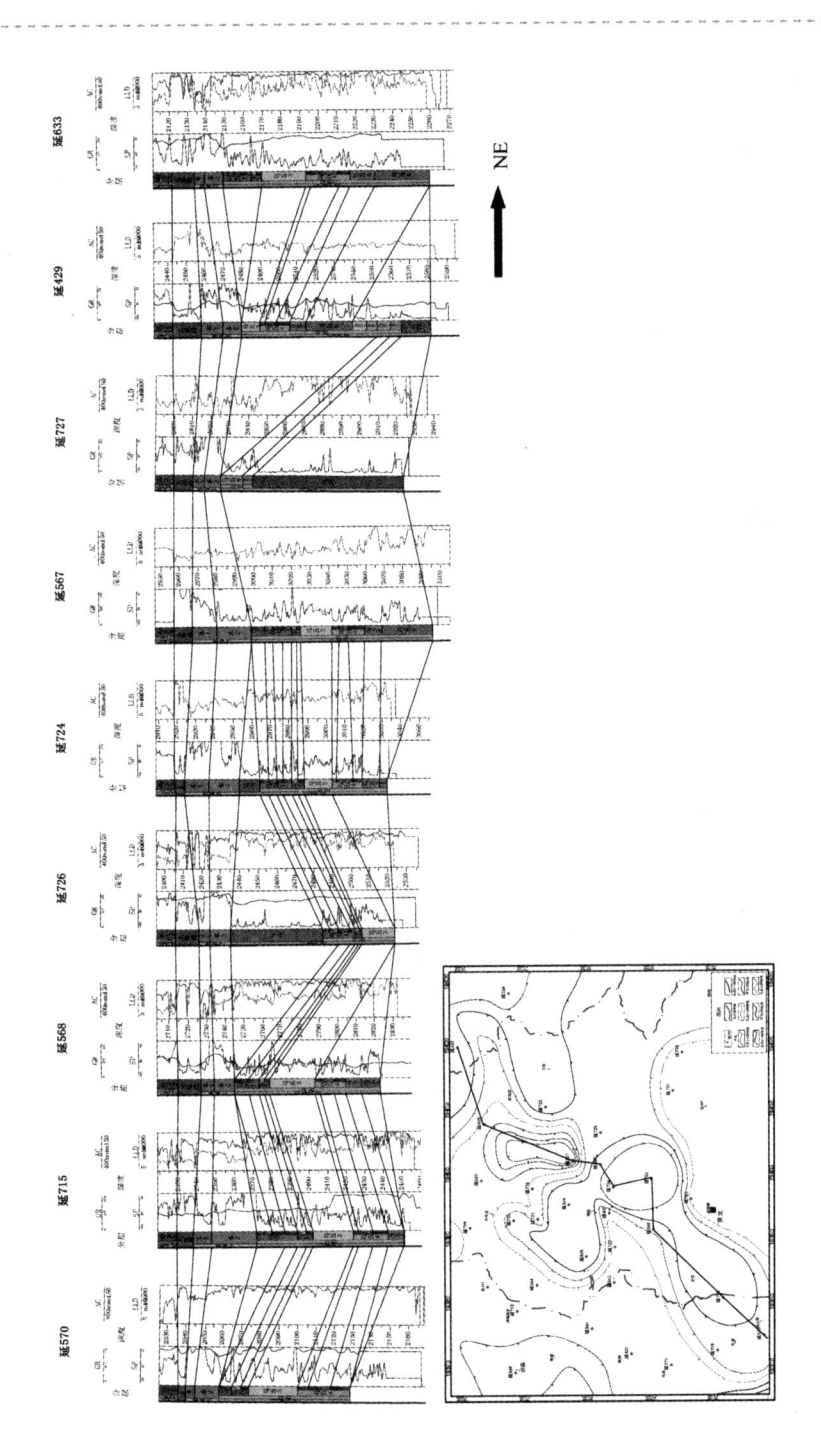

图 2-18 延安气田黄龙地区延*-延*连井剖面地层对比图

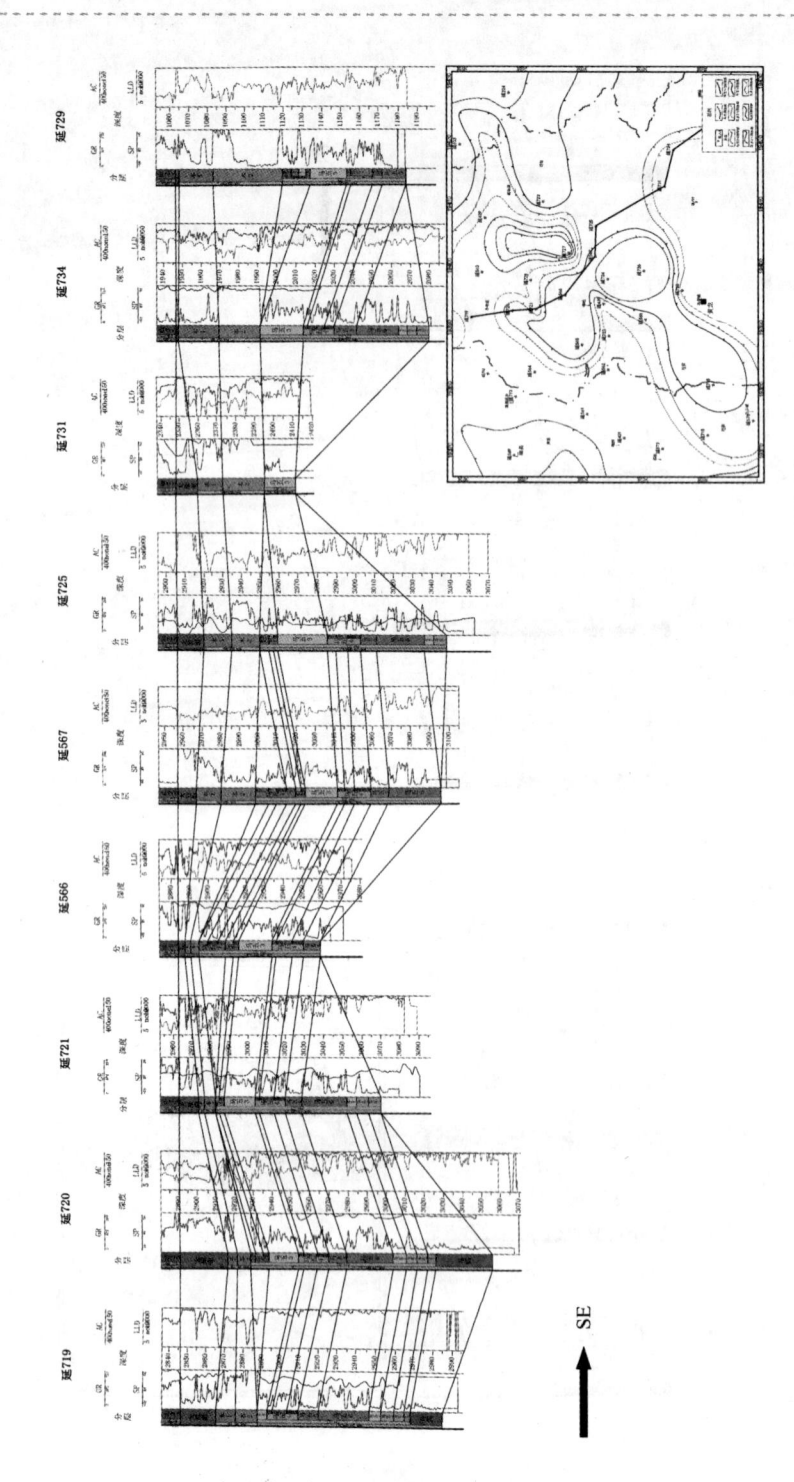

图 2-19 延安气田黄龙地区延*-延*连井剖面地层对比图

一、马六段地层发育特征

马六地层仅在研究区东部的宜川地区保存比较完整，在研究区东部延*马六厚度高达 72.74 m。往西及西南至富县、黄陵地区逐渐变薄，直至全部缺失，这与奥陶系末期沿中央古隆起往东西高东低的构造格局有关，同时因局部隆起造成马六也被完全剥蚀,如甘泉境内多个剥蚀区与厚层马六相邻（见图 2-20），指示局部隆起剥蚀的特征。

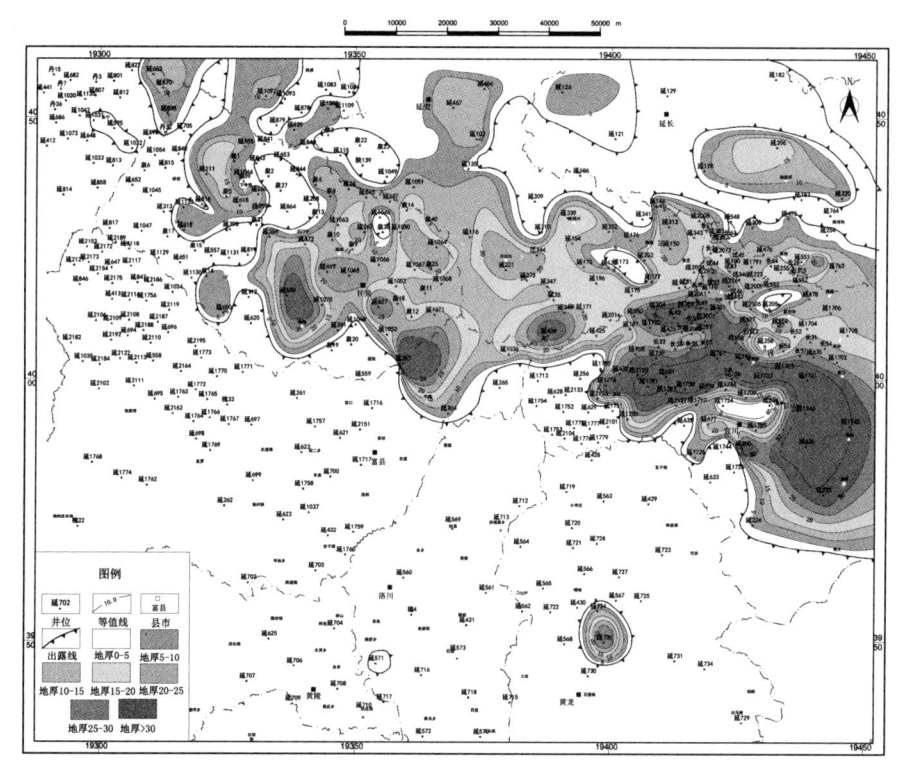

图 2-20 延安气田富县地区下古生界马家沟组马六地层厚度平面分布图

二、马五₁段地层发育特征

马五₁是下古主要的天然气产层之一，也是本次研究的主要层段。

由于马五₁层段接近马家沟组的顶界，导致工区内剥蚀普遍，富县地区少量残存，西南部基本已被剥蚀殆尽。从工区整体来看，在宜川、甘泉及其北部区域马五₁地层较厚，最厚达 10 m，往西南部厚度减薄（见图 2-21）。因宜川地区马六保存较好，马五$_1^1$剥蚀程度低，普遍都有完整的马五$_1^1$保留下来，厚度分布在 4~8 m。

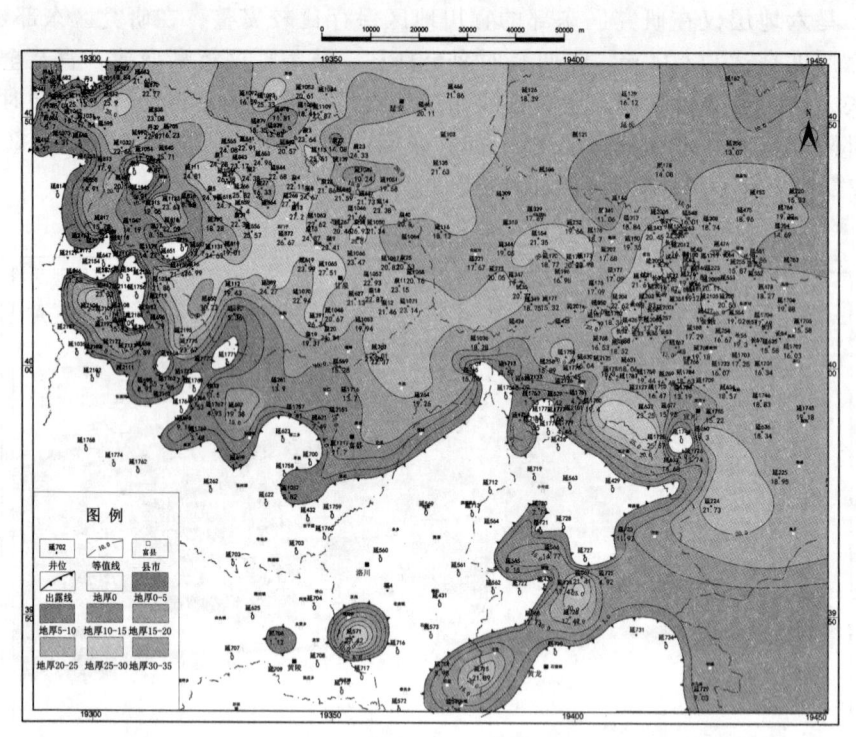

图 2-21 延安气田富县地区下古生界马家沟组马五$_1$地层厚度平面分布图

马五$_1^2$小层在工区的分布面积较马五$_1^1$大，至富县地区延 2113、延 697 井附近已见马五$_1^2$地层的残留，富县地区马五$_1^2$地层最厚 6.59 m。同时宜川地区马五$_1^2$小层整体覆盖面积进一步扩大（见图 2-22），有一条呈朵状分布的马五$_1^2$地层，从宜川往西南方向延展至黄龙境内，残留 2~5 m 的马五$_1^2$地层。

马五$_1^3$地层在富县、甘泉交界处最发育，最厚超过 9 m，富县地区有一呈北东南西向展布的马五$_1^3$残留区域，厚度多 3~6 m（见图 2-23），往黄龙方向延伸的条状展布地层依然存在，在上覆马五$_1^2$之下保存 3~7 m 马五$_1^3$地层。

从富县往北东方向马五$_1^4$地层与甘泉马五$_1^4$地层连续分布，在交界处保留厚达 9.9 m 的马五$_1^4$地层。富县地区马五$_1^4$地厚分布在 0~6.98 m，约 1/3 区域该层缺失，特别是在东北部有一内凹的剥蚀带，上覆层继承了该剥蚀带，如图 2-24 所示。

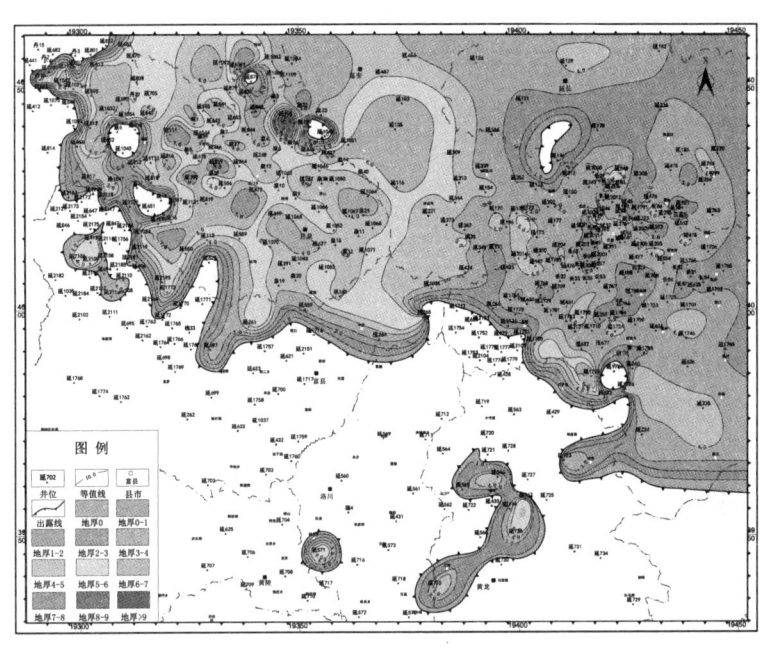

图 2-22 延安气田富县地区下古生界马家沟组马五$_1^2$地层厚度平面分布图

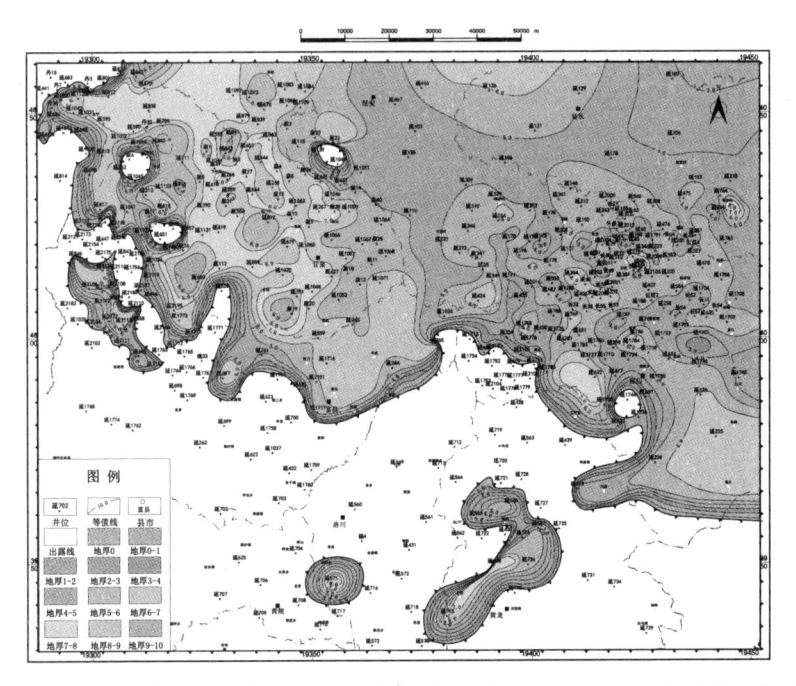

图 2-23 延安气田富县地区下古生界马家沟组马五$_1^3$地层厚度平面分布图

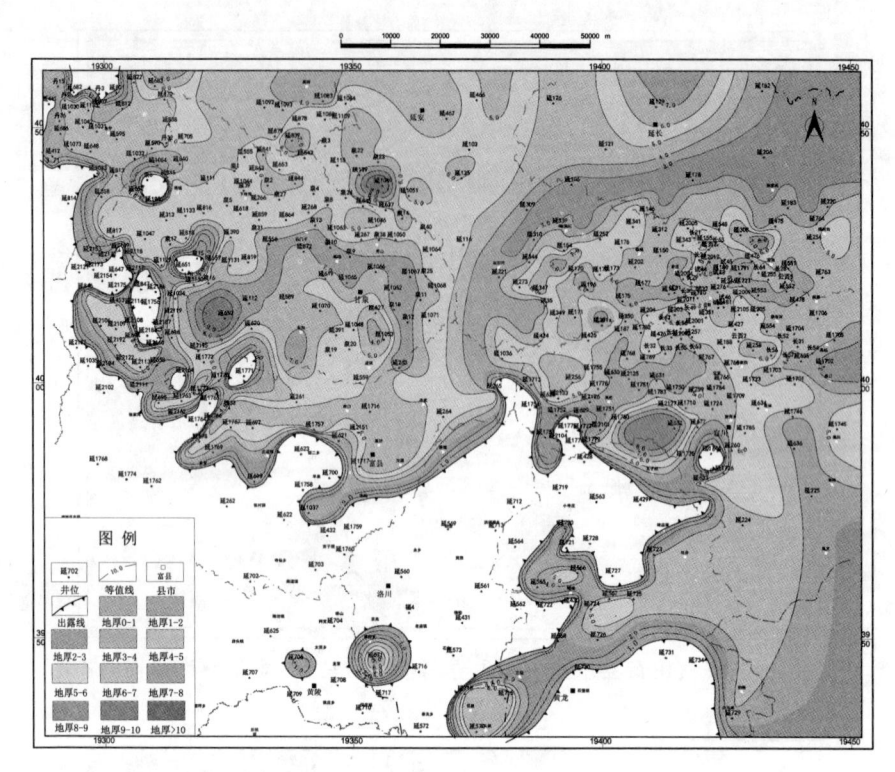

图 2-24　延安气田富县地区下古生界马家沟组马五$_1^4$地层厚度平面分布图

三、马五$_2$段地层发育特征

马五$_2$层段的分布面积进一步扩大，黄龙区域的条状展布带依然存在，保留 3～7 m 的马五$_2$地层；在富县有一半区域也有保留该段地层，其中延 1772 井马五$_2^1$最厚，达 5 m，在研究区的西南部，沿延 2121、延 623、延 700、延 622、延 429、延 572 一线，形成马五$_2$地层出露线，在此线往南西方向，地层全部缺失（见图 2-25）。马五$_2$在宜川全覆盖，但厚度不及北部区域发育，在甘泉至延安一带沉积厚度超过 10 m。马五$_2^1$地层和马五$_2^2$地层的最厚区都分布在甘泉，最厚分别达 6.1 m 和 6.59 m（见图 2-25、图 2-26）。在连片的分布区域内有零星分布的剥蚀区，仍然分布在甘泉、富县交界处，如延 1756、延 847、延 1771、延 1744、延 730 等。至马五$_3$该剥蚀带消失，富县与甘泉之间马五$_3$地层完全连续分布；黄龙区域马五$_3$也连续分布，仅残留延 727 井控制的一片剥蚀带，在该区域马五$_3$地层呈条带往西延展至洛川、黄陵。

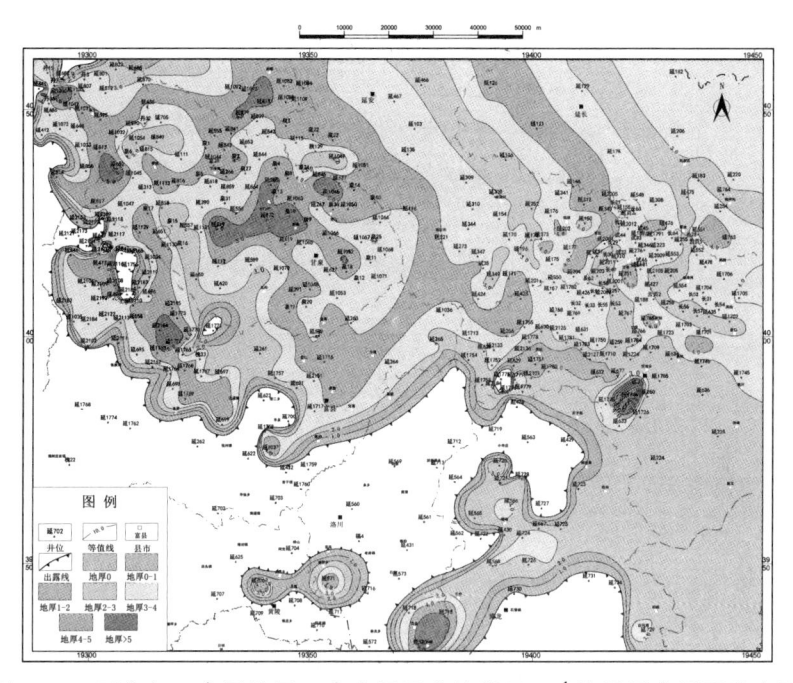

图 2-25 延安气田富县地区下古生界马家沟组马五$_2^1$地层厚度平面分布图

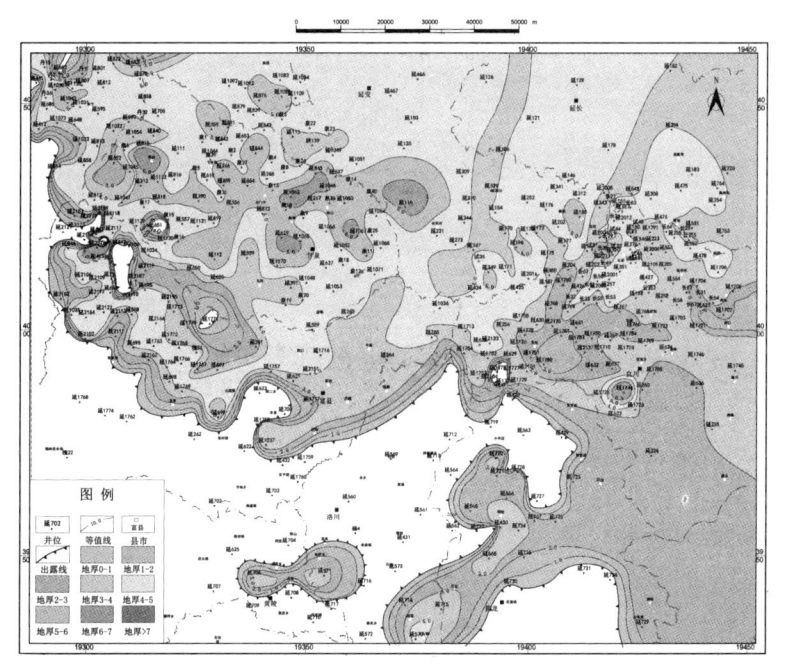

图 2-26 延安气田富县地区下古生界马家沟组马五$_2^2$地层厚度平面分布图

四、马五$_4$段地层发育特征

马五$_4$三个小层中以马五$_4^1$为主要开发层位,马五$_4^1$段地层覆盖面积较马五$_3$明显扩张,剥蚀线往西南方向偏移,沿延*、延*、延*、延*、延*、延*等一线,该线往北东方向地层广泛分布,厚度普遍低于 5 m,仅延*缺失。在研究区西北部厚度大于 5 m 的马五$_4^1$地层呈条带状分布(见图 2-27)。

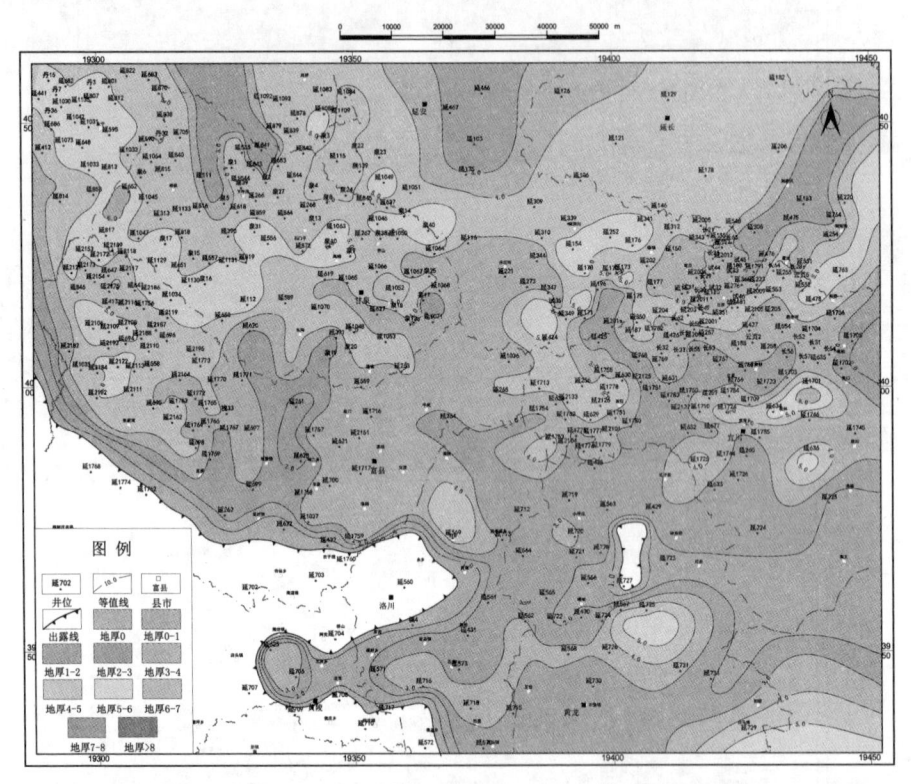

图 2-27 延安气田富县地区下古生界马家沟组马五$_4^1$地层厚度平面分布图

五、马五$_5$段地层发育特征

研究区马五$_5$地层由于处于中组合的起始,层位较深,所以遭受剥蚀较少,研究区内保存整体较为完整,只在西南部黄陵地区和延*井缺失,其他地区呈完整的连片分布。马五$_5$地层剥蚀线位于延*、延*、延*、延*、延*、延*、延*、延*、延*一线(见图 2-28),靠近富县县界区域的延*、延*、延*、延*、延*等井存在地层缺失，往西南区域完全剥蚀，往北东方向地层厚度逐渐增加。富县地区马五$_5$地层厚度中等，主要位于 5～12 m 之间。往北厚度明显增加，在甘泉境内最厚可达 23.18 m，往东宜川地区马五$_5$地层厚度最大也超过 23 m，从侧面论证这些地区当时应处在古地貌的低洼地区，马五$_5$地层沉积厚度厚。

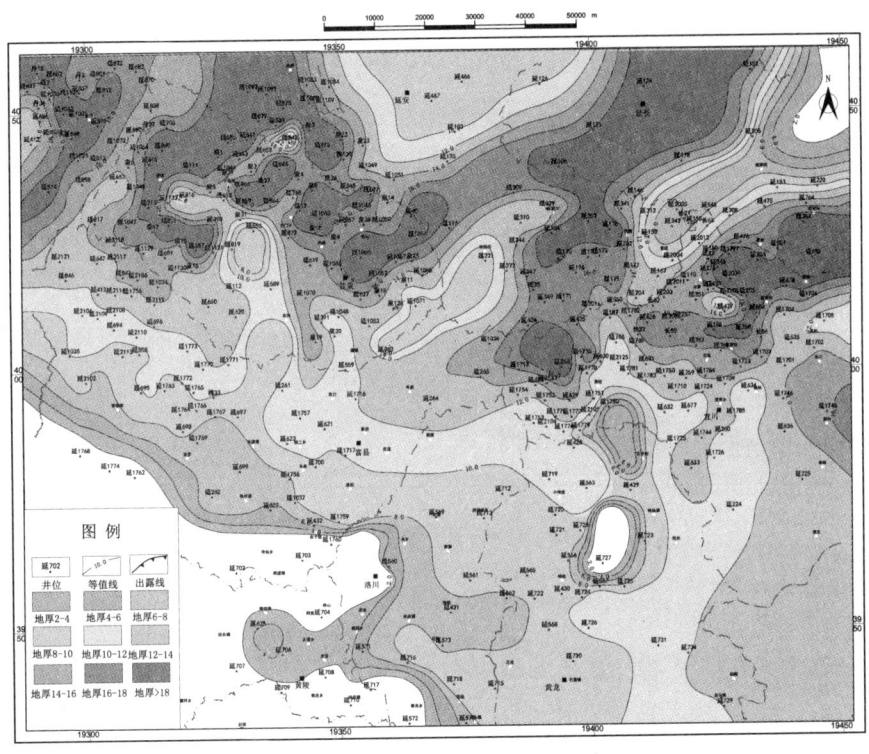

图 2-28　延安气田富县地区下古生界马家沟组马五$_5$地层厚度平面分布图

六、马五$_7$段地层

受钻井深度影响，研究区约 116 口井钻至马五$_7$，仅 76 口井钻至马五$_{10}$，主要位于富县、宜川及往南的区域。已有数据表明，马五$_7$厚度普遍低于 12 m。马五$_{6-10}$、马五$_7$往南西方向厚度逐渐变薄，宜川、甘泉厚度高于富县地区，在富县下组合总厚普遍低于 60 m，其中马五$_7$厚度普遍低于 10 m（见图 2-29）。

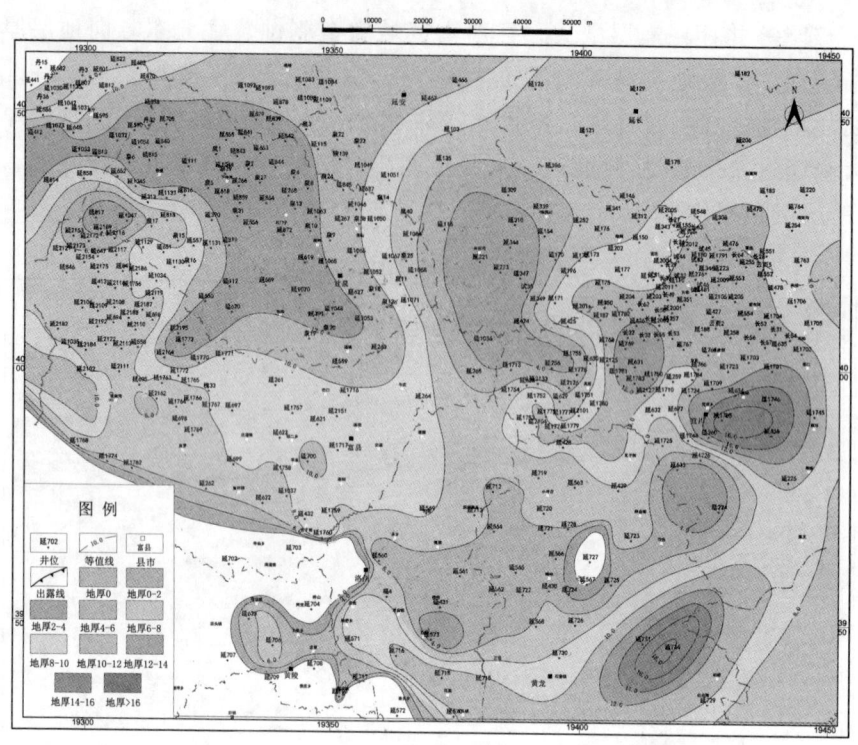

图 2-29 延安气田富县地区下古生界马家沟组马五$_7$地层厚度平面分布图

第四节 现今顶面构造特征

鄂尔多斯盆地在早古生代时期呈现中间高、东西两侧低、北高南低的态势；至中生代初期，地形总趋势呈北高南低、西陡东缓，晚三叠世，受印支运动的影响，鄂尔多斯地区西高东低的地形，形成了稳定地台上的大型内陆拗陷盆地；从第三纪开始，盆地东部隆升形成现今西低东高的单斜地形，周边相继断抬形成一系列地堑。

研究区区域构造整体表现为西低东高的西倾单斜构造，坡降为每千米 10 m 左右，与鄂尔多斯盆地区域构造趋势吻合。由于沉积的不均一性以及成岩压实的差异性，不同目的层段形成构造要素、面积各异的小型鼻状隆起和构造低凹区。本次研究在完成研究区马五$_1$、马五$_2$、马五$_4$、马五$_5$、马五$_6$、马四共 6 个层位顶面构造图件基础上，又完成了富县开发区马五₁、马五₂、马五₄、马五₅、马五₆、马四等 6 个目的层段顶面构造图。富县研究区的各层面的顶面构造为西倾单斜特征，在富县开发区低缓鼻状构造较发育，大多倾向西北方向，隆起幅度 10~40 m（见图 2-30~图 2-35）。

马五₁、马五₂、马五₄、马五₅各亚组的构造形态具有一定的继承性，只是小部分隆起方向、幅度有所变化，而马五₆、马四构造变化整体较大，尤其是马四，鼻隆分布位置、倾向都发生了变化，这与多数井未钻遇马四相关。

马五₁亚组顶界从西北部最低的 -2 350 m 到东南部最高的 -1 250 m。在富县开发区的东北部，在泉*、延*、延*附近存在 3 个鼻状隆起；中部地区，延*、泉*、延*、延*附近存在 4 个鼻状隆起；在西北地区，延*、延*附近存在 2 个鼻状隆起（见图 2-22）。马五₂亚组顶界海拔从西北部最低的 -2 365 m 到东南部最高的 -1 330 m。在富县开发区的东北部，在泉*、延*附近存在 2 个鼻状隆起；中部地区，延*、泉*、延*附近存在 3 个鼻状隆起；在西北地区，延*、延*附近存在 2 个鼻状隆起（见图 2-23）。马五₄亚组顶界海拔从西北部最低的 -2 390 m 到东南部最高的 -1 350 m。在富县开发区的东北方向，在泉*、延*附近存在 2 个鼻状隆起；中部地区，延*、泉*、延*、延*、延*附近存在 5 个鼻状隆起；在西北地区，延*附近存在 1 个鼻状隆起（见图 2-24）。马五₅亚组顶界海拔从西北部最低的 -2 425 m 到东南部最高的 -1 365 m。在富县开发区的东北区域，在延*附近存在 1 个鼻状隆起；中部地区，延*、泉*、延*、延*、延*附近存在 5 个鼻状隆起；在西北地区，延*附近存在 1 个鼻状隆起（见图 2-25）。马五₆亚组顶界海拔从西北部最低的 -2 440 m 到东南部最高的 -1 375 m。在富县开发区的东北部，在延*附近存在 1 个鼻状隆起；中部地区，延*、延*、延*、延*附近存在 4 个鼻状隆起；在西北地区，延*、延*附近存在 2 个鼻状隆起（见图 2-26）。马四亚组顶界海拔从西北部最低的 -2 540 m 到东南部最高的 -1 190 m。除在富县开发区中部的延*和南部的延*附近发现鼻状隆起外，其他地区均未发现明显的隆起构造（见图 2-27）。

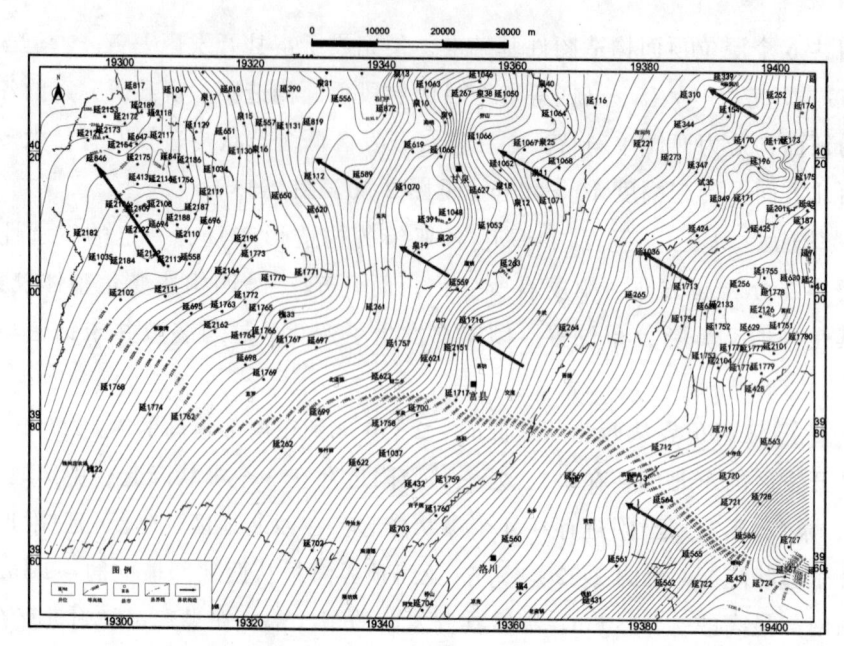

图 2-30　延安气田富县地区下古生界马家沟组马五$_1$顶面现今构造图

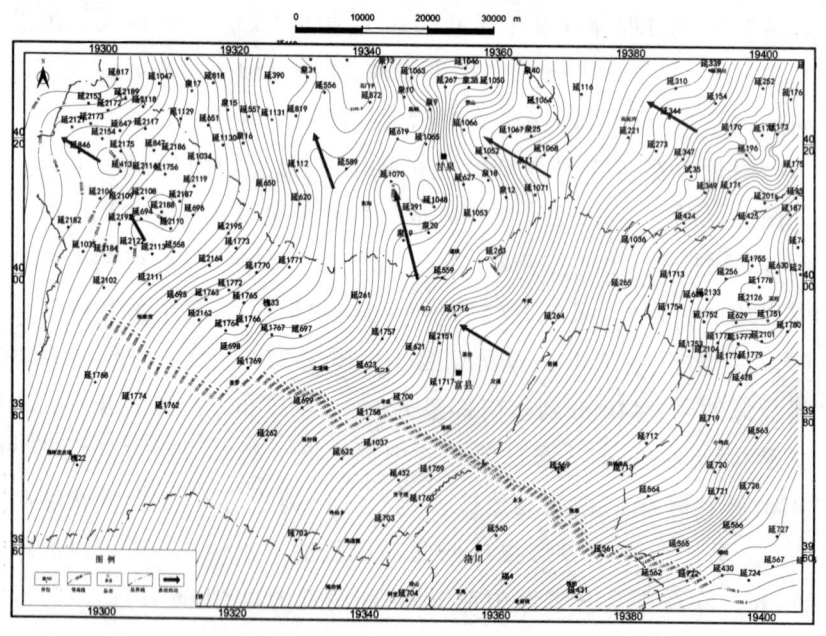

图 2-31　延安气田富县地区下古生界马家沟组马五$_2$现今构造图

第二章 地层划分与对比

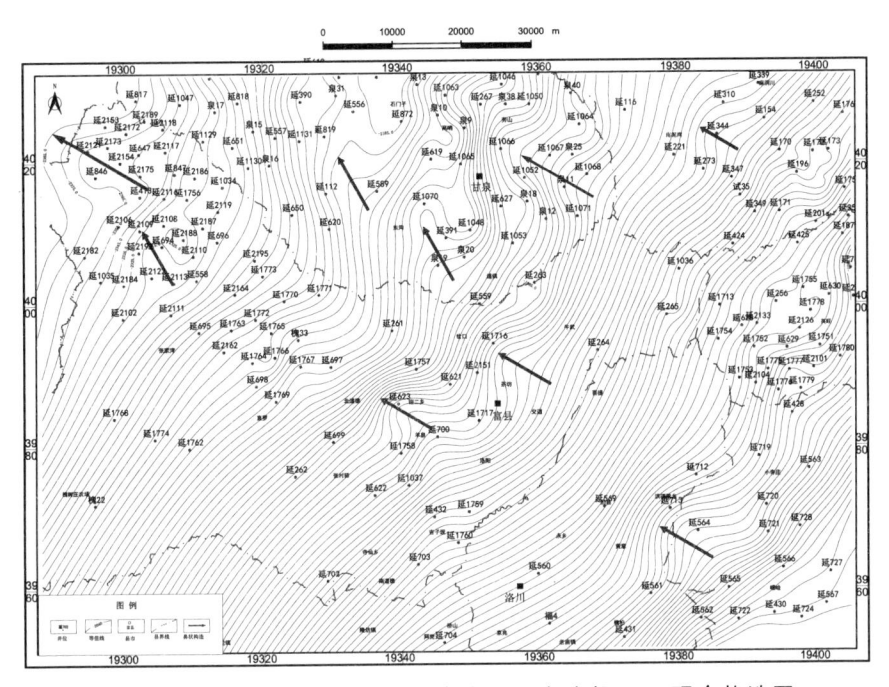

图 2-32 延安气田富县地区下古生界马家沟组马五$_4$现今构造图

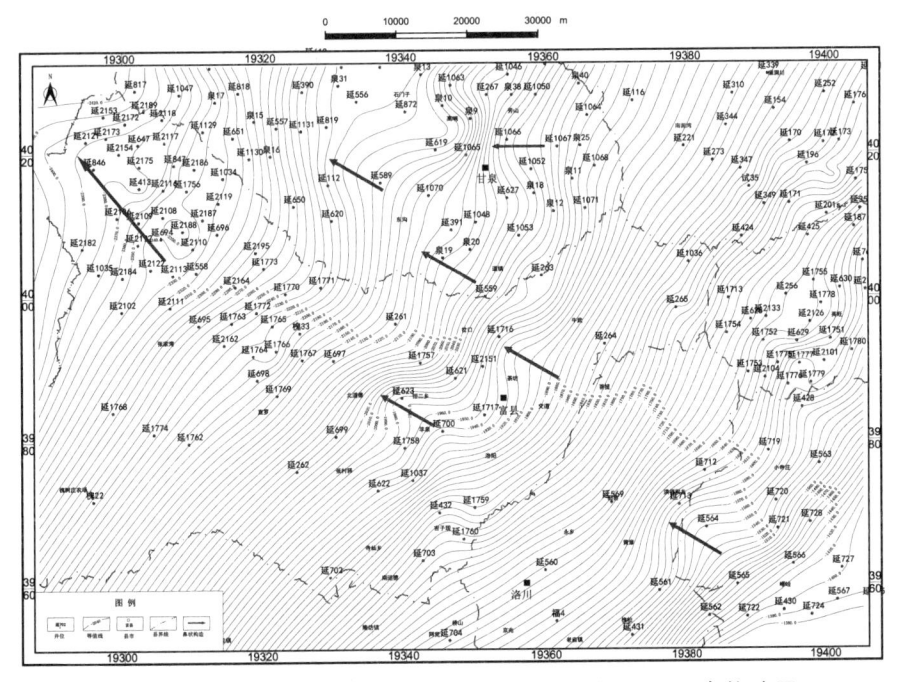

图 2-33 延安气田富县地区下古生界马家沟组马五$_5$现今构造图

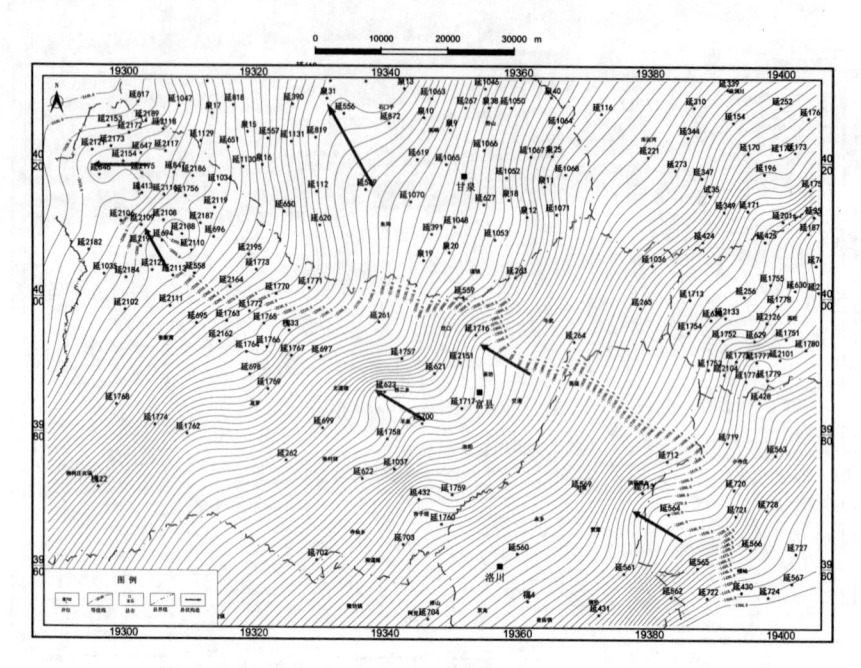

图 2-34　延安气田富县地区下古生界马家沟组马五$_6$现今构造图

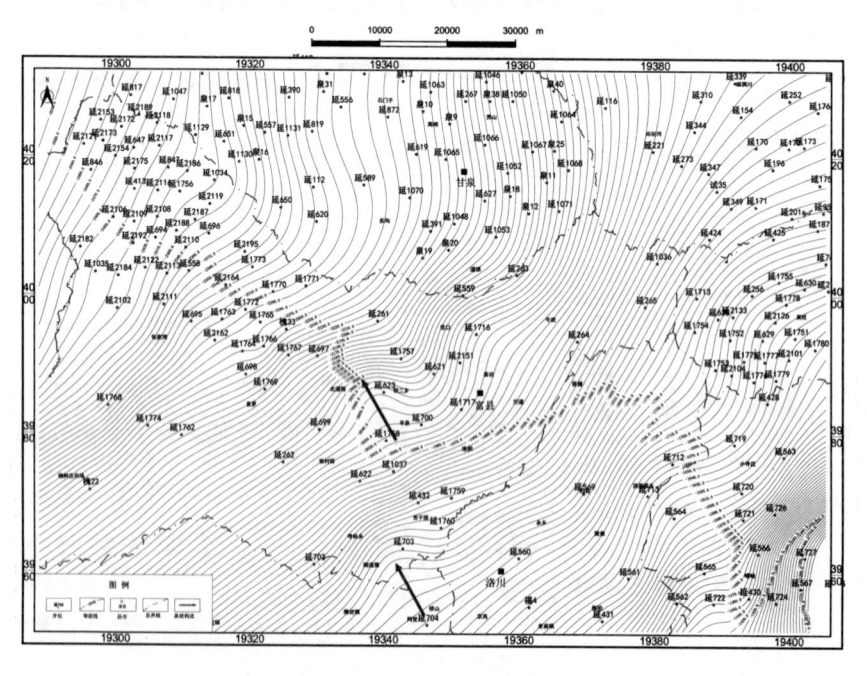

图 2-35　延安气田富县地区下古生界马家沟组马四现今构造图

第三章 沉积相分析

第一节 区域沉积演化概况

鄂尔多斯盆地为一大型多旋回克拉通盆地,沉积-构造演化经历了中晚元古代坳拉谷、早古生代浅海台地、晚古生代近海平原、中生代内陆湖盆和新生代周边断陷五大阶段(何自新,2003)。这次项目主要研究的奥陶纪马家沟组就是处在早古生代浅海台地沉积时期。

奥陶纪早期仍承袭着晚寒武世的海陆分布格局,再度发生大规模海侵,出现了中央海域周围被岛屿、古陆环绕的陆表局限海状况。奥陶系中期,鄂尔多斯开始发生大规模海侵,海水的大量入侵,使鄂尔多斯大部分地区发育广阔的浅水碳酸盐岩台地沉积。奥陶纪晚期,由于海退,再度呈现出华北古陆的广阔面貌,但是由于这个时期加里东运动导致地层整体抬升,研究区内已经完全剥蚀。而奥陶系中期是我们这次研究的主要时期,它又进一步分为早马家沟期、晚马家沟期以及马六期。

一、早马家沟期沉积环境及岩相特征

早马家沟期包括马一、马二和马三3个地质时期,这个时期开始发生大规模的海侵,使得陆表海台地成为鄂尔多斯盆地在马家沟期主要的沉积环境。具体来说,马一时期,鄂尔多斯盆地干燥,加上中央古隆起的阻隔和消能作用,使得盆地中南部,以及研究区处在强蒸发环境中,主要位于发育硬石膏和岩盐的盆地地区(见图3-1);马二时期,海侵面积扩大,中央古陆出露部分减少,研究区主要发育含膏云岩、白云岩等岩性(见图3-2);马三时期,处于阶段性海退阶段,盆地中东部绥德一带膏盐湖面积相较马二扩大,研究区还是以发育含膏或膏质白云岩为主(见图3-3)。所以,综上所述,盆地中南部,即富县地区,因为靠近陕北沉积中心地带,形成了海水含盐较高、流动性较差的沉积环境,从而主要发育含膏云坪、云坪等沉积相(付金华等,2001)。

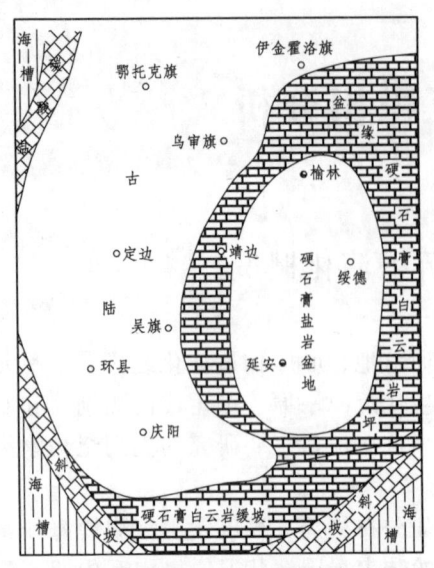

图 3-1 马家沟组一期岩相古地理
（付金华等，2001）

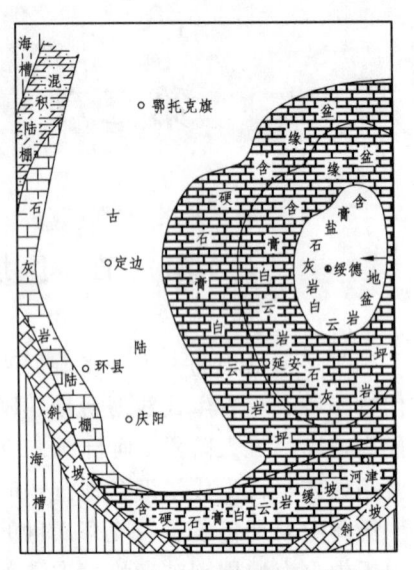

图 3-2 马家沟组二期岩相古地理
（付金华等，2001）

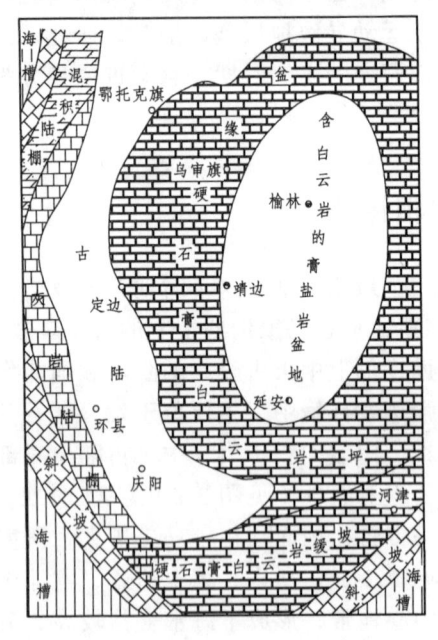

图 3-3 马家沟组三期岩相古地理
（付金华等，2001）

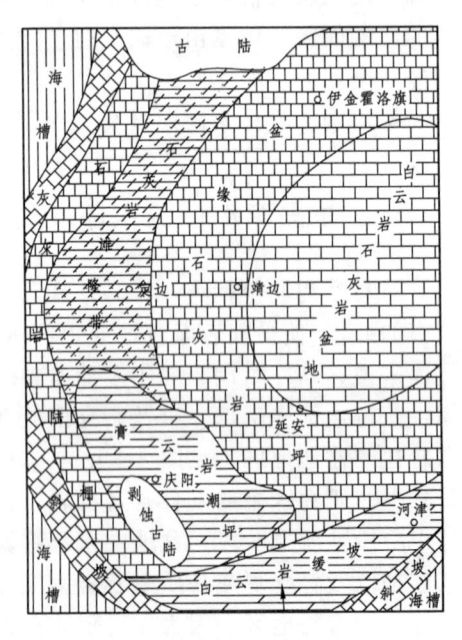

图 3-4 马家沟组四期岩相古地理
（付金华等，2001）

二、晚马家沟期沉积环境及岩相特征

晚马家沟期包括马四和马五两个地质时期，这个时期开始发生大规模海侵事件，中央古陆面积减小，但基本保持早马家沟期的古构造格局（李文厚等，2012）。

马四时期是区内奥陶纪以来的最大海侵期，气候湿热，水体变深，除伊盟古陆外，其余地区均被海水淹没。海水由东、南、西3个方向侵入，其中东部是海水的重要入侵方向，南部和西部，因"L"形古隆起带的半阻隔，为次要方向。研究区接受东部方向入侵海水，补给充足，海水盐度接近正常海水，沉积物主要以灰岩为主（见图3-4）。靠近中央古隆起的东部及北部发育膏云岩潮坪，富县地区明显受其影响，马四期发育云岩、膏质云岩。

马五时期是水体明显变浅的振荡海退期，"L"形中央古隆起带又重新露出水面，由于华北地台海平面整体降低，地形高低起伏形成的局限环境，使鄂尔多斯盆地主体部位补给的海水相对较少，循环性差，含盐度增高，加之气候干旱炎热，盆地内蒸发量大，造成陆棚盆地坳陷中心沉积了硬石膏岩、盐岩及少量白云岩。研究区接近膏岩盆地，受到海水循环较差的影响，易形成含膏白云岩、膏质白云岩等（付金华等，2001）（见图3-5）。

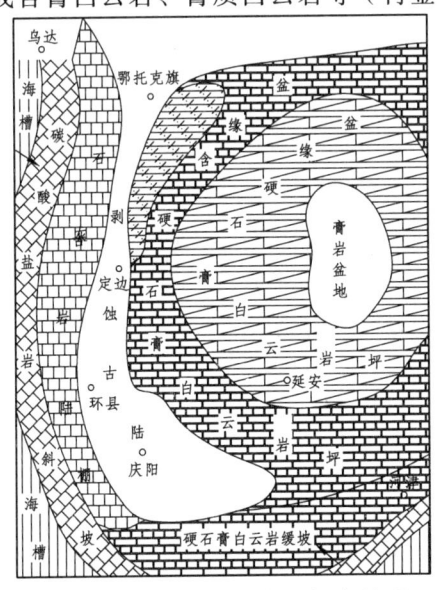

图 3-5　马家沟组五期岩相古地理
（付金华等，2001）

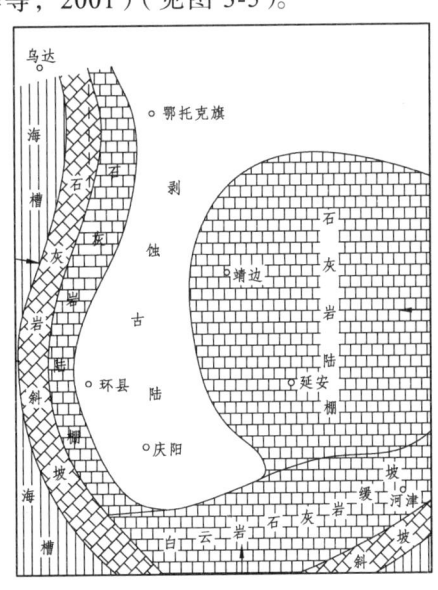

图 3-6　马家沟组六期岩相古地理
（付金华等，2001）

三、马六期沉积环境及岩相特征

马六时期（峰-峰期）是一次规模较小的海侵时期，气候较马五而言，比较湿热，但是地层整体遭受剥蚀较严重，除了盆地南部依然有保存，北部则大部分被剥蚀，仅零星地区有残余，中东地区由于海水涌入，循环良好，主要沉积灰岩和泥岩。研究区内富县地区马六地层残余较少，宜川地区保存相对完整，由于整体处于石灰岩陆棚沉积区，沉积物以灰岩和泥岩为主，同时夹杂少量云岩（见图3-6）。

第二节　沉积相划分标志

沉积相是沉积环境及在沉积环境中形成的沉积岩（物）特征的综合（赵澄林，2001）。对已经不复存在的古环境，我们只能根据地质记录中保存原生沉积条件和环境特征的标志去分析其形成的过程，进而追溯古环境的踪迹。这些能够反映古代沉积条件和环境特征的标志，通常称为相标志或环境成因标志。

一般来讲，沉积相的划分标志主要包括四个方面，即沉积学标志、古生物标志、地球物理测井标志和地球化学标志。本井取心较多，也做了岩矿、地球化学等分析化验，测井资料也较齐全，从而为本井的沉积相研究提供了一定的有利条件。根据钻井地质资料、岩心精细描述、薄片镜下观察鉴定，粒度、古生物等多项分析化验结果，结合沉积韵律，沉积旋回，各测井曲线形态、幅值、组合样式等资料综合分析确定延818井下古生界、上古生界及中生界沉积相与微相。以下为各类沉积相划分相标志的简要论述。

一、沉积学标志

1. 岩石颜色

岩石颜色常常反映沉积物形成时的氧化或还原环境。形成于稳定水体中的泥质沉积物一般具有较深的颜色，反映为弱还原-还原环境；相反，在高于湖（海）水面的各种环境中形成的泥质沉积物则往往呈红、紫、黄等鲜艳颜色，代表一种氧化-强氧化环境。因此，岩石颜色，特别是泥质岩类的颜色是沉积相划分的重要标志之一。

延安气田富县地区下古生界马家沟组主要发育一套白云质泥岩和白云岩组合，其顶底主要为一套泥质灰岩，岩石颜色主要为深灰色、灰色、浅灰色、灰白色、褐灰色、灰褐色以及灰黑色。灰黑色、深灰色多见于泥岩及白云质泥岩等岩石类型，大致特征是陆源泥质含量较高，白云石含量相对泥而言较少，反映该类岩石沉积时所处地区的气候为半干旱-潮湿气候，水体相对较深的浑水环境，多为泥云坪相。灰色多见于云质灰岩、灰岩等岩石类型，反映沉积时气候为半干旱气候，水体较浅的环境，多为灰云坪、灰坪相。灰色、浅灰色多见于云岩、含膏云岩等岩石类型，总体特征是含有一定量的膏岩成分，反映了当时沉积水体的盐度相对较大，蒸发作用较强，多为膏云坪相、含膏云坪相。褐灰色、灰褐色及灰色多见于白云岩中，气候干旱炎热，沉积物经常露出水面水体蒸发较强烈，多位于云坪沉积环境。

2. 岩石类型

在实际研究中，岩石类型并不是鉴别沉积相的良好标志。但是，一些岩石的发育和分布是有一定局限性的，在一定程度上也能反映其沉积环境，如煤层出现在沼泽环境；颗粒石灰岩一般出现于浅水高能环境，而泥晶颗粒灰岩出现于低能环境；膏岩和盐岩出现于蒸发环境；碳酸盐重力流沉积和碎屑浊流沉积出现于较深水斜坡环境；巨厚的暗色泥页岩和粉砂岩之类的细碎屑岩类则可能是湖盆（或海洋）中的沉积。鲕粒灰岩主要反映温暖浅水、水中有过饱和碳酸钙，同时具有强烈搅动的沉积环境，多为海洋和湖盆的滨岸带，或水下浅滩高能带，也可指示潮汐砂坝及潮汐三角洲环境。具纹层的泥晶灰岩是静水环境的标志，其反映的环境可以极浅，如封闭或半封闭的泻湖和潮上泥坪，也可以是位于波基面以下较深处。多角砾存在的云岩反映较强水动力条件下的局限台地沉积，因此，岩石类型是划分沉积相时首先要注意的基本标志。

在这次研究中，通过对各层位 1 057 个样本的统计分析，最终得出结论（见图 3-7），可以看出，在马五$_1$、马五$_2$、马五$_3$、马五$_4$等层位白云岩所占比例均超过了 50%（一般为 70% 左右），只有马五$_5$层位灰岩占比较高（超过 50%），水体流动弱，蒸发强，水体盐度高的环境有利于白云岩形成，由此认为马五$_1$、马五$_2$、马五$_3$、马五$_4$等层位处在局限台地环境；而马五$_5$则处于开阔台地的沉积环境，水体补给较为充足，同生期海水盐度不利于白云岩生成，以灰岩沉积为主。

通过对研究区内各井位的普通薄片的研究，发现很多井存在石膏假晶，同时在岩性频率统计表上也可以看到含膏白云岩的分布（见图3-7），在开阔台地由于水体较深，同时海水供给较为充足，所以水体盐度不高，膏盐不易析出，因此发育含膏云岩的层位（马五$_2$、马五$_3$、马五$_4$）处于局限台地沉积环境，且水体处于蒸发环境。

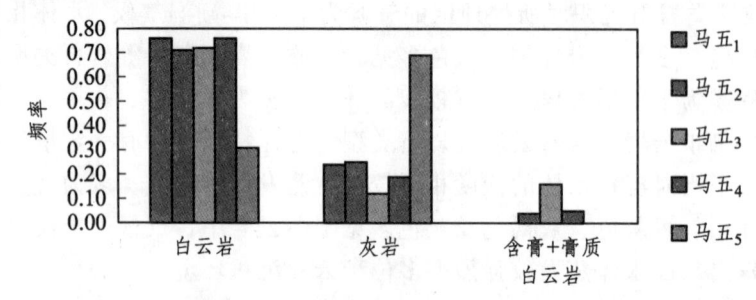

图 3-7　延安气田富县地区井位岩心薄片岩性频率统计

3. 自生矿物

自生矿物包括沉积矿物、同生矿物和成岩矿物，这些矿物在碳酸盐岩中经常可见到。海绿石分布很广，主要出现于较浅水的还原-弱氧化环境，鲕绿泥石主要出现于浅海环境。磷灰石主要出现于较深水环境，萤石、天青石和重晶石出现于咸化泻湖环境，在马家沟组岩溶垮塌角砾岩及本溪组泥岩中见到了黄铁矿及黄铁矿条带，出现于较深水的还原环境（见图3-8）。

A. 延*，2 545.6 m，本$_2$，深灰色泥岩，黄铁矿

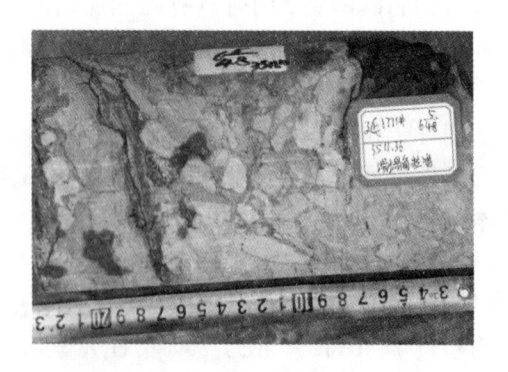

B. 延*，3 511.36 m，马五$_3$，灰色白云岩，滑塌角砾

第三章 沉积相分析

C. 延*井，3 553.23 m，马五$_4^2$，云质角砾岩

D. 延*井，2 939.10 m，马五$_1^2$，含角砾白云岩

图 3-8 研究区下古生界岩性特征

4. 沉积构造

沉积构造是沉积水动力条件的直接反映，是沉积岩中最常见和最直观的标志，也是沉积相分析和沉积环境解释的一个重要依据。临井延*观察到的沉积构造类型丰富（见图3-9），延*取心井段主要集中在石盒子组和山西组，岩心精细描述时观察到了较为丰富的沉积构造，主要分为以下几类。

（1）层理构造。

层理构造是碎屑物质在流体作用下，以不同的搬运方式将碎屑物搬运至某处沉积时，而在层内形成的成层构造。层理由沉积物的颜色、结构、成分及层的厚度、形状等沿垂向变化显示出来，如按层内粒度递变特征划分的块状层理、粒序层理等；按细层形态与层系界面关系划分的水平层理、平行层理、交错层理、波状层理等。

在研究区内通过岩心观察，主要发现的层理有平行层理、水平层理、波状层理、韵律层理等。

① 平行层理与水平层理。

平行层理主要产于砂岩中，是在水动力较强的条件下，高流态中由平坦的床沙迁移，床面上连续滚动的砂粒产生粗细分离而显出的水平细层。水平层理多见于细碎屑岩（泥质岩、粉砂岩）中，细层平直与层面平行。但是在研究区内，马家沟组地层经常发现带有平行层理或水平层理的岩层出现（见图 3-9A、图 3-9B）。这从侧面说明研究区内水动力较强且比较稳定。

② 波状层理。

波状层理由许多呈波状起伏的细层重叠在一起组成，一般是振荡的水动力条件下或者风力作用下形成的。层内的层纹呈连续的波状、互相平行或薄的泥纹层和砂纹层成波状互层，细层可连续或断续，总方向平行层理。在研究区内，也发现了类似的波状层理（见图 3-9C），这些层理反映出的振荡水动力环境与岩溶斜坡水动力特征相吻合，从侧面反映了当时古地貌特征，在本书后面会做具体论述。

③ 韵律层理。

韵律层理是指成分、结构与颜色等性质不同的薄层做规律地重复出现而组成的层理。这种韵律性重复是物质搬运过程方式有规律地发生交替变化造成的。在碳酸盐岩中，这种层理也时有出现，这可能是主要由于岩溶斜坡地带，海水规律性的涨落造成的（见图 3-9D）。

（2）层面构造。

当岩层沿着层面分开时，在层面上出现的各种构造和铸模都属于层面构造，如波痕、雨痕、槽模、冲刷面等，它们均保存在岩石的顶底面上。在马家沟组明显的层面构造较少，在具体的岩心观察中还未发现明显的层面构造。

A. 延*，3 160.51 m，马五$_2^2$，
浅灰色白云岩，平行层理

B. 延*，3 716.52 m，马家沟组，
灰色白云岩，平行层理

C. 延*，3 659.74 m，马五$_2^2$，
灰色含泥质白云岩，波状层理

D. 延*，2 328.69 m，马五$_1^4$，
灰色含泥质白云岩，韵律层理

图 3-9　延安气田富县地区岩心层理构造

（3）变形构造。

变形构造也称同生变形构造，是指在沉积作用的同时或在沉积物固结成岩之前，处于塑性状态时发生变形所形成的各种构造。在研究区内常见的变形构造主要有揉皱构造和滑塌构造两种，此外还有鸟眼构造和缝合线构造。

① 揉皱构造。

揉皱构造也称为卷曲层理、揉皱层理，是指在一个岩层内所发生的沉积纹层盘回和扭曲现象。研究区内揉皱层理比较常见，如延*、延*等都有发现类似的揉皱层理，可能是由于重力作用或水动力作用使得已经沉积的液化层发生层间流动造成的，侧面说明这些地区沉积时可能处在斜坡或有坡度隆起地区（见图 3-10A、B）。

A. 延*，3 660.79 m，马五$_3$，揉皱层理

B. 延*，3 559.65 m，马三，揉皱层理、滑塌构造

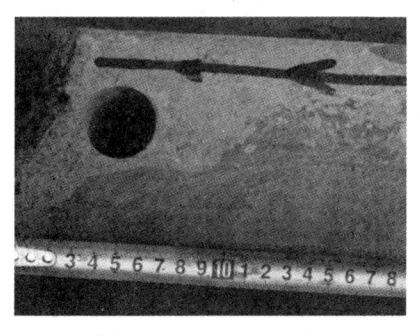

C. 延*，3 497.31 m，马五$_3$，滑塌构造

D. 延*，3 511.36 m，马五$_3$，滑塌构造

图 3-10　延长气田富县地区井位岩心变形构造

② 滑塌构造。

滑塌构造是指斜坡上未固结的软沉积物在重力作用下发生滑动和滑塌而形成的变形构造。沉积物顺坡滑动，使沉积层内发生变形、揉皱，还常伴随有小型断裂，甚至使岩石破碎、岩性混杂，呈角砾状外貌。研究区内滑塌构造十分常见，如延*、延*等，井位有明显沉积物滑动的特征（见图3-10B、C）；延*则出现了磨圆较差的岩溶角砾。这些都从侧面证明研究区内一些区域在成岩阶段存在接受风化、剥蚀、淡水淋滤的时期（见图3-10D）。

③ 鸟眼构造。

在泥晶或粉晶的石灰岩中，常见一种毫米级大小、多为方解石或硬石膏充填的孔隙，因其形似鸟眼，故称鸟眼构造。究其原因主要有两种看法：一是潮上带在干燥环境中沉积岩收缩而形成孔隙（Shinn，1968）；二是沉积物中生物腐烂产生的气泡逸出后又被胶结物填充。研究区内，这类构造比较常见，如延*在马五$_4^2$层位就有类似的构造特征，是阶段性暴露在地表导致岩层收缩产生的次生孔隙（见图3-11A）。

④ 缝合线构造。

在岩层的剖面上，缝合线呈现为锯齿状的曲线，此即缝合线；在平面上，即在沿此裂缝破裂面上，它呈现为参差不齐、凹凸起伏的面，此即缝合面；从立体上看，这些下凹或凸起的大小不等的柱体，叫缝合柱。现在主流的次生看法认为：缝合线主要来自成岩阶段的压溶作用。研究区内缝合线相当普遍，如延*，在岩性的剖面上可以很清晰地看到两条缝合线。这些缝合线为后期成藏过程中油气的运移和储集起到了积极的作用（见图3-11B）。

A. 延*，3 553.11 m，马五$_4^2$，鸟眼构造

B. 延*，2 398.50 m，马五$_4^2$，缝合线构造

图3-11　延长气田富县地区井位岩心鸟眼构造和缝合线构造

二、古生物标志

古生物化石在沉积岩中经常见到,而特定的古生物类型与其当时的生存环境又是紧密相关的,因此通过不同的生物集群或者古生物化石组合面貌,可以确定其形成时的生活环境及沉积相,同时可以确定地层的地质年代。在碳酸盐岩地层当中,生物种类的变化也是与沉积环境息息相关的,比如贝壳类生物反映出的是开阔陆棚的沉积环境;破坏和磨损的介壳类生物体现出台缘水动力较强的环境的特点;软体动物、孔虫等体现出开阔台地的环境特点。但是研究区马五段地层处在局限台地沉积环境,海水含盐度较高,致使生物种类和数量有限,主要以藻类为主,而且比较罕见,在岩心观察过程中未发现相关化石,但是在翻阅录井资料过程中,在薄片分析数据中发现部分井位马六段见隐藻化石(如延 1074),佐证了部分学者认为鄂尔多斯盆地马六段处在开阔台地环境的说法。

三、地球化学标志

从表 3-1 可以看出,U/Th、V/Cr、Ni/Co 等都是反映沉积环境的有效指标,在还原环境下三者数值分别大于 4.25、7 和 1.25(Jones B,Manning D A C.,1994),研究区样品 V/Cr 值延 1036、延 1034、延 2118、延 696、延 1425 等井位岩样 V/Cr 的数值大于 7,但是增量数值普遍小于 1,应该属于弱还原环境;20 块样品中 Ni/Co 最小值为 3.71,大于 1.25,也验证样品为还原环境下的产物。Sr/Cu 比值为气候温湿指标,当比值大于 10 时,表示在干热条件相。通过计算所有岩样的 Sr/Cu 比值都大于 10,说明样品普遍在干热条件下形成。

表 3-1 延安气田富县地区下古生界马家沟组微量元素分析数据

样品名称	地质年代	岩性	深度/m	Co µg/g	Ni µg/g	Cu µg/g	Zn µg/g	Sr µg/g	V/Cr	Sr/Cu	Cu/Zn
延 1014	马五$_4$	泥晶灰云岩	4 011.8	1.5	10.2	2.8	16.4	105	6.8	37.5	0.17
延 2102	马五$_2$	灰褐色白云岩	3 494.54	3.1	11.8	5.4	31.0	78.6	3.8	14.6	0.17
延 1780	马五$_1$	灰质粉晶白云岩	2 637.8	2.5	14.1	1.8	3.4	81.5	5.6	45.3	0.53

续表

样品名称	地质年代	岩性	深度/m	Co μg/g	Ni μg/g	Cu μg/g	Zn μg/g	Sr μg/g	V/Cr	Sr/Cu	Cu/Zn
延1766	马五₂	含灰泥晶白云岩	3 455.6	1.9	12.9	1.5	2.6	91.0	6.8	60.7	0.58
延1750	马六	泥微晶白云岩	2 549.35	5.1	18.9	9.3	2	1198	3.7	128.8	4.65
延1036	马六	泥晶白云岩	2 933.67	3.1	23.9	1.6	2	189	7.7	118.1	0.8
延1034	马五₃	泥晶白云岩	3 649.99	1.5	11.9	0.9	2	83.5	7.9	92.8	0.45
延2118	马五₁	灰褐色粉晶白云岩	3 829.63	1.5	11.2	1.2	2.9	79.9	7.5	66.6	0.41
延1710	马五₁	微晶灰岩	2 513.35	2.8	11.2	1.5	3.3	76.6	4	51.1	0.45
延696	马五₄	细粉晶残余砂屑灰云岩	3 549.98	2.1	18.2	1.0	2	91.8	8.7	91.8	0.5
延1425	马五₁	灰色泥晶白云岩	2 948.63	1.7	13.5	1.9	2.3	131	7.9	68.9	0.83

四、测井相标志

测井曲线反映了岩石的岩性、粒度、分选性、泥质含量及垂向序列等重要的成因标志。通常应用自然电位曲线、自然伽马曲线等研究沉积相，分析沉积层的粒度变化趋势、非均质性和韵律性等，从而判断沉积能量和环境。

利用测井资料划相，主要应用自然伽马（GR）、自然电位（SP）及视电阻率，或LLD等曲线，通过研究它们的形态、变化幅度、顶底接触关系、曲线的光滑度以及曲线形态的组合特征等来分析它们可能代表的沉积微相类型。测井资料有时也存在多解性，为避免误判，利用测井资料划相时，首先要根据区域研究资料或由露头剖面确定大的沉积格架，在大相基本确定的前提下，再应用测井曲线同时结合录井资料划分微相。对于取有部分岩心的单井相分析来说，首先要对岩心做仔细观察分析，确定其相类型，第二步与对应的测井曲线关系，建立本井的测井相标志，然后应用这些标志并结合录井资料扩大至对全井未取心段进行相分析。

本次研究首先通过野外露头观察、岩心观测、分析化验等进行主要相带的确定，进一步结合测井曲线分析地层沉积主要岩性，最后判断具体的微相特征。在分析岩性时，结合自然伽马、电阻率、声波时差、密度测井、种子密度测井、光电指数等多条测井曲线区分出云岩、灰岩、泥岩等主要岩性，进而计算出其与地厚比值，从而判断各层位的不同微相带。

第三节 沉积相类型

沉积相是反映一定自然环境特征的沉积体。从沉积物（岩）的岩性、结构、构造和古生物等特征可以判断沉积时的环境和作用过程。沉积相概念首先由瑞士A·格雷斯利于1838年提出。他认为具有相似的岩性和古生物两方面特征的岩石单元才能作为同一个"相"。赵澄林（2001）认为沉积相是沉积环境及在沉积环境中形成的沉积岩（物）特征的综合。前人对碳酸盐岩台地各类相沉积特征与鉴别指出了沉积学方面的多项标志（见表3-2）。

表3-2 碳酸盐台地各类相的沉积特征与鉴别标志

特征	蒸发台地	局限台地		开阔台地		台地边缘	浅海陆棚
	膏岩湖	泥坪	云坪	泥灰坪	灰坪	粒屑滩（障壁岛）	
岩性	硬石膏、盐岩、泥质膏岩	泥粉晶云岩、膏质云岩、泥质云岩	泥质云岩、泥岩	泥粉晶灰岩、泥质灰岩、泥岩		鲕粒灰岩、生屑灰岩（砂岩）	泥粉晶灰岩、泥质灰岩、砂岩
颜色	浅灰、灰	浅灰、灰		灰、深灰		浅灰、灰	深灰、褐灰
岩石结构	石盐假晶	膏化、球团粒		泥粉晶结构		亮晶鲕粒及生物碎屑结构	泥、粉晶结构
沉积构造	干裂、鸟眼、纹层	鸟眼、纹层、包卷层理		水平层理、包卷层理		波痕、交错层理、冲刷面、虫孔	波状微层理、瘤状、鲍马粒序
生物组合	蓝藻、有孔虫	藻、有孔虫、介形虫		藻、有孔虫、棘屑		瓣鳃、棘屑、有孔虫、腹足	瓣鳃、菊石、有孔虫
指相标志	干裂、鸟眼	叠层藻、鸟眼、纹层状层理		平行层理的生物钻孔，重荷模		大段亮晶鲕粒结构、生屑多	瘤状构造及鲍马粒序
海水深度/m	<5	0~10		0~30		0~10	50~200
水介质能量	低	低		低~中等		高能	低
生储油条件	为主要盖层，有少量云岩储层	中等		中等		储集条件好，生油条件差	储集条件差、生油条件好

鄂尔多斯盆地东部地区在早奥陶纪时长期处于华北地台陆表海环境，全区发育了以潮坪相为代表的碳酸盐沉积。而碳酸盐台地又发育三个亚相，分别为开阔台地亚相、局限台地亚相、蒸发台地亚相等。而现在大部分学者认为马家沟组上组合（即马五$_1$~马五$_4$）基本形成于奥陶纪早期陆表海局限台地环境，发育云坪、泥云坪、灰坪、云灰坪等主要的微相类型（见表3-3）。

表 3-3 延安气田富县地区主要沉积体系分类

相	主要微相类型	主要发育层位
开阔台地	开阔云坪、开阔灰坪（为主）	马六，马五$_5$，马五$_7$
局限台地	局限云坪（为主）局限灰坪、含膏云坪	马五$_1^2$、马五$_1^3$、马五$_1^4$、马五$_2^2$、马五$_1^1$、马五$_2^1$、马五$_3$、马五$_4$

一、开阔台地亚相

开阔台地亚相一般位于潮下低能带。主要为一套碳酸盐及碎屑岩类的过渡沉积。岩石类型主要为石灰岩、云灰岩、泥灰岩等，间夹一些陆源碎屑的薄层泥质沉积，岩石颜色主要为灰色、深灰色及灰褐色（见图 3-8 ~ 图 3-10）。特征：岩性主要是灰岩及云质灰岩，沉积构造中较多易发现虫孔痕迹，生物则主要发育大量藻类，还有部分软体动物。

因本次研究关注白云岩储层，故对一些过渡岩性和泥岩在沉积相中未完全分开，由此根据岩性的差异、古地貌的差异，将其具体分为开阔云坪、开阔灰坪、开阔过渡区等三个微相。

开阔云坪：呈零星分布，主要可能是由于古地貌地势较高的洼地，在水位较低时，可能出现局部的蒸发过快，同时海水供给不足，海水含盐度增加，最终形成区域性云坪。

开阔灰坪：分布范围较广，是开阔台地主要的微相类型。开阔台地与局限台地相比，距离开阔海较近，不足以形成大片白云岩。

开阔过渡区：呈零星分布，有两种形成原因：一是由于开阔灰坪在后期白云化过程中不够充分，形成云质灰岩或灰质云岩等云岩或灰岩的过渡岩性；二是风化、剥蚀、淋滤中带入大量泥质沉积物，如泥质云岩/灰岩等。

二、局限台地亚相

局限台地亦有人称之为局限潮间或潮上受限潟湖。该环境位于平均低潮线之上，正常浪基面之上，其水体循环受到水下隆起（滩或礁）的限制，盐度大、能量低，主要为一套细粒夹蒸发岩类的沉积物。特征：岩性以白云岩及白云质灰岩为主（见图 3-12），沉积构造发育鸟眼、叠层石、递变层理等，动植物种群很有限。

第三章 沉积相分析

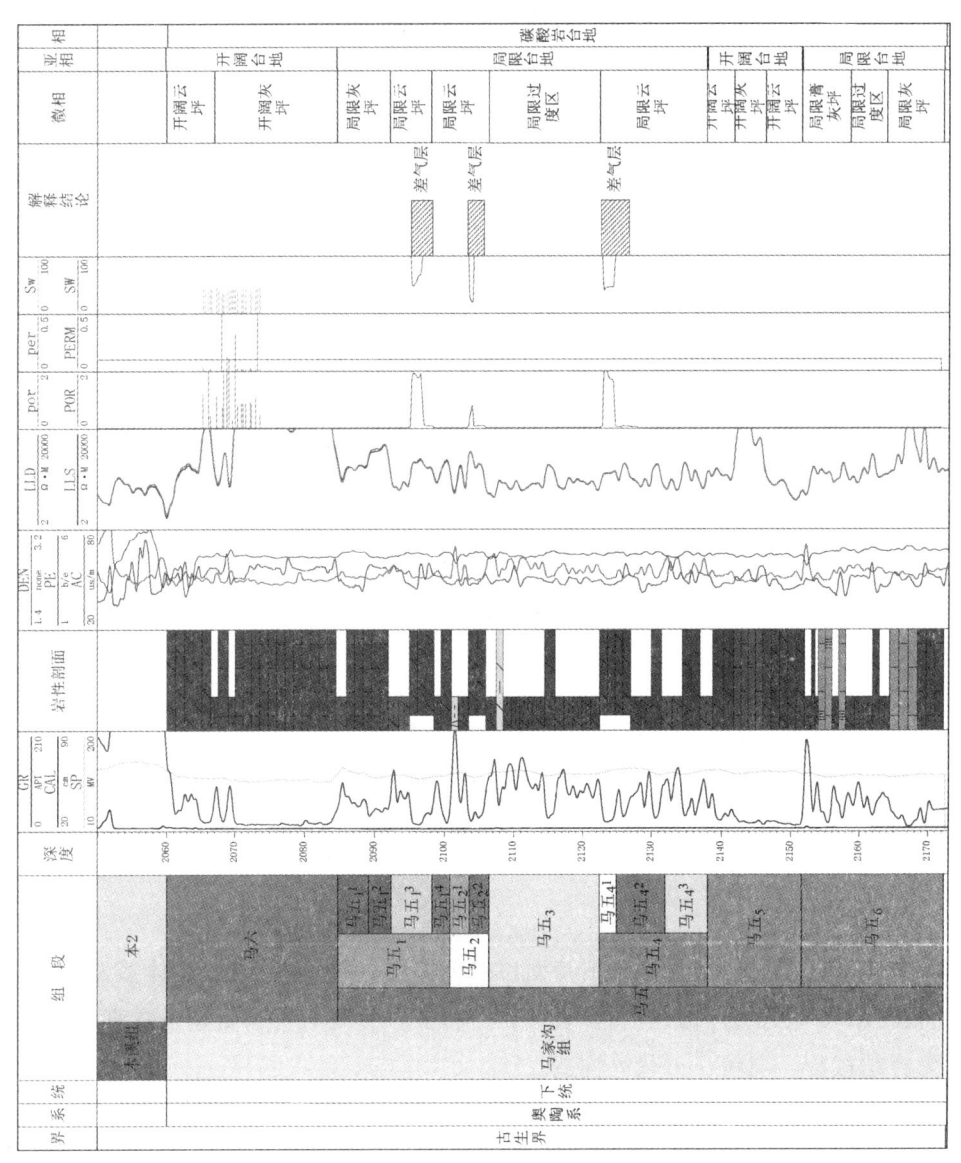

图 3-12 延安气田富县地区延*马家沟组沉积相电性及岩性特征

进一步细分为：局限云坪、局限灰坪、局限过渡区、含膏云坪等微相。

局限云坪：分布比较广泛，形成主要原因是毛细管浓缩作用等形成的准同生白云岩，还有混合白云化也会形成大片的白云岩。位于台地内正常浪基面之下，由于受到外侧古隆起的限制，总体上为局限环境。

局限灰坪：分布相较局限云坪较小，形成原因主要与古地貌有关，部分区域由于水体较深，海水盐度未达到白云化程度，不利于富镁流体沉积，就会沉积大片灰岩。由于灰岩要在局限台地内沉积，必然水体较深的局域同时要具备另一个条件，即水域较广，所以沉积的灰岩有时候也会成片广泛分布。

局限过渡区：分布范围变化比较大，可能成片分布，也可能零星分布。形成原因主要有两条：一是水动力较弱，水体盐度较高，利于形成过渡型白云岩/灰岩，如灰质云岩、云质灰岩；二是水体较深，而沉积的含泥质岩性，如泥质云岩/灰岩等，以及在出露过程中淡水淋滤带入的泥质沉积物。

含膏云坪：在局限台地部分低洼地区可能由于水体流通较差而形成大面积的含膏云坪或膏质云坪，这里统称为含膏云坪。虽然如此称呼，但是其与蒸发台地中的膏云坪有一定区别，就是含膏云坪沉积物中含膏量偏低，普遍低于25%，而蒸发台地由于大范围内海水蒸发，供给不充足，含膏量普遍超过25%，这也是沉积相平面分布特征研究时，判断含膏云坪的一个标准。

三、蒸发台地亚相

蒸发台地亚相通常位于浪基面以上低能带，海水循环差、水体蒸发量大、含盐度高，主要为白云岩和膏岩沉积。特征：主要岩性为膏盐及含膏云坪，发育结核状、羽状、刃状等构造。

沉积微相主要有膏盐湖、膏云坪等。膏盐湖内石膏、膏盐岩发育，占比超过50%；膏云坪发育程度减弱。

第四节　区域内沉积相发育特征

本节在分析延安气田富县地区单井沉积微相基础上，根据邻井岩性发育状况，绘制了沉积相剖面对比图（北东-南西向 4 条，北西-南东向 4 条），具体分析北东-南西向展布的延 129-延 433 剖面和北西-南东向展布的泉 6-延 723 剖面。

一、剖面相发育规律

北西-南东向展布的泉 6-延 723 剖面穿过主要研究区块富县。其中延 557 井区、延 112 井区、泉 19 井区纵剖面主要发育白云岩，主要分布层位在马五$_1$、马五$_2$、马五$_3$、马五$_4$ 等，兼有部分灰岩，马六、马五$_5$、马五$_7$ 层位主要发育灰岩。马五$_1$、马五$_2$、马五$_3$、马五$_4$ 等四个主力研究层位主要属于局限云坪微相，间断发育局限灰坪微相。延 818 井区、延 264 井区马五$_1$、马五$_2$、马五$_3$ 等层位发生岩性的变化，可能大量发育云质灰岩、灰质云岩等多种岩性，显示了这两个井区为局限台地内部云坪相与灰坪相的过渡区。剖面上大部分井区的马五$_5$ 层位主要发育以灰岩为主的开阔灰坪，而泉 19 和延 723 马五$_5$ 层位主要发育以云岩为主的开阔云坪，这与该区域处在古地貌的隆起区域及高地附近的沉积特征相符（见图 3-13）。

延 129-延 433 剖面是一条北东-南西向展布的剖面，其中延 129 井区、延 116 井区、泉 12 井区、延 1716 井区、延 1758 井主要在马五$_1$、马五$_2$、马五$_3$、马五$_4$ 等层位发育白云岩，与其近垂直方向展布的剖面特征相似，马六、马五$_5$、马五$_7$ 发育灰岩。马五$_1$、马五$_2$、马五$_3$、马五$_4$ 等四个主力研究层位主要属于局限云坪微相，间断发育局限灰坪微相。延 129 井区，延 621 井区马五$_1$、马五$_2$ 等层位发生岩性的变化，可能大量发育云质灰岩、灰质云岩等多种岩性，显示了这两个井区为局限台地内部云坪相与灰坪相的过渡区。剖面上大部分井区的马五$_5$ 层位主要发育以灰岩为主的开阔灰坪，而延 1758 井区马五$_5$ 层位，其处在古地貌的隆起区域或高地附近，因周期性的潮面变化，在高能带和潮上带主要发育以云岩为主的开阔云坪（见图 3-14）。

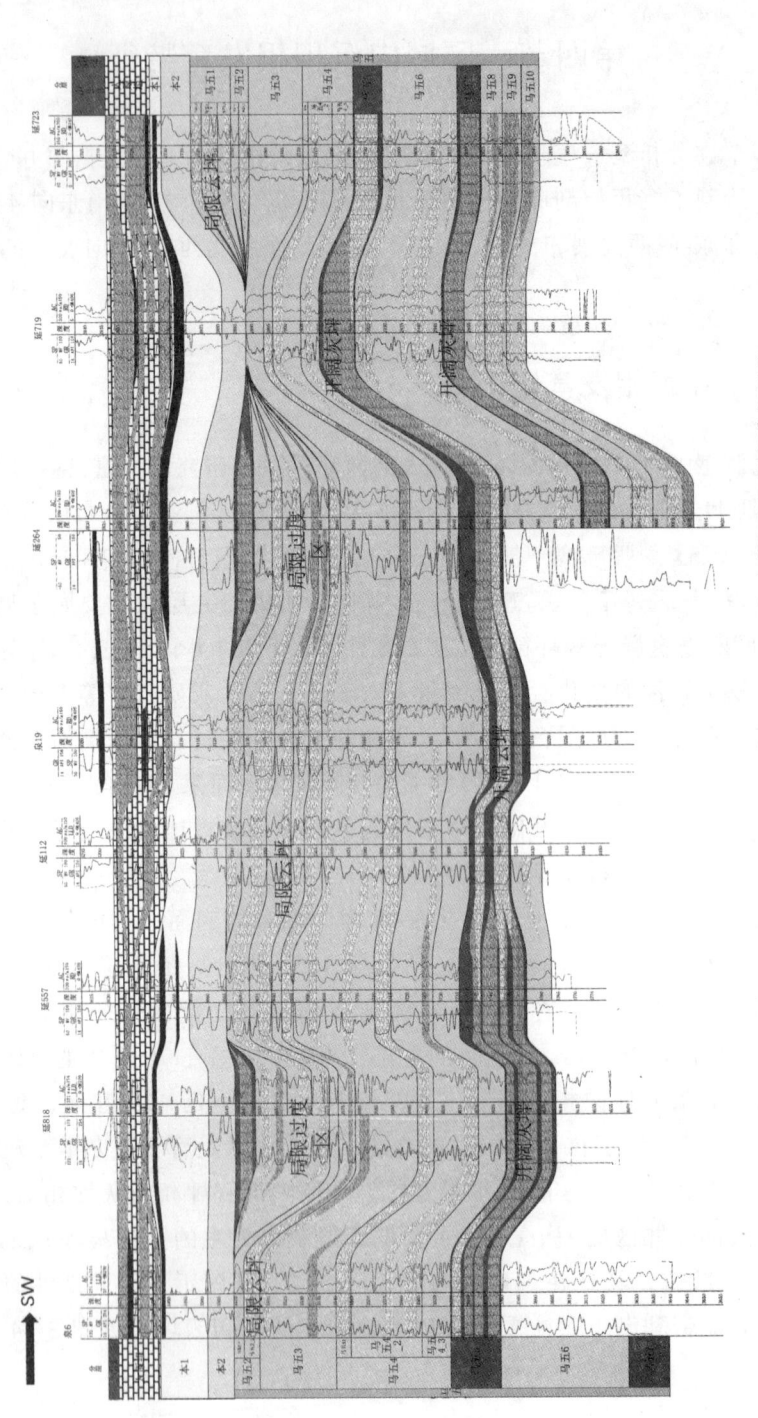

图 3-13 延安气田富县地区泉*-延*马家沟组沉积微相剖面图

第三章 沉积相分析

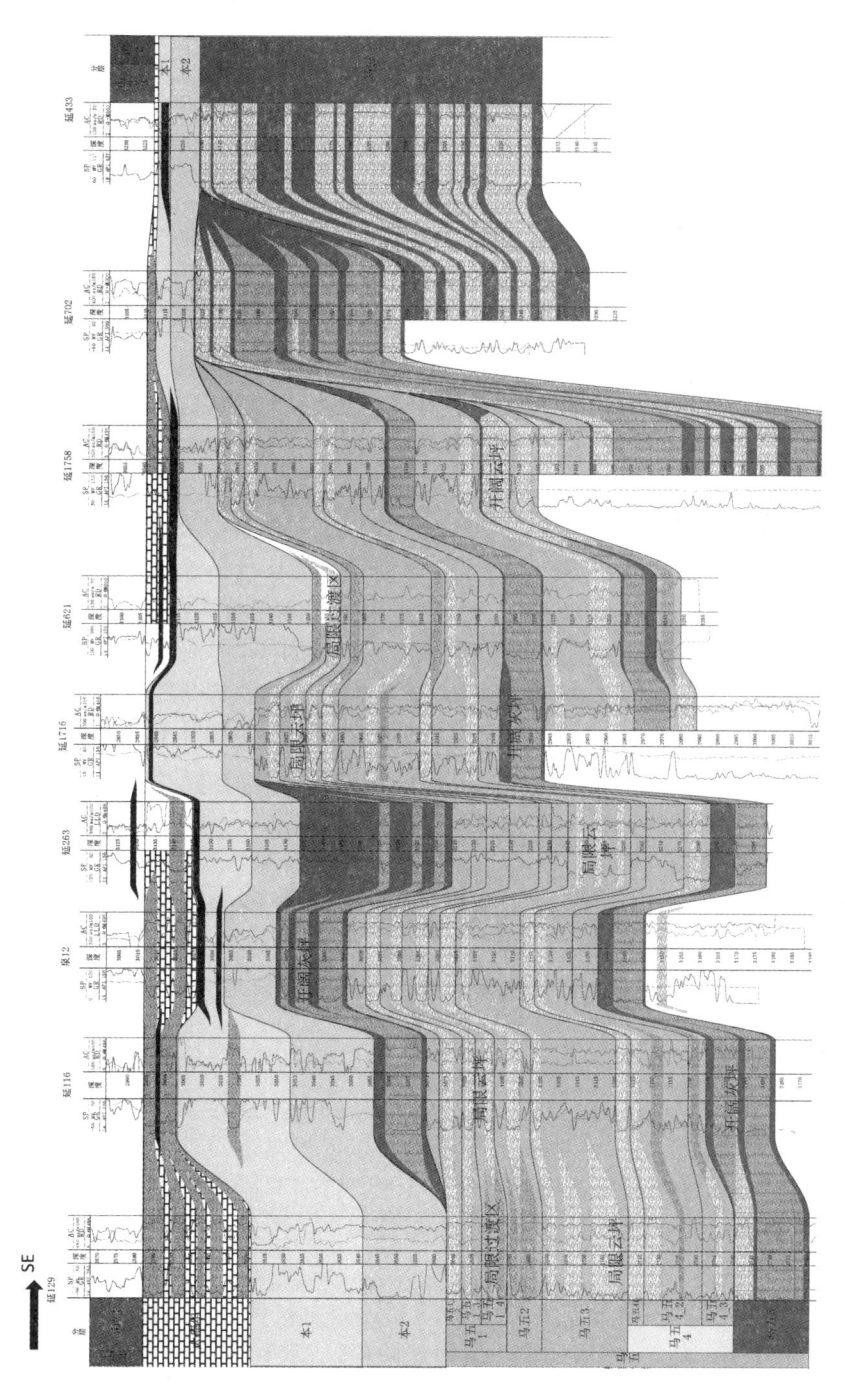

图 3-14 延安气田富县地区延*-延*-马家沟组沉积微相剖面图

二、平面相发育特征

1. 马五$_1$亚段

马五$_1$亚段是延长气田勘探开发的主力层位之一，它又可以细分为4个小层。马五$_1$亚段整体还是处于局限台地阶段，因为从平面图也可以观察出四个小层还是以局限云坪为主，局限灰坪间断性分布，其中马五$_1^1$和马五$_1^4$还可以见到片状局限灰坪，而马五$_1^2$和马五$_1^3$已经只能见到零星的局限灰坪分布。

马五$_1$经历逐渐海退的过程。马五$_1^4$相较马五$_1^2$和马五$_1^3$灰坪分布面积较大，说明这个时期水体深，往上经历阶段性的海退（见图3-17）。局限灰坪分布范围主要在延1767、延115、延864、延263、延2011、延1785、延1745等井区附近。局限台地依然呈片分布，遍布整个工区，而局限过渡区主要成片分布在剥蚀线附近，在延589、延116、延170等井区附近也呈零星分布。

马五$_1^2$和马五$_1^3$特征比较相似，都是局限灰坪零星分布，不存在成片局限灰坪，说明这个时期研究区整体水体较浅，处于阶段性的海退阶段，马五$_1^2$主要的局限灰坪覆盖在延595、延1065、延263、延1036等井区附近；而马五$_1^3$的局限灰坪主要覆盖延1042、延1054等井区附近（见图3-15、3-16）。局限云坪在研究区内分布较广，而局限过渡区主要集中在剥蚀线附近，这可能是由于在此处地势较高，接受风化剥蚀、淡水淋滤较强，使泥质沉积物填充较多，形成大片泥质岩性。

马五$_1^1$期局限过渡区域（即云灰坪、灰云坪、泥坪等）较大，因其位于马五$_1$亚段的顶部，在逐渐海退过程中，周期性蒸发环境有利于白云岩化，但因其多位于风化壳，遭受风化、剥蚀较严重，在长期暴露地表的过程中，大量泥质沉积物带入，形成大片的过渡区沉积。

2. 马五$_2$亚段

马五$_2$亚段属于局限台地的沉积环境，以云坪为主。马五$_2^1$相较马五$_2^2$灰坪面积较小，马五$_2^2$还可见到片状灰坪，但马五$_2^1$只能看到零星的灰坪分布。

马五$_2^2$灰坪的分布面积较大，水体相较马五$_2^1$更深，局限灰坪主要分布在延2012、延1791、泉25、延263、延115、延1045等井区附近，局限云坪分布较广，过渡区零星分布（见图3-18）。马五$_2^1$灰坪分布面积变小，说明其沉积水体较浅，马五$_2$整体处于逐渐海退阶段。马五$_2^1$局限灰坪主要分布在延858、泉6、延261、延589等井区附近，局限云坪分布较广，因其泥岩含量增加，且白云岩化不充分，使其过渡区域面积相较马五$_2^2$大。

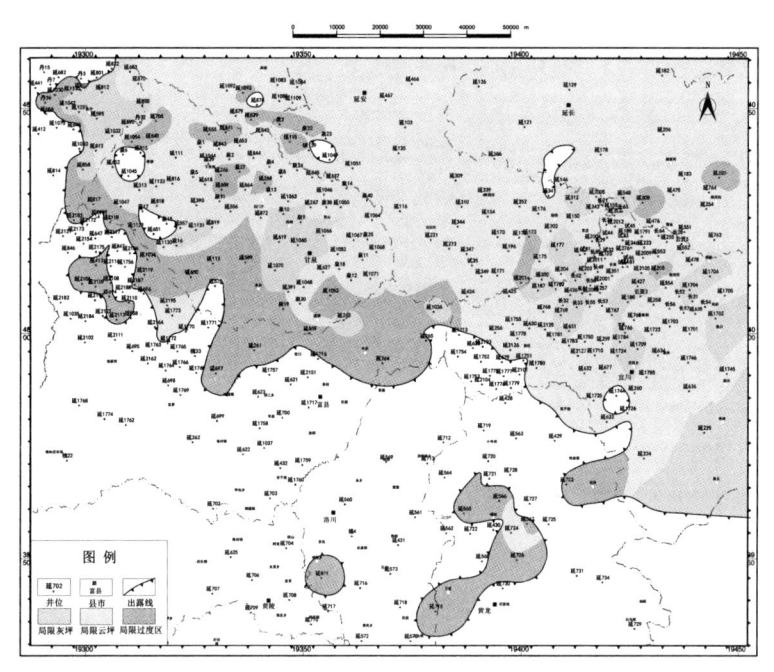

图 3-15 延安气田富县地区马五$_1^2$层位沉积微相平面展布图

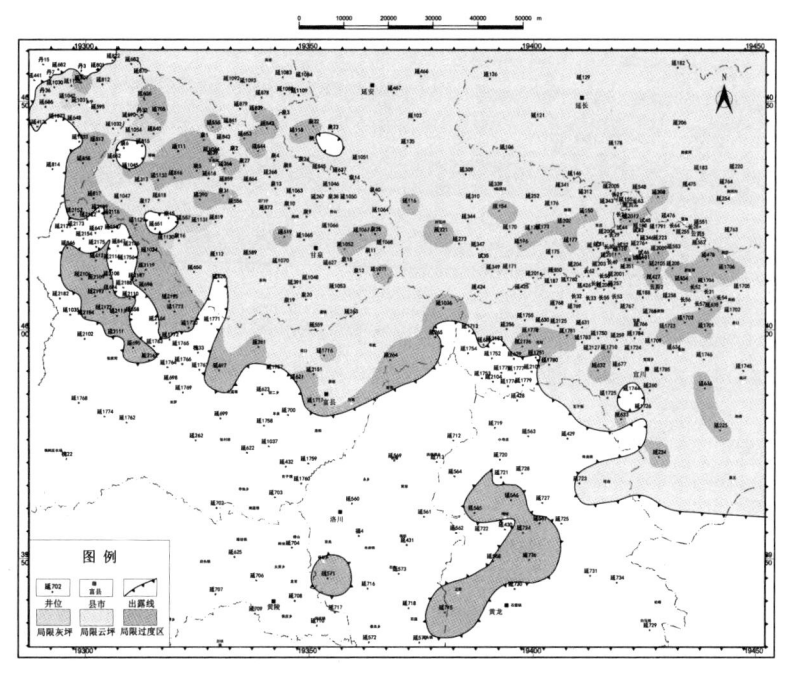

图 3-16 延安气田富县地区马五$_1^3$层位沉积微相平面展布图

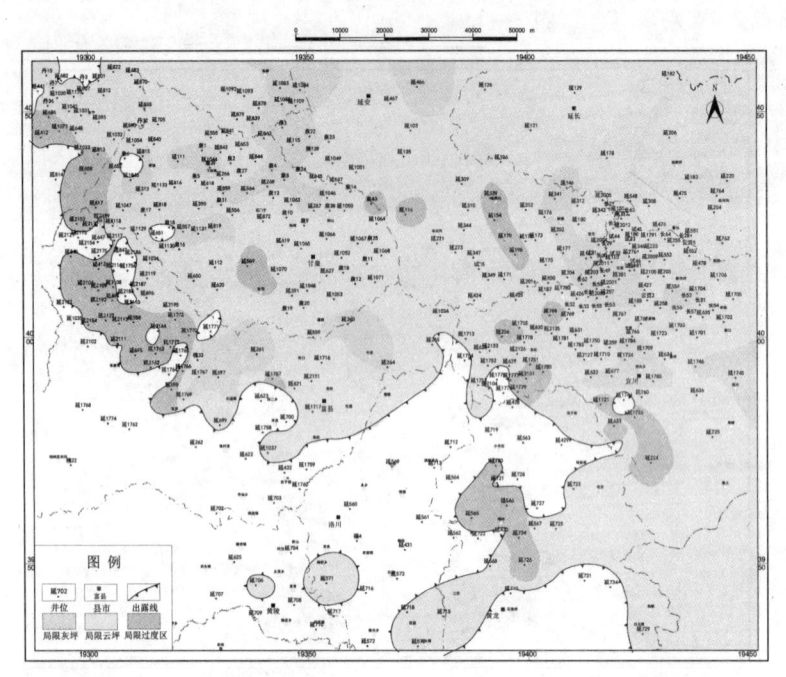

图 3-17 延安气田富县地区马五$_1^4$层位沉积微相平面展布图

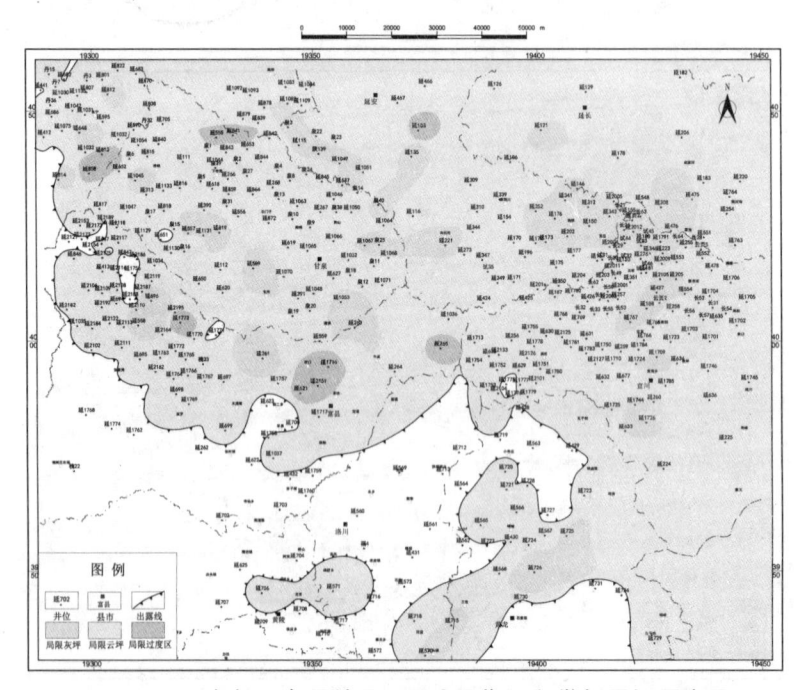

图 3-18 延安气田富县地区马五$_2^2$层位沉积微相平面展布图

第三章 沉积相分析

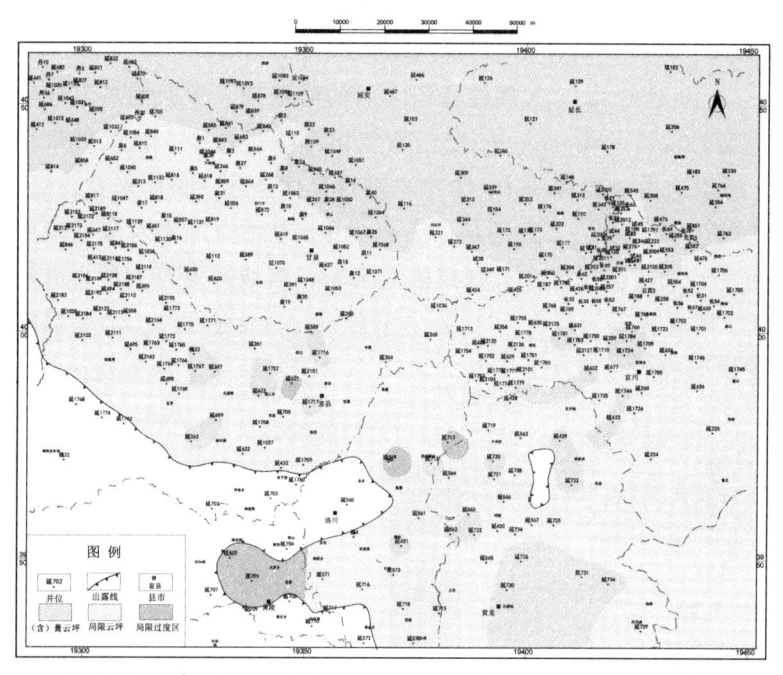

图 3-19 延安气田富县地区马五$_4^1$层位沉积微相平面展布图

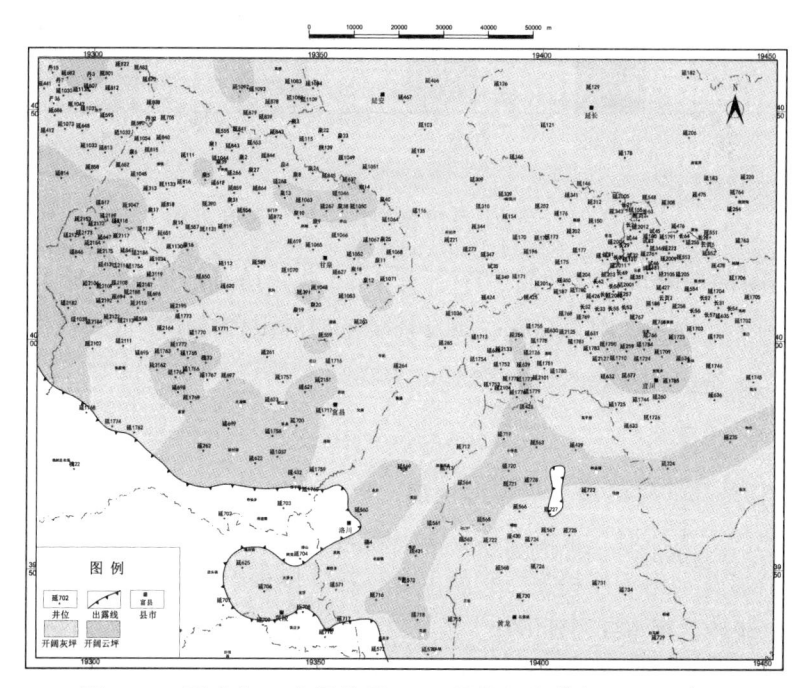

图 3-20 延安气田富县地区马五$_5$层位沉积微相平面展布图

3. 马五$_4$亚段

马五$_4$亚段是在马五$_5$大规模海侵之后的海退期，该时期蒸发环境发育，部分区域膏岩发育。由于马五$_4^1$是延安气田勘探过程中，试气效果相对较好的层位，所以这里主要以马五$_4^1$为对象进行具体阐述。整体来看，马五$_4^1$属于局限台地的沉积环境，岩性还是以云岩为主，马五$_4^1$的海水流通性更差，大量海水蒸发后，便会形成含有膏质的白云岩，区域内发育大片含有膏质的云岩（含膏云坪或膏质云坪），因白云岩中膏质含量普遍偏少，应是局限台地局部蒸发较快形成的（含）膏云坪（见图 3-21）。仅部分井为蒸发台地中的膏云坪。

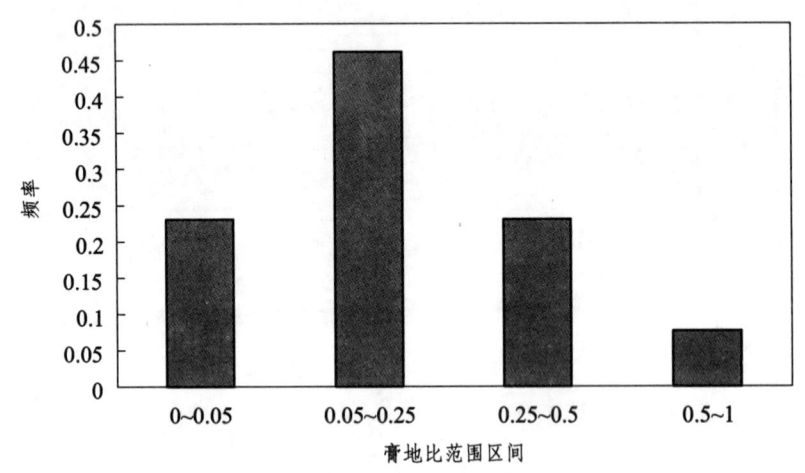

图 3-21 马五$_4^1$层位膏地比频率分布直方图

马五$_4^1$的局限灰坪仅在延 1031、延 1030 井，还有延 1767、延 1757、延 1784、延 726 等井区附近存在。蒸发环境下的局限台地中形成大规模连片分布的云坪（见图 3-19）。

4. 马五$_5$亚段

马五$_5$是马五时期最大规模海侵期，形成大规模的灰岩沉积物，马五$_5$是开阔台地的沉积环境，水体整体较深，在其中镶嵌分布局部的云坪，与局部隆起带的混合水化条件相关，它的主要分布区域集中在延 1035、延 696、延 647、延 2019、延 621、延 698、延 1037、延 728、延 1779 等井区附近（见图 3-20）。

5. 马五$_7$亚段

马五$_7$的分布特征整体与马五$_5$相似，应该都是属于阶段性海侵期的产物，整体也属于开阔台地沉积相。从平面图来看，开阔云坪仅零星分布，主要分布在延 428、延 1768、延 623、延 704、延 225 等井区附近（见图 3-22）。

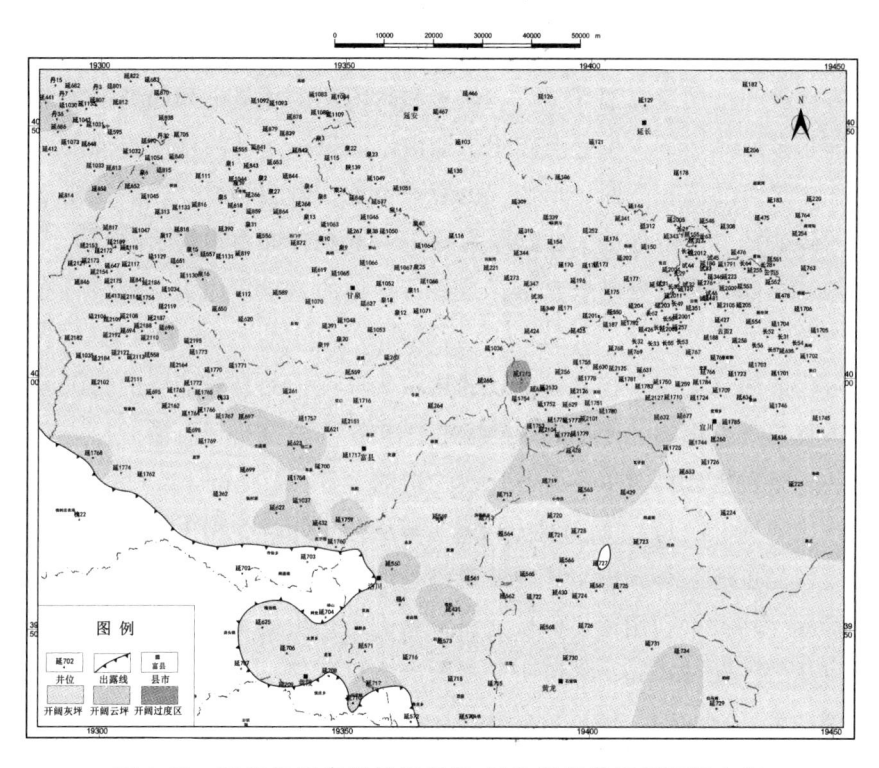

图 3-22　延安气田富县地区马五$_7$层位沉积微相平面展布图

第四章 古地貌及其构造特征

　　古地貌和古构造在油气生成、储集和封闭三个环节中都起到重要作用。

　　鄂尔多斯盆地下古生界奥陶纪末期由于加里东运动的整体抬升，经历了长达 1.4 亿年的沉积间断，形成了由岩溶台地、岩溶斜坡、岩溶盆地三部分构成的碳酸盐岩岩溶地貌，在这个过程中，地貌高处由于淡水淋滤形成淋滤剥蚀带，在低处形成胶结填充带，这些古地貌的差异形成了对于储层物性的整体改造。

　　古构造的演化不仅控制烃源岩的热演化程度，而且对油气的初次运移和二次运移都产生影响。首先是孙少华等（1996），根据磷灰石裂变径迹资料认为盆地自晚古生代已至少发生过三次构造热事件（215 Ma、135 Ma 和 72 Ma）；其次是任战利（1996）、刘新社（1996）等从包裹体均一温度和镜质体反射率等角度恢复古地温得到中生代晚期奥陶系地层的高温（5.56 ℃/100 m）；再有冉启贵等（1997）利用镜质体反射率资料进行热史模拟认为晚三叠世古地温梯度可达 3.5 ℃/100 m，都说明了在构造演化过程中，在中生代期间出现了大范围的生烃充注期。烃源岩异常高压带内微裂隙的开启是油气初次运移的机制，不整合面和断裂构造是油气二次运移的通道。区域张性长期古隆起决定了油气运移的指向，这些事实无一不说明构造对油气运移具有重要的影响。鄂尔多斯盆地古生代克拉通层序沉积后由于中生代挤压挠曲沉降，以及印支、燕山多期运动使上古生界底面和奥陶系底面构造形成发生了变化。在这种变化过程中，油气运移方向发生改变，才形成了后续的"上生下储""自生自储"等各种成藏模式。

　　本书通过"双界面法"和"印模法"相结合的方法对研究区内的古地貌和古构造进行复原，为后续综合分析成藏机理和主控因素打下基础。

第一节　盆地古岩溶地貌

古地貌的形成是构造运动、沉积充填、差异压实、风化剥蚀等因素综合作用的结果，其中构造运动是导致古地貌变化最重要的因素。

华北地块在加里东运动的影响下整体抬升，经历了长达 1.4 亿年的风化剥蚀，盆地的主体缺失晚奥陶世至早石炭世的沉积，奥陶系的不整合面是一个经过多期、复杂的构造运动形成的复合叠加面，因不同构造单元的岩性、岩相及受力大小、方向和持续时间的不同，导致奥陶系顶面出现岩溶高地、岩溶斜坡、岩溶盆地等地貌单元（何自新，2003）。

岩溶古地貌是岩溶作用与其他各种地质作用综合的结果，古地貌的形态同时控制着岩溶的发育情况并影响着储层储集性质。奥陶系风化壳岩溶储层是经过多期古岩溶作用形成的。古岩溶的演化控制着孔、洞体系的发育，鄂尔多斯盆地奥陶系碳酸盐岩的储层古岩溶孔洞的演化可归纳为雏形阶段、发育阶段、改造阶段与定型阶段等 4 个阶段（李振宏等，2004）。

鄂尔多斯盆地整体古地貌分布图一般分为 3 个二级地貌单元：岩溶高地、岩溶斜坡、岩溶盆地等，本次研究区包括富县、宜川两县，同时也包括黄龙、延安、志丹、延长、洛川的部分区域（见图 4-1），由图可以看出，研究区跨度整体较广，包含了 3 个地貌单元。

岩溶高地：远高于潜水面，接受风化剥蚀淋滤等作用十分强烈，见大量岩溶角砾，地层剥蚀量较大，残余厚度较少，垂直渗滤作用强烈，易形成大量高角度裂缝、溶洞等（鄂尔多斯盆地东部奥陶系风化壳岩溶古地貌特征及综合地质模型）。岩溶高地又可以细分为 3 个三级地貌单元，分别为高地、台地、洼地。高地接受地表风化剥蚀最强烈，但是同时大部分溶蚀孔洞受到后期淡水淋滤充填作用，使得物性相对较差；台地单元物性有一定差异，其靠近斜坡带的地带物性较好，尤其是与斜坡带衔接的地区，因为在这个地带淡水淋滤后由强烈的垂直渗滤作用逐步转化为地下潜流，岩溶作用也相对较强，相对较高地势区填充程度弱，所以保留了相对较好物性；洼地是岩溶高地地区相对地势较低的区域，淋滤流体易于在此处汇集停留，流体动力减缓，使得沉积填充作用在此处起到主导作用，所以相对而言，这个区域储层物性条件较差。

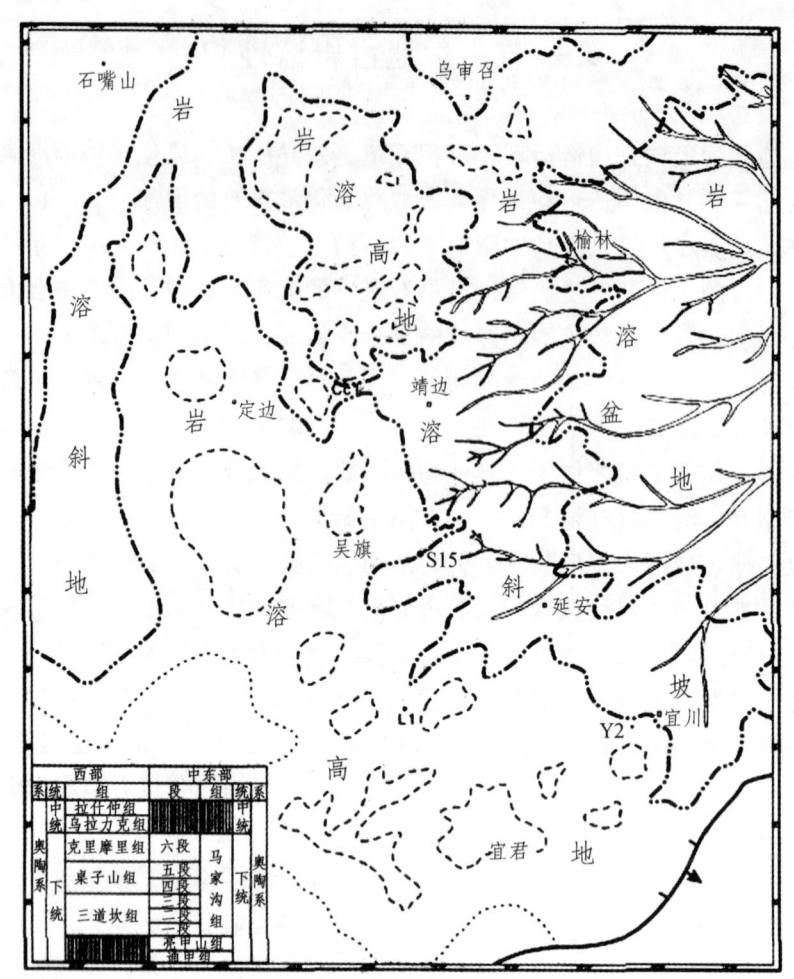

图 4-1　鄂尔多斯盆地奥陶系风化壳古地貌分布图（苏中堂等，2015）

岩溶斜坡：紧接岩溶高地，相较岩溶高地而言，岩溶作用较弱，但是由于坡度存在，且流体受到重力控制，易通过地表径流形成溶蚀孔缝，也可见大量岩溶角砾。需要注意的是，虽然易形成溶孔，但多数还是以针尖溶孔为主，因为坡度较小，不易大量发育溶洞，只有部分地区水动力条件改变，才可能有较大溶洞的出现。岩溶斜坡也可以细分为 3 个三级地貌单元，分别为侵蚀沟谷、溶丘、浅洼。侵蚀沟谷为岩溶斜坡的主体，地势平坦，经常被溶丘和浅洼分割，淋滤流体不易汇集，所以填充作用相对较弱，储层物性较好；溶丘为岩溶斜坡地势较高的地区，与侵蚀沟谷相似，淋滤流体不易汇集，储层物性较好；浅洼为岩溶斜坡中地势较低的区域，与溶丘相反，淋滤流体经常在此处汇集，沉积填充作用占到了主导作用，所以储层物性一般较差。

岩溶盆地：与岩溶斜坡相邻，是古地貌二级地貌单元中地势最低的区域，是古地貌的汇水区，岩溶作用较弱，填充、沉淀作用较强，整体储层物性较差，很少见大量岩溶角砾发育。岩溶盆地又可以细分为3个地貌单元，分别是盆地、缓丘、沟槽。盆地为岩溶盆地的主体，以填充作用为主，很少见溶孔、溶洞，物性较差；缓丘为岩溶盆地地势较高的地区，以填充作用相对较弱，较岩溶盆地其他单元而言，物性较好；沟槽为盆地中地势较低的位置，其填充作用较强，物性较差。

第二节　研究区古地貌恢复

本次研究通过对常用的印模法、残厚法、双界面法三种古地貌复原方法进行比较，选择了其中能够直观体现马家沟组古地貌特征的方法，并结合其他两种方法进行验证，反复调整形成马家沟顶面古地貌图。

一、区域古地貌恢复方法

1. 方法选择

现在古地貌恢复的方法主要有三种：印模法、残厚法、双界面法。
（1）印模法。

主要选择结束剥蚀、开始沉积的界面视为一等时面，然后以上覆地层顶界面拉齐，作为基准面，结束剥蚀面到基准面的厚度即为印模法计算厚度。
（2）残厚法。

与印模法相似，选择结束剥蚀、开始沉积的界面视为一等时面，然而不同点在于，前者选择上覆地层顶面作为基础拉平界面，而残厚法则一般选择下伏地层顶面作为基准面。
（3）双界面法。

等时面与前面两者相同，第一步与印模法相似，选择上覆地层顶面第一基准面拉齐，但是第二步选择等时面下伏地层最后位置的底界为第二基准面，并计算出第一步条件下等时面到第二基准面的厚度为古地貌参数值。

双界面法有两个需要注意要点：

① 上覆界面和下伏界面尽量选择与等时面所在地层接触或相近的地层顶或底界面。

② 下伏界面在选择地层时，要选择等时面之下第一个在工区内广泛发育并未接受剥蚀或接受剥蚀较少的地层。

在这次研究中，我们选择双界面方法来恢复马家沟组的古地貌。主要原因在于：① 印模法恢复古地貌利用沉积过程"填平补齐"可以较好地完成古地貌顶面特征的恢复，但是不够直观，也需要厚度对应转换，这两个缺点使得由此生成的古地貌值无法形成直观的平面图。② 残厚法的问题则在于没有考虑到基准面沉积前的地貌特征，直接拉平，误差较大。在对比之下，第三种方法——双界面法，可以理解为进行了两次印模，所得的古地貌值可以直观体现地势高低，与真实古地貌对应关系也优于以上两种方法。

为减小误差，本次古地貌恢复时选用双界面法，并结合印模法、残厚法及取心资料进行验证调整，最终实现研究区马家沟顶面古地貌的恢复。

2. 方法介绍

双界面法首先要求的是两个界面的选定，在这次研究中我们选定太原组顶部为上覆基准界面。因为在早二叠世末，受到中晚期海西运动影响，华北地块整体抬升，海水从盆地东西两侧退出，鄂尔多斯盆地整体由陆表海盆地演化成近海湖盆，沉积环境由海相转变为陆相，在这种沉积环境的转换中基本实现了对沉积前古地貌的填平补齐，所以选择了太原组顶面为第一基准面。

下伏基准面我们选择了马五$_5$的顶界面，原因有三：① 在第三章中介绍过，研究区内马五$_5$主要以大片的灰岩沉积为主，测井曲线辨识度较高；② 马五$_5$为"中组合"的结束，接受风化剥蚀较少，同时从研究区马五$_5$地层厚度平面图可以看出：富县、宜川两个主要研究的区块，基本都保存有较厚的马五$_5$地层，只有西南方向的黄陵地区，马五$_5$遭到剥蚀；③ 大部分工区内井位都钻遇到了马五$_5$层位（补钻遇层位分布直方图）。

在选择合理的上下基准面后，下一步就是依据各井的上覆基准面和下伏基准面，找到上覆基准面与下伏基准面之间最厚的井，该井对应的最厚值即为 $HC_P + HO_P$，在此基础上，各井的古地貌值的计算方法如下（见图4-2，以 A 井为例）。

A 井古地貌相对高程值计算：

$$H_A = HO_A + h_A$$
$$= HO_A + [(HC_P + HO_P) - (HC_A + HO_A)]$$
$$= (HC_P + HO_P) - HC_A$$

式中　H_A——A 井古地貌相对高程值，m；
　　　h_A——A 井古地貌高程补偿值，m；
　　　HO_A——A 井古地貌不整合面至下伏基准面厚度，m；
　　　HC_A——A 井古地貌不整合面至上覆基准面厚度，m；
　　　HO_P——P 井古地貌不整合面至下伏基准面厚度，m；
　　　HC_P——P 井古地貌不整合面至上覆基准面厚度，m；
　　　P 井为上覆基准面与下伏基准面最厚的井。

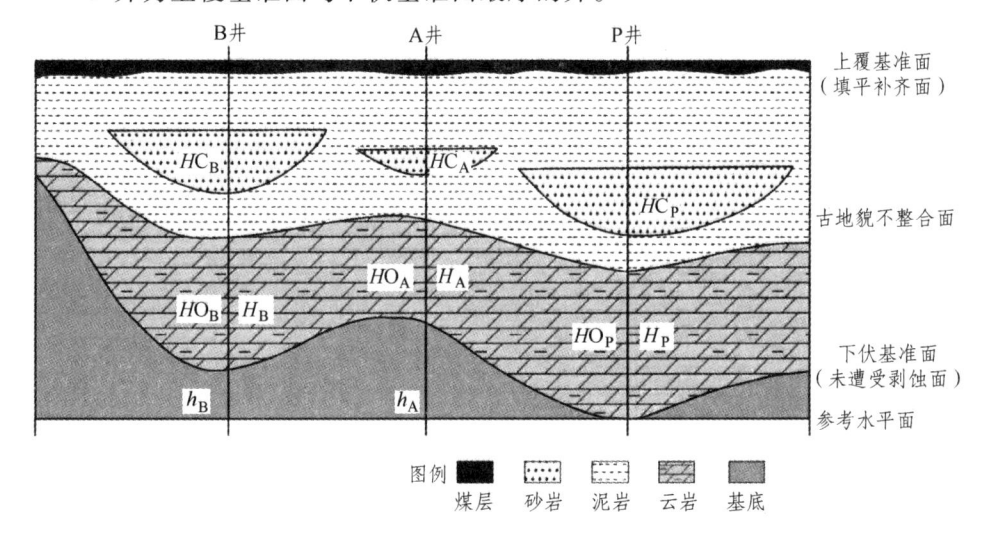

图 4-2　延安气田富县地区下古生界马家沟组古地貌值计算

3. 古地貌划分标准

本次研究共对马家沟组的顶面、马五₁的四个小层的顶面、马五₂的两个小层的顶面、马五₄的顶面、马五₅的顶面以及马四的顶面等进行古地貌恢复。

在划分构造单元时，首先，将古地貌分为三个大的构造单元，即岩溶高地、岩溶斜坡、岩溶盆地。本次研究借鉴长庆油田关于古地貌精细划分的经验，将岩溶高地进一步分为高地、台地、洼地；将岩溶斜坡进一步分为溶丘、浅洼，由于溶丘间的低洼区域有从盆地沟槽向前延展的特征，加之在地貌高地往盆地的过渡区域通常都会产生大量的侵蚀沟谷，故特在斜坡带勾勒出这些侵蚀沟谷的展布特征；另外，根据经验，将岩溶盆地进一步分为盆地、缓丘、沟槽。在这个过程中，我们通过岩心观察和对比、薄片数据分析、数值分析和模拟，制订了表4-1所示的古地貌划分标准。

表4-1 延安气田富县地区下古生界马家沟组顶面古地貌单元划分标准（高程值无量纲）

二级地貌单元			三级地貌单元		
序号	类型	高程值	序号	类型	高程值
I	岩溶高地	$H \geq 80$	I_1	高地	$H \geq 100$
			I_2	台地	$80 \leq H \leq 100$
			I_3	残丘	局部 $H \geq 90$，或 $\Delta H \geq 10$
			I_4	洼地	局部 $H \leq 80$，或 $\Delta H \geq 10$
II	岩溶斜坡	$30 < H < 80$	II_1	侵蚀沟谷	$30 \leq H \leq 80$
			II_2	溶丘	局部 $H \geq 80$，或 $\Delta H \geq 10$
			II_3	浅洼	局部 $H \leq 30$，或 $\Delta H \geq 10$
III	岩溶盆地	$H \leq 30$	III_1	盆地	$H \leq 30$
			III_2	缓丘	局部 $H \geq 30$，或 $\Delta H \geq 10$
			III_3	沟槽	$H \leq 20$

二、区域古地貌特征

本次研究中，考虑到在主要开发区内古地貌刻画的精度，在大工区范围内主要刻画了马家沟组不整合面的古地貌平面图，而在富县开发区内精细刻画各小层的古地貌特征。在大工区范围内，岩溶高地主要位于研究区西南部，岩溶盆地位于东北部，沿北西-南东向展布宽约59 km的岩溶斜坡，其间零星分布溶丘、洼地。因地表水从高地流至斜坡带时，沿构造薄弱带会不断地下切、侵蚀，加之地下水侵蚀的促进作用，在溶丘间呈网状分布错综复杂的侵蚀沟谷（见图 4-3）。

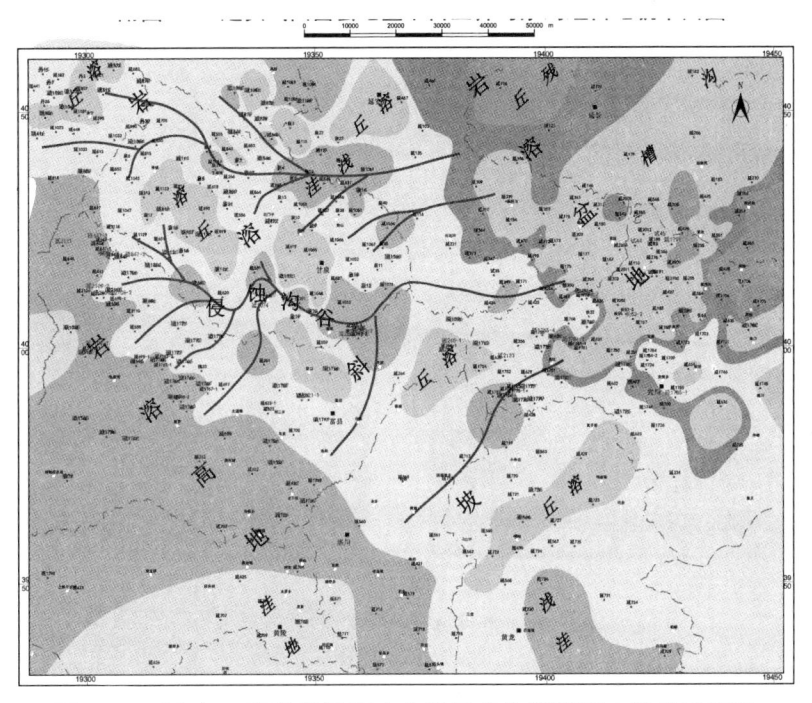

图 4-3　延安气田富县地区下古生界马家沟组顶面古地貌平面图

为了保证本次古地貌刻画的准确性，根据岩心特征进行了验证。岩溶高地位于平均潮面之上，以地表水的渗流作用为主，往下逐渐过渡为潜流，加之地表风化作用，位于岩溶高地上的岩石孔隙中水体活跃，后期岩溶作用强，多见溶蚀，甚至可见岩溶角砾，如延*马五$_2^2$ 位于风化壳，加之处于岩溶高地，在马五$_2^2$ 见到明显的岩溶角砾（见图 4-4A），延*马四层因位于风化壳也有类似特征，形成了溶洞（见图 4-4D）。在延*马五$_6$、延*马五$_9$ 层内也见大量溶蚀孔洞，但是后期胶结使孔洞被充填，整体物性下降，究其原因认为，这些井虽地处岩溶高地，但上覆地层厚，深部过饱和孔隙水造成早期溶蚀孔被填充（见图 4-4E、图 4-4 B）。相较而言，紧邻岩溶斜坡地带的延*，上覆马六整体被剥蚀，马五$_1^2$ 白云岩内发育的溶孔填充程度较低，物性相对较好（见图 4-4C）。

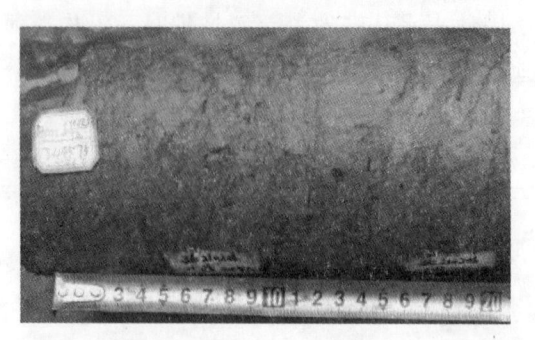

A. 延*，3 495.75 m，马五$_2^2$，灰褐色灰质白云岩，岩溶、风化角砾岩

B. 延*，2 774.23 m，马五$_9$，灰褐色灰质泥晶白云岩，方解石脉、方解石斑块

C. 延*，3 678.90 m，马五$_1^2$，灰色白云岩，针尖状溶孔发育

D. 延*，2 693.57 m，马四，灰黑色白云岩，晶洞

E. 延*，2 895.62 m，马五$_6$，灰褐色灰质云岩，方解石充填溶洞

图 4-4　延安气田富县地区下古生界马家沟组岩溶高地岩心特征

岩溶斜坡地区与岩溶高地差别比较大，该区域以发育溶孔、裂缝为主，很少见大直径的溶洞。位于溶丘边缘的井储层孔喉保存较好，如延*的马五$_1^4$层位，延*、延*、延*的马五$_1^3$层位，溶洞整体发育较好，同时胶结填充作用

较弱（见图 4-5A~D）。在浅洼地带整体填充作用较强，物性较差，如延*的马六和延*的马五₁³层位，都处于浅洼区域，虽然在岩心上可以观察到明显的溶孔和裂缝，但是多数已经被方解石或泥质填充（见图 4-5E、F）。

A. 延*，3 661.25 m，马五₁³，灰褐色白云岩，方解石部分充填溶洞

B. 延*，3 314.93 m，马五₁⁴，灰褐色白云岩，高角度裂缝发育，部分填充

C. 延*，2 891.87 m，马五₁³，灰褐色白云岩，见蜂窝状溶孔，大部分未充填

D. 延*，3 334.16 m，马五₁³，灰褐色细粉晶云岩，溶孔密集发育，大部分未填充

E. 延*，3 171.99 m，马六，深灰色泥质白云岩，溶孔被方解石、黄铁矿填充

F. 延*，3 345.24 m，马五₁³，灰褐色白云岩，溶孔、缝合线被泥质、方解石充填

图 4-5　延安气田富县地区下古生界马家沟组岩溶斜坡岩心特征

岩溶盆地主要特征是整体岩性比较致密，少有溶蚀孔洞，如果有大部分也处于充填状态，储层物性整体较差，如延*，岩性致密，孔洞不发育，物性较差（见图 4-6A）。但是，通过岩心观察也可以看出，部分井位物性相对较好，存在未填充的溶孔、溶洞，如延*和延*等，这些井位有一个特点，就是处在盆地中的高值地带——缓丘（见图 4-6B、C）。同时，延*马五$_2$^{1}小层内发现风暴沉积波浪搅动形成的沉积构造，这也符合岩溶盆地的沉积特点（见图4-6D）。

A. 延*，2 296.50 m，马五$_1$^{2}，褐灰色白云岩，岩性致密，无孔洞发育

B. 延*，2 805.37 m，马五$_1$^{3}，灰褐色白云岩，见数条裂缝，未填充

C. 延*，2 481.35 m，马五$_1$^{3}，灰色白云岩，溶洞次生方解石半填充

D. 延*，2 492.90 m，马五$_2$^{1}，深灰色泥灰岩，风暴沉积形成的包卷层理

图 4-6　延安气田富县地区下古生界马家沟组古地貌岩溶盆地岩心特征

三、古地貌与上覆岩层关系

马家沟组顶部的不整合面对上覆地层的填平补齐也具有一定的控制作用，已有研究表明，本溪组底部铝土岩的富集和砂岩的分布都与奥陶系风化壳古地貌的发育有密切关系。本次研究区内铝土岩发育，长期平静的构造环境是铝土岩形成的重要条件。中奥陶末期的加里东运动造成华北地台隆起为

陆，长期的风化剥蚀在隆起剥蚀面上形成大量风化产物，由于流水的侵蚀同时形成隆起与凹陷相间的起伏地形，侵蚀带铝土岩首先被改造，古地貌高区残留部分铝土岩；中石炭世的海侵将地表铝土岩带到碳酸盐岩中形成岩溶孔洞内，直至超过沉积基准面在洼地、侵蚀沟谷内堆积，形成在斜坡区洼地和侵蚀沟谷内铝土岩较厚，向岩溶高地等隆起区域厚度逐渐减薄的特征，在水动力强烈的侵蚀沟谷内，靠近高地的区域铝土岩被全部侵蚀，缺失铝土岩（见图4-7）。

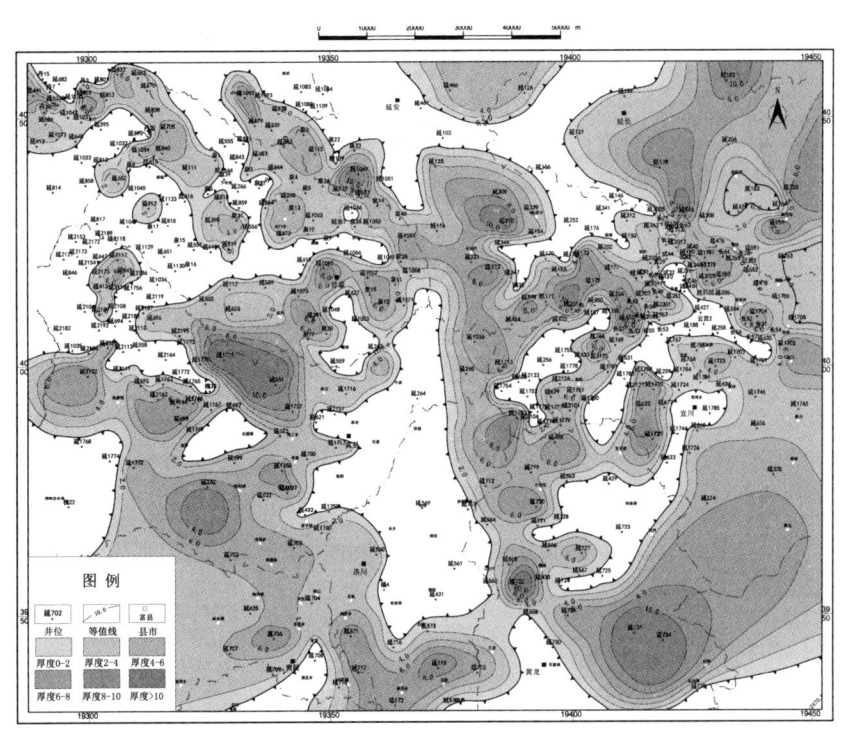

图4-7 延安气田富县地区本溪组铝土岩分布特征

同时本溪组底部的砂体分布也受前期古地貌控制，本溪组的沉积作用由华北海自东、东南方向侵入而形成，其底部的砂岩主要为碎屑岩潮坪沉积中的砂坪及浅海陆棚障壁砂坝，由于本溪组沉积明显的填平补齐性质，其底部砂体为海侵初期的沉积物，首先占据低洼地带，形成本溪组底部砂岩在早期岩溶盆地内隔离状砂体富集分布，而在岩溶斜坡带仅洼地内零星分布，且从盆地至高地内厚度逐渐减薄的分布格局（见图4-8），本溪组底部砂体与沉积前古地貌特征之间有相互印证的作用。

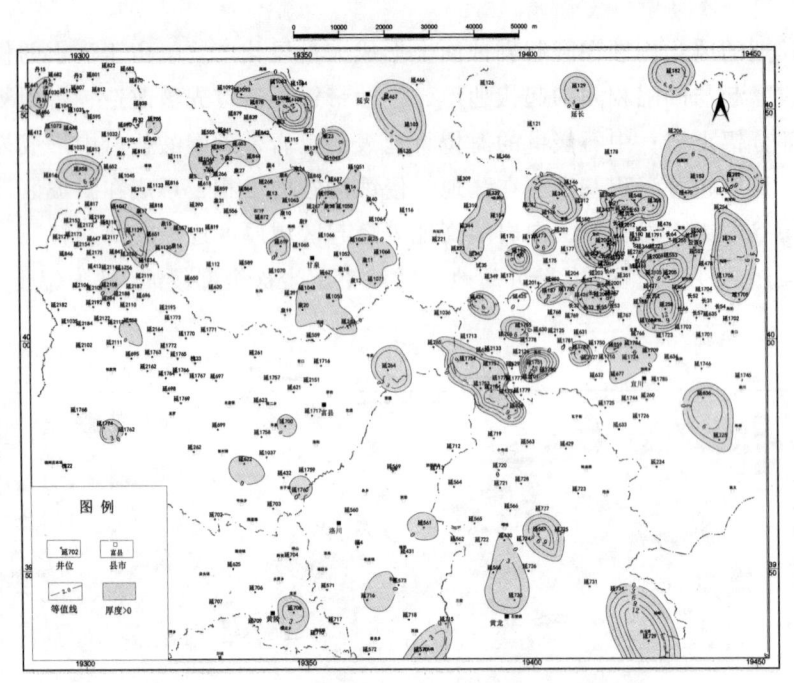

图 4-8　延安气田富县地区本溪组底砂岩分布特征

从多角度的验证认为本次利用双界面法刻画的古地貌合理，与地质特征相符，在后续研究中具有相应价值。故在此基础上应用该方法对上组合各小层展开古地貌恢复，通过分析发现各小层顶面古地貌具有很好的继承性，都具有西南部发育高地，往东北方向由斜坡带逐渐过渡为岩溶盆地的古地貌格局。

第三节　区域古构造恢复及其特征

鄂尔多斯盆地构造演化过程中，在中生代期间出现了大范围的生烃充注期。该时期的古构造演化对马家沟组初次成藏以及后期二次运移影响最大，本次古构造研究选取鄂尔多斯盆地三个主要生烃期——三叠纪、侏罗纪、白垩纪，以及在沉积演化过程中发生沉积转变的二叠纪和石炭纪，完成了沿中央古隆起走向和垂直该走向的 2 条剖面，以及上述 5 个时期顶面的 5 幅古构造图的绘制。在研究中仍选择马五$_5$顶面为刻画对象（原因请参考第四章第二节古地貌刻画时确定下伏基准面的原因）。

一、区域古构造恢复方法

在复原过程中，第一步选用印模法完成对各时期古地貌特征的复原，如计算三叠世古构造平面图时，先计算在三叠纪顶面拉平条件下马五$_5$的数据值；第二步计算各数据点的顶面构造数据值，如以三叠世顶面拉平后，用各井位补心海拔与马五$_5$数据值做差，便得到了三叠世马五$_5$顶面的各井位顶面构造数据值。整个复原方法类似于古地貌复原的"双界面法"，只是在选择下伏基准面时，以海平面为下伏基准面（计算公式可参考第四章第二节古地貌复原方法）。

二、古构造剖面特征

中奥陶世马家沟期，以南北向挤压开始占据主导地位，盆地内发生拗陷，构造分异明显。乌审旗-庆阳一带的中央古隆起将盆地分为东西两部分，这标志着鄂尔多斯盆地早古生代构造格局已基本发育成熟。总结该时期鄂尔多斯的岩相古地理特征，可以概括为：古陆分隔、隆拗相间；台外为坡、先缓后斜；盆槽比邻、母源蕴藏。进入晚奥陶世，盆地南侧的秦祁洋向北俯冲而北侧的兴蒙洋向南俯冲，南北向挤压进一步加剧，使得华北板块整体抬升，奥陶系末期，盆地整体接受剥蚀，致使背锅山组、平凉组在盆地内普遍缺失。石炭系时期华北板块受海西运动的影响，继续抬升，盆地接受剥蚀的时间达1.4亿年。

从三叠系初期的海西运动到侏罗系初期的印支运动，构造应力场在这个时间段主要以南北向挤压为主，形成了盆地南部的秦岭造山带、西缘陆内构造活动带、北缘阿拉善古陆、阴山造山带和东部华北古陆等多个物源供给区。此时盆地内部沉积格局表现为南北分异，东西展布。

侏罗系中期-白垩系末期，处在燕山期，古太平洋板块开始向新生的亚洲大陆斜向俯冲，华北板块中东部地区总体处于 NE 向左旋挤压构造环境，鄂尔多斯盆地东部显著向西掀斜，三叠系时期的"南北分异，东西展布"的沉积格局开始逐步转变为"东西分异，南北展布"。

在此背景下，本研究区内古构造演化符合各时期的构造特征。在垂直中央古隆起走向的北东南西向剖面和沿中央古隆起走向的北西南东向剖面显示的构造演化特征符合鄂尔多斯盆地的构造演化背景。

北东南西向的延*-延*剖面在石炭纪末期呈现出明显的西南部构造高，往东北部逐渐变低的格局，显示当时盆地构造起伏很大。二叠纪末期继承西高东低的构造格局，起伏变小。三叠纪末期西南部构造趋平，东北部呈现宽缓隆起，至白垩纪末期整体构造起伏趋于平缓，如图4-9所示。

北西南东向的延412-延731剖面在石炭纪末期西北部构造高，往东南部逐渐变低。至二叠纪末期西北部构造隆起变平缓，往东南局部构造有调整，整体构造起伏变小。从三叠纪末期-白垩纪末期与石炭纪末期相比发生构造倒转，逐渐转变为西北低东南高的格局。

石炭纪末期

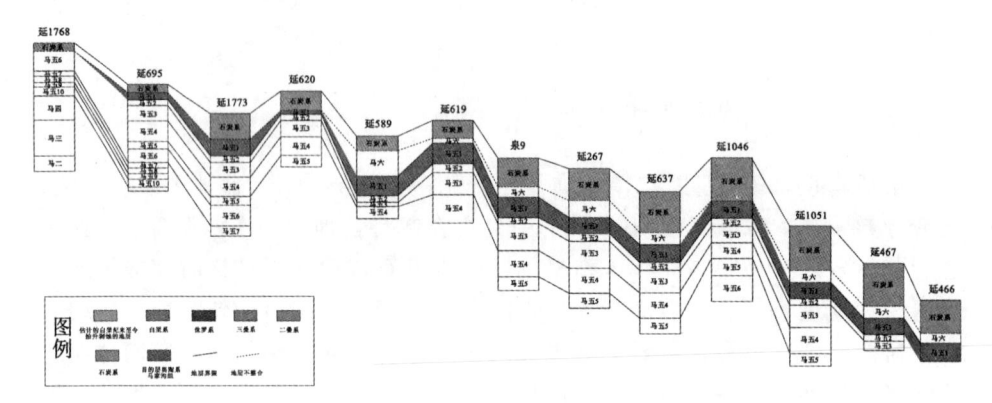

二叠纪末期

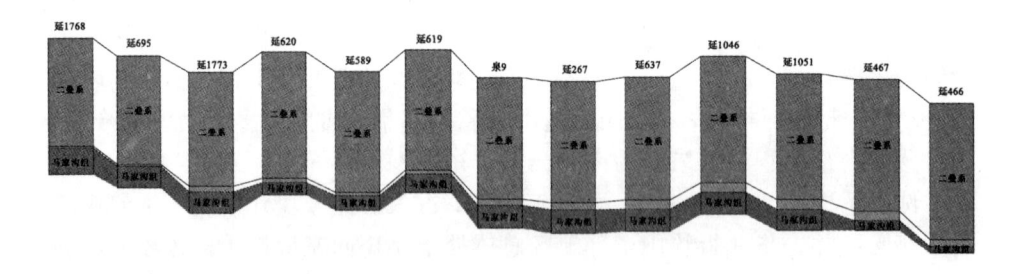

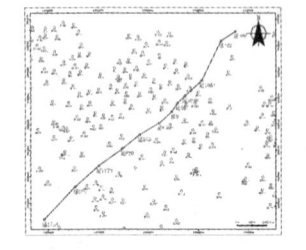

第四章 古地貌及其构造特征

三叠纪末期

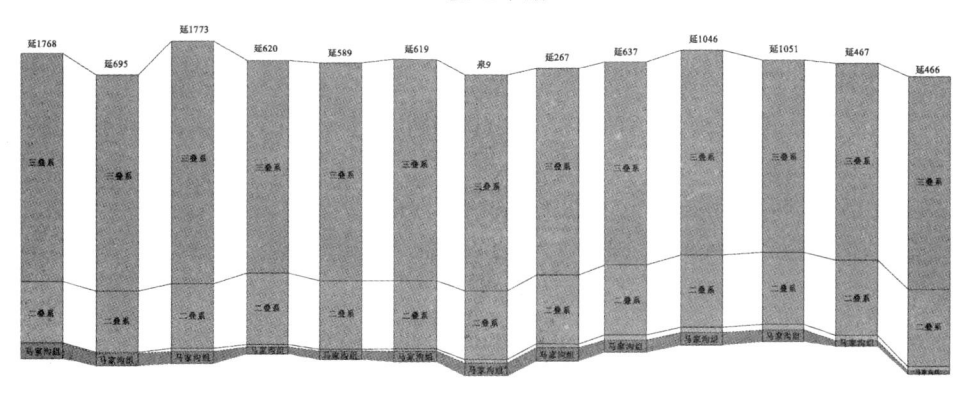

侏罗纪末期

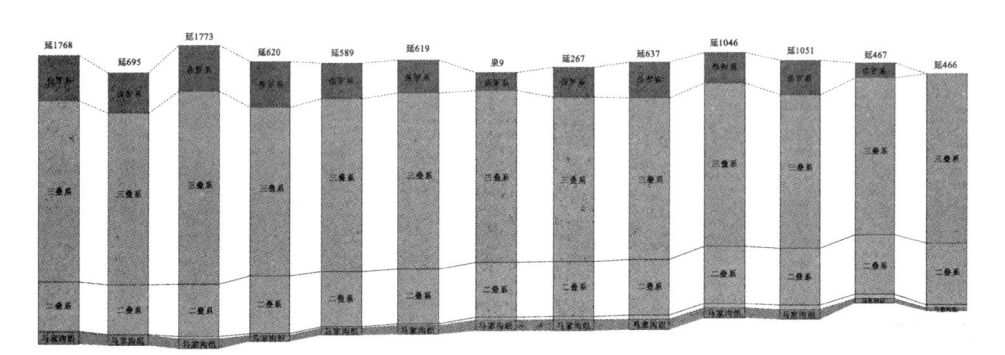

白垩纪末期

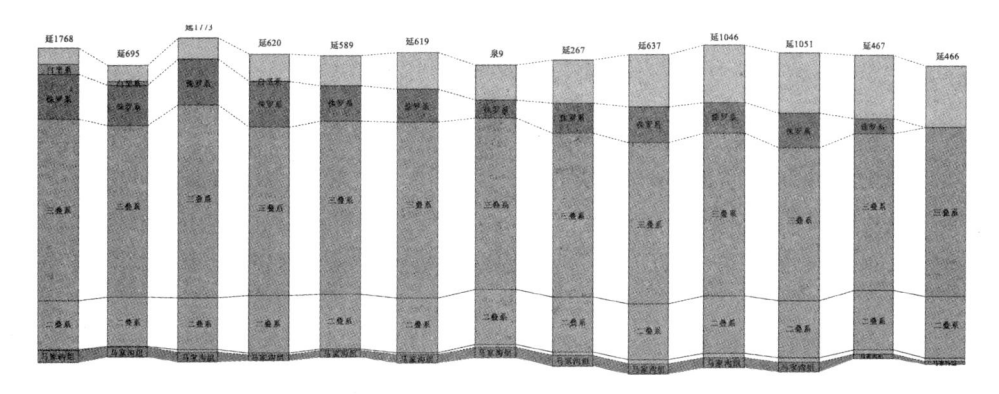

图 4-9 延安气田富县地区延*-延*剖面马五$_5$顶面古构造演化剖面图

三、古构造平面特征

1. 三叠纪末期马五$_5$顶面古构造平面图

三叠系时期工区内古构造图主要呈现出近似南北分异的构造格局,北东方向的志丹地区和西南方向的黄龙地区地势较高,而中部的富县、洛川、宜川等地区地势较低,但零星也有地势的高值。整个工区的构造格局呈现向北东方向倾斜,走向沿北东向。在这样的中部条带状凹陷的地质构造背景下,产生的油气主要向西南和北东两个方向运移,中部凹陷地区油气汇集区仅存在于零星的地势高点位置(见图4-10)。

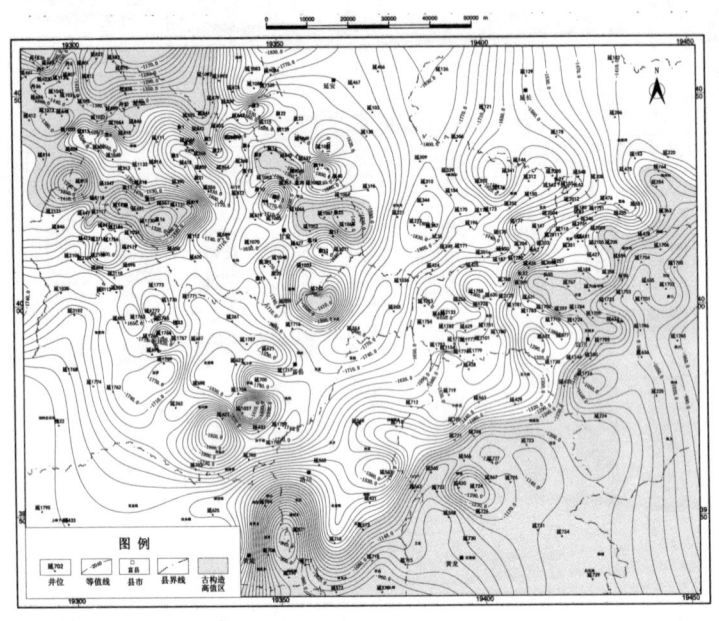

图4-10 延安气田富县地区下古生界马家沟组三叠世马五$_5$顶面古构造平面图

2. 侏罗纪马五$_5$顶面古构造平面图

侏罗系时期工区地势有所变化,北东方向的志丹地区地势整体降低,个别地区地势有起伏,但是整体呈现低值,西南方向地势抬高,整体呈现高值,富县、宜川等地区都处于工区内地势较高的地区,工区内的构造最高点出现在黄龙、黄陵一带。整个工区的构造格局呈现北东方向倾斜,走向近似沿北东向。在这样的地质背景下,油气向西南方向运移,在途中受到岩性圈闭的影响,也有可能在富县、宜川等次高地带聚集(见图4-11)。

第四章 古地貌及其构造特征

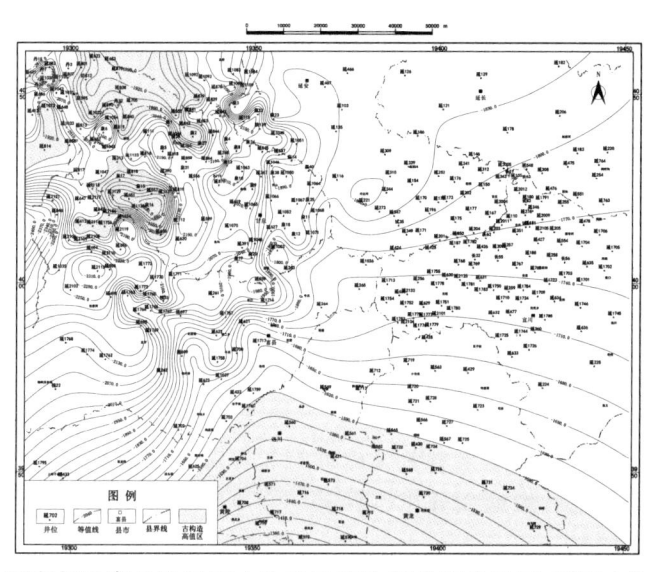

图 4-11 延安气田富县地区下古生界马家沟组侏罗世马五$_5$顶面古构造平面图

3. 白垩纪马五$_5$顶面古构造平面图

白垩系时期工区内地势依然有调整，宜川、富县等地区地势整体降低，仅个别地区出现零星高值，整体构造格局呈现"南高北低"，地层向北倾斜，走向沿东西向。在这样的地质背景下，油气向南方运移，在富县、宜川等地区个别构造高点，受到岩性圈闭的影响也可能成为油气的聚集区（见图4-12）。

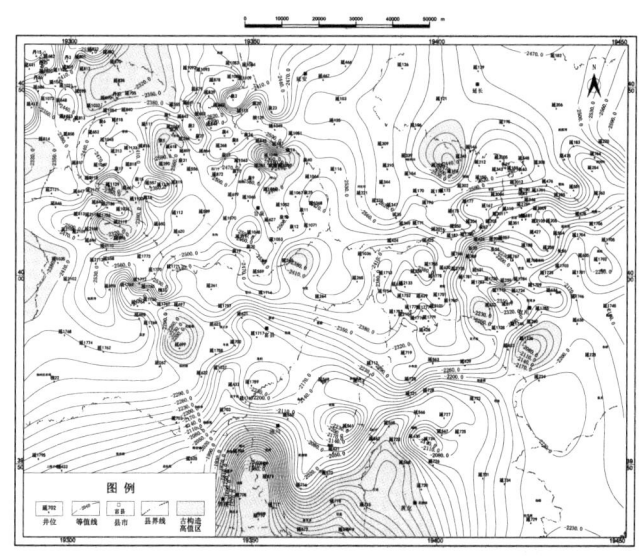

图 4-12 延安气田富县地区下古生界马家沟组白垩世马五$_5$顶面古构造平面图

第五章 烃源岩评价

　　鄂尔多斯盆地烃源岩按岩性可分为碎屑岩和碳酸盐岩，烃源岩发育地层包括从二叠系到寒武系，烃源岩展布的时空范围广泛。在盆地东部及南部地区烃源岩主要发育于上古生界石炭系-二叠系的煤岩及暗色泥岩与下古生界奥陶系的碳酸盐岩。近年来有关国内外海相烃源岩发育特征及有机质丰度下限的研究成果表明，大面积分布、具有一定厚度、TOC 介于 1%~2% 的暗色泥质岩和泥质碳酸盐岩是海相大油（气）田形成的必要条件，而 TOC 值很低的纯碳酸盐岩则形成不了大油气田。对于高-过成熟阶段的海相烃源岩评价来说，有效油源岩的 TOC 下限不应低于 0.5%，而有效气源岩的 TOC 下限不应低于 0.3%，优质烃（油）源岩的 TOC 下限则不应低于 1.0%。鄂尔多斯盆地奥陶系马家沟组除存在 TOC＜0.2% 低有机质丰度的巨厚海相纯碳酸盐岩之外，还发育 TOC＞0.5%，甚至 TOC＞1.0% 的规模性有效烃源岩。同时前人已对下古生界奥陶系上组合、中组合储层气源做了大量研究，尽管存在争议，有的认为以奥陶系来源气为主（黄第藩等，1996；陈安定，1994），也有的认为以石炭-二叠系来源气为主（夏新宇等，1998；张文正等，1997），但 2000 年以来，基本形成了下古气藏主要是上下古"混源气"的气源认识。对于上下古各自的贡献也是多家思想，主流思想认为下古气藏为上古生界煤成气与下古生界碳酸盐岩烃源岩生成的油型气的混合气，且以上古煤成气为主。

　　在前人烃源岩研究的基础上，本次研究通过地球化学分析方法并结合前人研究成果评价富县地区上古和下古烃源岩，以及该区域内烃源岩的平面展布特征，并对烃源岩的生烃能力进行区域性评价，为下一步主控因素分析及有利区预测打下基础。

第一节 烃源岩有机地球化学特征

　　沉积岩中含有足够数量的有机质是油气形成的先决条件和生成烃类的物

质基础，它取决于盆地当时的沉积环境、物源输入和及时的保存条件。有机质的含量是判断烃源岩生烃能力的标志，常用来定量估算有机质的数量，其中有机碳含量是评价烃源岩有机质丰度的首要指标。

鄂尔多斯盆地古生界烃源岩研究一直是一个存在争议的问题，目前主要有两种观点。以陈安定（2002）为代表的一批学者以乙烷碳同位素特征为主要依据，指出长庆气田混合气的实质是上古生界煤成气和下古生界油型气混合的结果，其中以下古生界油型气为主，占总储量的80%。戴金星等（2005）、何自新等（2003）、夏新宇等（2002）则认为煤成气和油型气的气源均来自上古生界的石炭-二叠系煤系和太原组含煤地层中有机碳丰度高的石灰岩，否定了有机碳含量约为0.2%的马家沟组碳酸盐岩是油型气烃源岩的结论。双方争论的焦点集中在马家沟组碳酸盐岩是否具有生烃能力的问题上。因此，下古生界碳酸盐岩烃源岩和上古生界煤系烃源岩有必要分开进行。

一、有机质丰度评价

评价有机质丰度的有机地球化学指标较多，常用的有有机碳、氯仿沥青"A"总烃和生烃潜量等。上述指标中，岩石的有机碳含量测定值在我国大多数含油气盆地的井下样品和露头剖面样品相比较，误差最小，能较好地反映岩石中的有机质丰度。因此，岩石中的有机碳指标应是全国乃至更大范围内有机质丰度评价的可信标尺之一。烃源岩中滞留的可溶有机质一般应与该岩石中的有机质丰度成正比。因此，氯仿沥青"A"也可作为判断岩石中有机质数量的地球化学指标。总烃是氯仿沥青"A"族组分中饱和烃和芳烃之和，所以它既可作为丰度参数，同时也是判断烃源岩中有机质向油气转化的指标之一。同时，岩石热解分析对未成熟的烃源岩来说一般能反映其真正原始产烃潜力，对于已进入成熟阶段的烃源岩尤其是进入高成熟度阶段的烃源岩只能反映其残余生烃潜力。随着变质程度的增加和热演化程度的提高，生烃潜量（S1+S2）指标会明显减小。

在判断烃源岩是否有效时普遍采用烃源岩有机质丰度下限指标，它指的是源岩生成的烃正好饱和岩石而没有排出时源岩所对应的有机质丰度值，其为划分烃源岩和非烃源岩的重要参数。陈建平等（1997）认为煤系烃源岩的评价应主要以有机碳含量作为划分标准，分为煤系泥岩、碳质泥岩和煤3大类。TOC小于6%者为煤系泥岩，碳质泥岩TOC介于6%~40%，TOC大于40%者则称之为煤。对碳质泥岩和煤进行有机质丰度评价时，有机碳含量不能作为评价标准，而应着重于生烃潜力的评价，对于这两种岩性的烃源岩分别按表 5-1、5-2 评价其生烃潜力。

表 5-1　煤系泥岩生烃潜力评价标准（陈建平，1997；程克明，1994）

评价指标	生烃级别				
	非	差	中	好	很好
TOC/%	<0.75	0.75~1.50	1.50~3.00	>3.00	
S_1+S_2/（mg/g）	<0.50	0.50~2.00	2.00~6.00	6.00~20.00	>20.00
氯仿沥青"A"/‰	<0.015	0.015~0.030	0.030~0.060	0.060~0.120	>0.120

表 5-2　煤生烃潜力评价标准（陈建平，1997；程克明，1994）

评价指标	生烃级别				
	非	差	中	好	极好
I_H/（mg/g）	<150	150~275	275~400	400~700	>700
S_1+S_2/（mg/g）	<0.75	0.75~6	6~30	30~60	>60
氯仿沥青"A"/‰	<0.05	0.05~0.10	0.10~0.3	0.3~0.60	0.60~3.0

鄂尔多斯盆地马家沟组的深灰色、灰黑色和黑色石灰岩、含泥灰岩、含泥云岩和泥质碳酸盐岩类，如含泥云岩、云质泥岩、泥云岩、灰质泥岩、泥灰岩可作为烃源岩；由于鄂尔多斯盆地马家沟组现今处于高-过成熟阶段，岩石热解指标、氯仿沥青"A"等地球化学指标受成熟度的影响，难以用于有机质丰度评价，岩石的有机碳含量（TOC）成为唯一可用指标。对于碳酸盐岩烃源岩 TOC 评价的标准，迄今为止，各家不一。中科院地球化学研究所提出碳酸盐岩烃源岩有机碳下限值定为 0.8%~0.1%（刘德汉，1982），傅家谟定为 0.2%~0.1%，石油大学郝石生教授（1989）定为 0.3%~0.5%，国外 Hunt（1979）和 Tissot（1978）定为 0.3%。本文参照王可仁等"八五"攻关资料中提出的鄂尔多斯盆地高成熟-过成熟阶段碳酸盐烃源岩有机质丰度评价标准和刘德汉等（2004）研究成果，并结合刘宝泉等（1985）、程克明（1996）和陈义才（2002）的研究结果，将本区碳酸盐岩烃源岩的有机质丰度的下限值定为 0.04%，大于 0.04%为烃源岩类，小于 0.04%为非烃源岩类；咸化环境的泥质岩类有机质丰度下限取 0.3%。制定暂定的本区碳酸盐岩烃源岩有机质

丰度评价标准（见表 5-3），对本井下古生界碳酸盐岩烃源岩进行评价。

表 5-3 碳酸盐岩烃源岩有机质丰度评价标准（程克明，1994）

评价指标	生烃级别			
	非	差	较好	好
TOC/%	<0.04	0.04~0.15	0.156~0.4	>0.4
S_1+S_2/（mg/g）	<0.04	0.04~0.06	0.06~0.1	>0.1

本次烃源岩研究在山西组、本溪组和马家沟组共取 39 块样品，并收集研究区内已有的烃源岩测试资料，如延 818 井、延 112 井烃源岩测试资料来进行综合分析。

通过测试结果发现山西组和本溪组烃源岩样品 TOC 普遍较高，但生烃潜量低，如延 1764 井山西组样品 TOC 达到 3.61%，生烃潜量仅为 0.15 mg/g。山西组内 66.7%样品达到中等、好烃源岩。

上古本溪组、太原组和下古马家沟组烃源岩都为咸化环境下的烃源岩，主要为碳酸盐岩和泥质源岩，部分样品 TOC 含量大于 3%，其中煤样品 TOC 最高可达 69.07%，马家沟组中马五$_3$、马五$_{4^2}$、马五$_{4^3}$内云质泥岩样品的残余有机碳最高，超过 3%，是下古生界样品中好烃源岩发育的主要层位，其次为马五$_2$层样品烃源岩，达到中等烃源岩，其他层位样品主要为差烃源岩或非烃源岩。

上下古烃源岩生烃潜量普遍偏低，主要位于 0.01~0.45 mg/g，仅 16.7%超过 0.06 mg/g。这与古生界烃源岩普遍进入高成熟阶段、生烃潜量（S1+S2）受到影响有较大关系。研究区及邻区上下古烃源岩样品地球化学测试结果如表 5-4、5-5 所示。

表 5-4 研究区及邻区上下古烃源岩样品地球化学测试结果

参数井号	层位	岩性	TOC/%	氯仿沥青"A"/‰	总烃/（mg/g）	S_1+S_2/（mg/g）
延 112	山西组	泥岩	0~3.55 0.35（16）	0.0006~0.005 0.0019（16）	—	0.05~0.97 0.16（16）
		煤	3.80~9.38 7.21（3）	0.0018~0.0084 0.0051（3）	—	0.90~3.87 2.88（3）
	马家沟组	碳酸盐岩	0.04~0.23 0.10（6）	0.0017~0.0054 0.0027（6）	—	0.02~0.16 0.05（6）

续表

参数井号	层位	岩性	TOC/%	氯仿沥青"A"/‰	总烃/（mg/g）	S_1+S_2/（mg/g）
延818	石盒子组	泥岩	0.84（1）	0.0019（1）	0.05（1）	0.05（1）
	山西组	泥岩	0.12~1.4 / 0.65（4）	0.0014~0.0019 / 0.0017（4）	0.02~0.03 / 0.03（4）	0.02~0.03 / 0.03（4）
	本溪组	泥岩	0.15~0.46 / 0.31（2）	0.0015~0.0021 / 0.0018（2）	0.02~0.04 / 0.3（2）	0.02~0.04 / 0.3（2）
	马家沟组	碳酸盐岩	0.14~0.46 / 0.23（5）	0.0014~0.0027 / 0.0018（5）	0.02~0.03 / 0.03（5）	0.02~0.03 / 0.03（5）
富县地区	山西组	煤系地层	0.57~3.61 / 1.625（5）	—	—	0.01~0.15 / 0.07（5）
	本溪组	煤系地层	0.46~1.18 / 0.595（4）	—	—	0.02~0.08 / 0.06（4）
	太原组	煤系地层	1.2~69.07 / 35.14（2）	0.0076~0.0430 / 0.0253（2）	—	0.25~1.2 / 0.62（3）
		碳酸盐岩	—	0.0013		1.4
	马家沟组	碳酸盐岩	0.158~10.79 / 1.17（23）			0.01~0.45 / 0.06（23）

表 5-5　研究区及邻区上下古烃源岩样品地球化学测试结果

样品名称	地质年代	深度/m	可溶烃(mg/g) S_1	热解烃(mg/g) S_2	有机CO_2(mg/g) S_3	残余有机碳(mg/g) S_4
延1763	山西组	3 484.55	0.03	0.01	1.31	21.29
延1764	山西组	3 311.15	0.04	0.11	1.60	34.64
延1762	山西组	3 178.05	0.04	0.08	0.80	6.46
延708	山西组	2 557.5	0.00	0.01	1.96	4.08
延694	山西组	3 318.33	0.05	0.02	1.12	19.18
延696	山西组	3 446.8	0.03	0.01	1.34	11.86
延1780	本溪组	2 606	0.01	0.01	1.36	3.43
延1771	本溪组	3 493.38	0.07	0.01	1.14	10.75
延1750	本溪组	2 545.6	0.07	0.01	1.38	3.67
延1780	马五$_1$	2 337.8	0.01	0.02	2.36	0.68
延1784	马五$_4$	2 484.79	0.02	0.01	1.43	1.31
延1765	马五$_6$	3 475.82	0.02	0.01	1.38	2.88

续表

样品名称	地质年代	深度/m	可溶烃(mg/g) S_1	热解烃(mg/g) S_2	有机CO_2(mg/g) S_3	残余有机碳(mg/g) S_4
延1766	马五$_2$	3 456.2	0.00	0.01	1.50	1.60
延1777	马五$_3$	2 755.4	0.01	0.01	1.80	3.00
延1036	马六	2 933.47	0.01	0.01	1.27	1.35
延1764	马五$_4$	3 407.2	0.01	0.01	1.66	1.92
延1771	马五$_3$	3 515.46	0.01	0.33	1.70	74.78
延1750	马六	2 558.65	0.00	0.01	1.17	0.60
延1795	马三	3 563.99	0.01	0.01	1.65	9.78
延2110	马五$_3$	3 660.59	0.02	0.01	1.52	1.73
延1767	马五$_1$	3 305.8	0.01	0.01	1.43	1.10
延2105	马家沟组	距顶9.9	0.01	0.01	1.23	6.59
延1034	马五$_4$	3 665.68	0.05	0.40	0.72	106.95
延1034	马五$_3$	3 653.19	0.04	0.01	1.27	12.71
延1034	马五$_1$	3 615.16	0.01	0.01	0.95	4.41
延1781	马五$_3$	—	0.01	0.03	1.55	17.78
延2117	马家沟组	—	0.01	0.01	1.62	12.39
延1776	马家沟组	—	0.01	0.01	1.86	11.39
延1713	马五$_3$	2 966.94	0.01	0.02	1.85	2.40
延1782	马五$_3$	2 680.02	0.00	0.01	0.99	2.08
延1778	马五$_1$	2 723.2	0.04	0.00	1.04	3.65
延1785	马五$_2$	2 334.39	0.01	0.02	0.86	2.39
延2106	马五$_3$	3 749.65	0.01	0.01	1.30	1.79
延2104	马五$_1$	2 944.18	0.01	0.01	1.43	2.42
延621	马五$_1$	3 154.19	0.00	0.02	1.53	0.87
延1024	马五$_2$	3 811.6	0.05	0.10	0.55	27.74
延1024	马五$_2$	3 811.21	0.04	0.08	1.39	25.72
延697	马五$_1$	3 220.36	0.00	0.01	1.74	1.61
延1425	马家沟组	—	0.07	0.00	1.17	6.76

二、有机质类型划分

不同的成烃母质决定了不同的有机质类型，而不同类型的有机质具有不同的生油气潜力，与生成油气的数量和性质都有直接的关系。因此烃源岩有机质类型成了决定生油气潜量的重要参数。因为某一特定层系的烃源岩主要处于一个特定的沉积环境中，所以表现为以某一种有机质类型为主的特征。

有机显微组分是有机质生烃的基本物质单元。其中显微组分的腐泥组属于富氢组分，它主要来源于藻类和其他水生类生物，具有较高的生烃潜力。壳质组来源于高等植物器官及分泌物等，同样具有较好的生烃潜能。镜质组主要由高等植物的木质纤维转变而来，化学组成上氧含量高而氢含量低，具有一定的气态烃生成能力，液态烃生成潜能较差。惰性组分则是原始植物质纤维组织及其凝胶产物经一定程度的氧化作用后形成的高碳贫氢组分，在成烃过程中基本不具备生成烃类的能力。

干酪根镜下鉴定是划分烃源岩有机质类型最常用的方法之一。在我国陆相烃源岩干酪根的组分研究中，极少见到单一组分的母质类型，通过在透射光下观察有机质碎片的形态、结构、亮度和颜色等特征，根据无定形组、壳质组、镜质组和惰性组四种不同显微组分在干酪根中的相对比例，利用有机质类型指数（Ti）计算公式计算出不同层段的烃源岩有机质类型系数，再根据类型系数来划分有机质类型。有机质类型指数（Ti）计算公式为：

$$Ti = (a \times 100 + b \times 50 - c \times 75 - d \times 100)/100$$

式中　　a——腐泥组（藻类体+无定形组）；
　　　　b——壳质组；
　　　　c——镜质体；
　　　　d——惰性组。

根据干酪根类型指数的计算，可以得出各干酪根样品的类型指数。最后通过表 5-6 就可判断干酪根所属类型。

表 5-6　干酪根类型划分与产油气性质

类型名称	类型指数	产油气性质
腐泥型 I	>80	产油为主
含腐殖腐泥型 II₁	80~40	产油气
含腐泥腐殖型 II₂	40~0	产油气
腐殖型 III	<0	产气为主

表 5-7 为研究区内部分井干酪根的显微组分的鉴定结果。鄂尔多斯盆地晚古生代是陆生植物鼎盛期，因而决定了石炭系-二叠系海陆过渡相的煤系烃源岩有机质来源以陆生植物有机质为主、水生生物为辅。所以镜质组和惰性组应该占有主要的成分地位，从延 1771 取得的煤样来看，鉴定结果就显示镜质组和惰性组占比超过 90%，干酪根的类型指数介于 -75~-65，属于Ⅲ型干酪根；而马家沟组灰岩，由于处于陆表海环境，应含有腐泥型干酪根，而延 1425 马家沟组岩样壳质体含量达到 88%，TI 值为 33.5，为Ⅱ型干酪根；而石炭-二叠系泥岩，大部分壳质体含量较高，介于 60%~70%，TI 值介于 0~15，为Ⅱ型干酪根，但也有个别情况，如延 1771 取样泥岩，镜质体和惰性组相对含量较高，可达到 90%，而延 1024 的岩样相对镜质组和惰性组含量较低，但也可达到 60%，这可能是由于泥岩沉积物中混有炭质颗粒的缘故，干酪根类型为Ⅲ型。

表 5-7 干酪根显微组分鉴定结果

序号	样品名称	岩性	地质年代	深度/m	腐泥组	壳质组	树脂体	富氢镜质体	正常镜质体	惰性组	干酪根类型指数（TI）	干酪根类型
1	延 1780	泥岩	本溪组	2 606	8	64	—	—	16	12	16	Ⅱ$_2$
2	延 1771	煤	本溪组	3 493.38	8	—	—	—	52	40	-71	Ⅲ
3	延 1771	泥岩	本溪组	3 515.46	10	—	—	—	54	36	-66.5	Ⅲ
4	延 1750	泥岩	本溪组	2 545.6	4	66	—	—	20	10	12	Ⅱ$_2$
5	延 1764	泥岩	山西组	3 311.15	—	68	—	—	20	12	7	Ⅱ$_2$
6	延 694	泥岩	山西组	3 318.33	4	68	—	—	16	12	14	Ⅱ$_2$
7	延 1024	泥岩	山西组	3 745.66	—	36	—	—	36	28	-37	Ⅲ
8	延 1425	灰岩	马家沟组	2 952	—	88	—	—	6	6	33.5	Ⅱ$_2$

根据干酪根有机元素检测结果得到的 H/C、O/C 比值在范氏图中投点也可看出（见图 5-1），研究区内烃源岩样品主要为Ⅲ型和热演化程度比较高的

Ⅱ型干酪根。岩石热解分析结果在 T_{max}-HI 图版中投点也呈现同样的特征，在图版中已投点表明，古生界烃源岩干酪根主要为Ⅲ型和Ⅱ$_2$型。热演化程度越高的烃源岩干酪根类型区分难度越大，因超半数样品 T_{max} 超过 490 ℃，热演化程度高，在图版中未有投点，对于这些高成熟和过成熟烃源岩干酪根类型主要依据研究区同时期烃源岩相似的环境成因来判断。

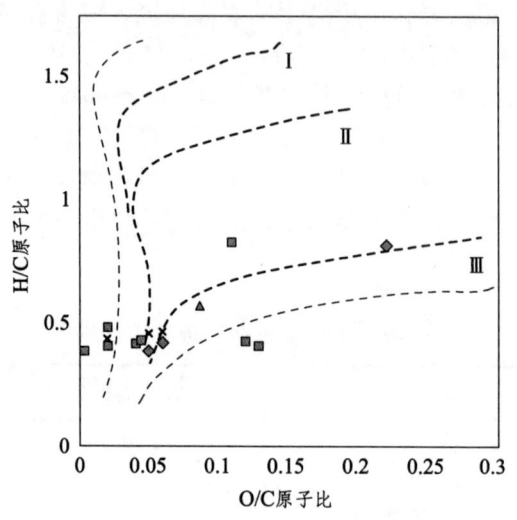

干酪根元素分析判断干酪根类型（范氏图）

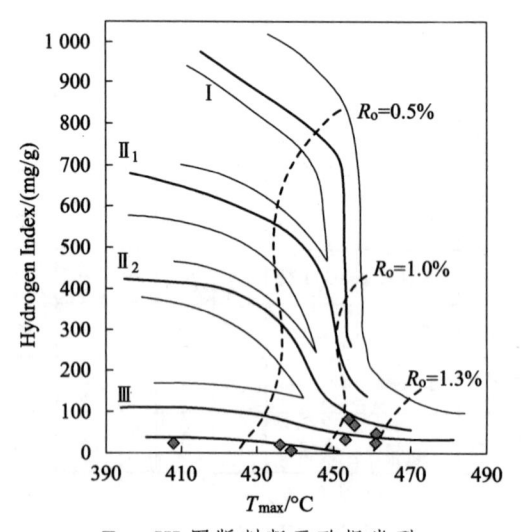

T_{max}-HI 图版判断干酪根类型

图 5-1　图版法判断干酪根类型

综合研究认为山西组时期由于陆生植物处于鼎盛时期，形成的烃源岩中普遍含有炭质成分，干酪根类型以Ⅲ型为主，主要产气；而研究区内的马家沟组，由于处于海相沉积环境，烃源岩则主要以 II_2 烃源岩为主，主要产油气。上下古烃源岩主要为 II_2 和Ⅲ型干酪根，都具备生成天然气的条件。

三、有机质成熟度

古有机质（藻类、植物、动物等）随同沉积物一起堆积、掩埋之后，在沉积和成岩作用初期，由于细菌及水解作用，生物体分解为蛋白质、氨基酸、糖类和类脂物，再经过缩合聚合作用变成黄腐酸、腐殖酸和腐黑，最后经不溶作用形成干酪根。

随着盆地的连续沉降和沉积，干酪根埋深不断增加，沉积物成岩作用不断加强，到一定的成岩作用阶段，干酪根将进一步发生分子有序排列，一些官能团和C-C键将由低键能到高键能依次发生断裂，产生从低等到中等分子量的烃类及少量的 CO_2、H_2O 及 H_2S 等。这就是石油经干酪根降解成烃而成的过程。

根据统计资料，有机质只有达到一定的热演化阶段才能热降解生烃，同时在不同的热演化阶段有机质的产烃能力和产物是不同的。勘探实践表明，在有机质成熟区找油成功率可达25%~50%，不成熟区仅为2.5%~5%，过成熟区则主要形成天然气。一个盆地或凹陷所处的演化阶段，直接关系到其油气勘探前景。因此，准确地划分有机质的演化阶段具有十分重要的意义。

目前，反映有机质热演化程度的指标很多，但由于所处地温场、沉积环境、构造运动史及油气运移等众多因素的影响，各项指标特征具有其特定的适用范围。所以，在实际划分有机质演化阶段时，必须综合考虑选出研究地区的适用指标，才能做出正确结论。

本次研究采用干酪根镜质体反射率 Ro 和生油岩热解峰温 T_{max} 两项指标来综合评价研究区内的烃源岩成熟度。

1. 镜质体反射率（Ro）

镜质体反射率 Ro 是煤岩学中指示煤阶的重要标志。在沉积岩中分散有机质的镜质体和煤显微组分中的镜质体具有相同的有机分子结构，即以苯环为核带且具有不同的烷基侧链。干酪根在热演化过程中，其侧链和桥键降解断裂生成烃类。与此同时，苯环进一步缩合稠化，使光的透射率减小，反射率上升，这种光学特征具有不可逆性。因此镜质体反射率 Ro 享有地温指示计的美誉，是确定有机质演化程度的良好指标，它可以标定有机质演化的各个阶段（见表5-8）。

表5-8 烃源岩有机质烃演化阶段划分（黄志龙，2017）

演化阶段	R_O/%	T_{max}/°C
未成熟	<0.5	<435
低成熟	0.5~0.7	435~440
成熟	0.7~1.3	440~450
高成熟	1.3~2.0	450~580
过成熟	>2.0	>580

根据研究区内古生界烃源岩有机质热演化程度的部分参数统计结果（见表5-9）可以看出，上古生界镜质体反射率Ro位于2.05%~2.79%，下古生界镜质体反射率多分布在1.81%~3.33%，上下古烃源岩的镜质体反射率平均值皆大于2.0%，这说明样品都进入过成熟阶段，以生成天然气为主。

表5-9 烃源岩有机质镜质体反射率检测结果

序号	样品名称	地质年代	深度/m	测点数/个	随机反射率/% 分布范围	平均值
1	延1784	山西组	2 343.4	60	2.28~3.12	2.69
2	延1771	本溪组	3 493.38	11	2.84~3.33	3.00
3	延1771	马家沟组	3 515.46	13	2.05~2.79	2.50
4	延1764	山西组	3 311.15	21	2.21~2.90	2.59
5	延1767	马家沟组	3 305.8	1	2.7	2.7
6	延1784	山西组	2 343.4	58	1.81~2.56	2.14
7	延1713	山西组	—	60	1.96~2.73	2.37
8	延694	山西组	3 318.33	20	2.05~2.65	2.39
9	延1024	马家沟组	3 811.21	22	2.12~2.63	2.35

2. 岩石热解峰温（Rock-Eval）分析

烃源岩最大热解峰温（T_{max}/°C）值具有随热演化程度升高而增加的趋势，且具有不可逆性。因此，用它来研究烃源岩成熟度是可行的。通过对研究区内部分井位岩样的岩石热分解分析结果可以看出，下古生界马家沟组的烃源岩大部分都已经达到高成熟-过成熟阶段，其中高成熟-过成熟阶段所占比例可达 80%，平均最大热解温度可达 518.8 °C，以生成天然气为主（见图 5-2）。

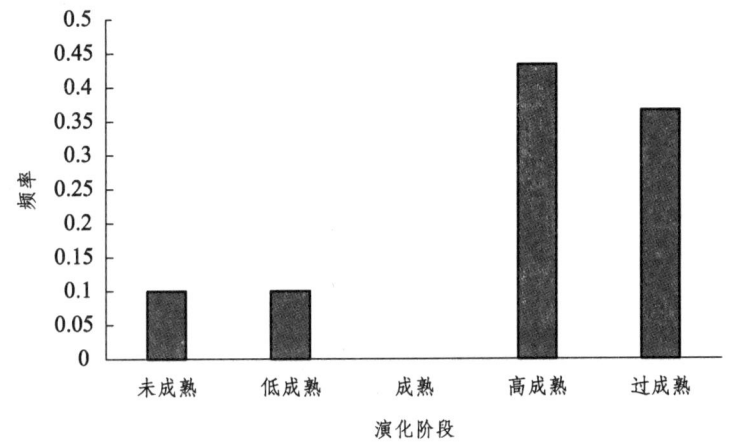

图 5-2　延安气田富县地区下古生界马家沟组烃源岩有机质演化阶段统计图

上古生界煤和泥岩等烃源岩大部分也都已达到高成熟-过成熟阶段，其中高成熟-过成熟阶段的所占比例可达 85%，平均最大热解温度可达 493.9 °C，生烃过程主要以生成天然气为主（见图 5-3）。

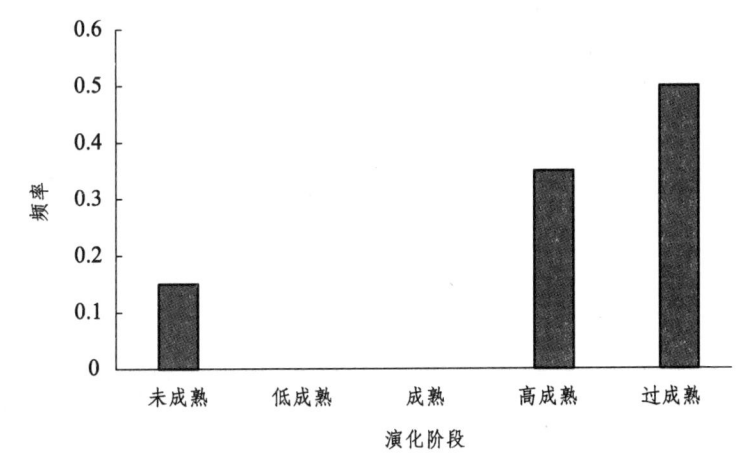

图 5-3　延安气田富县地区上古生界烃源岩有机质演化阶段统计图

根据烃源岩地球化学特征分析认为上古太原组煤系地层样品、下古马五$_3$、马五$_4$暗色泥质烃源岩样品残余有机碳含量高，属好烃源岩；山西组泥岩样品内66.7%的TOC达到中等、好烃源岩，为样品中最有利的烃源岩。上下古烃源岩都以II$_2$和III型干酪根为主，已进入高成熟-过成熟阶段，以生干气为主。受古生界烃源岩普遍进入高成熟阶段影响，生烃潜量偏低，无法真实反映生烃能力。

文献资料表明，马家沟组烃源岩厚度200~550 m，泥晶云岩残余有机碳含量平均为0.21%，最高为0.3%；泥晶云岩残余有机碳最高也达0.3%。生源主要为疑源类、藻类和菌类等低等生物，主要以类脂组占绝对优势，可溶有机质性质较好，镜质体反射率介于2.31~2.86，烃源岩有机质处于高成熟-过成熟阶段，马家沟组的烃源岩也成为奥陶系气藏有利的气源岩，对中下组合气藏贡献也较大（详见第七章）。因缺少马家沟组灰岩样品测试数据，本次研究未统计灰岩厚度及计算其生烃强度。

第二节 烃源岩发育特征

一、烃源岩岩性特征

根据取样的地化分析结果可以看出，该区域的烃源岩主要岩性包括煤层、暗色泥岩及马家沟组内的暗色泥质岩类。本区煤层主要发育在山西组底部（见图5-4C）、本溪组顶部，表现为低伽马、低密度、高声波时差、中高电阻率，光电指数普遍低于1.5的特征。同时上古泥岩类烃源岩具有富U的特征。下古生界烃源岩主要为生物灰岩、泥灰岩、泥质云岩等暗色岩层。

A. 延*，3 665.68 m，马五$_4{}^2$，云质泥岩

B. 延*，3 733.98 m，马五$_4{}^1$，泥质白云岩

第五章　烃源岩评价

C. 延*，2 894.47 m，山西组，块煤　　D. 延*，马家沟组，泥质白云岩

图 5-4　延安气田富县地区下古生界马家沟组烃源岩岩样

二、烃源岩展布特征

根据烃源岩评价结果，本次研究统计了上古生界煤层和暗色泥岩层，以及下古生界深色碳酸盐岩，主要为泥岩、泥质岩层，并分析其在研究区内的展布，为后续生烃潜量评价奠定基础。因灰岩样品有限，本次研究未统计分析太原组和马家沟组灰岩分布。

1. 上古生界烃源岩展布特征

本溪组、太原组、山西组煤系地层、泥岩厚度平面展布图表明上古生界本溪组、山西组内煤层发育，太原组内也有少量分布，煤层较厚的区域集中在甘泉、延长、宜川等地区，富县开发区内煤层厚度总体较北部及东部煤层薄，厚度为 4～8 m，其中延 1767、延 1716、延 703 等井区相对较厚，厚度为 6～8 m（见图 5-5），且主要发育在山西组时期（见图 5-6），本溪组和太原组内煤层发育程度低。延安宝塔区范围内的泉 40、延 344、延 310、延 173 等井区上古煤系地层最厚，达 10～14 m；甘泉地区延 819、延 1063、延 1046 等井区上古煤系地层次之，厚度为 8～14 m；延长地区连片分布厚度为 6～14 m 的煤层；宜川地区延 349、延 173、延 204、延 767、延 258、延 1704 等井区厚煤层仅零星分布，为 8～12 m。

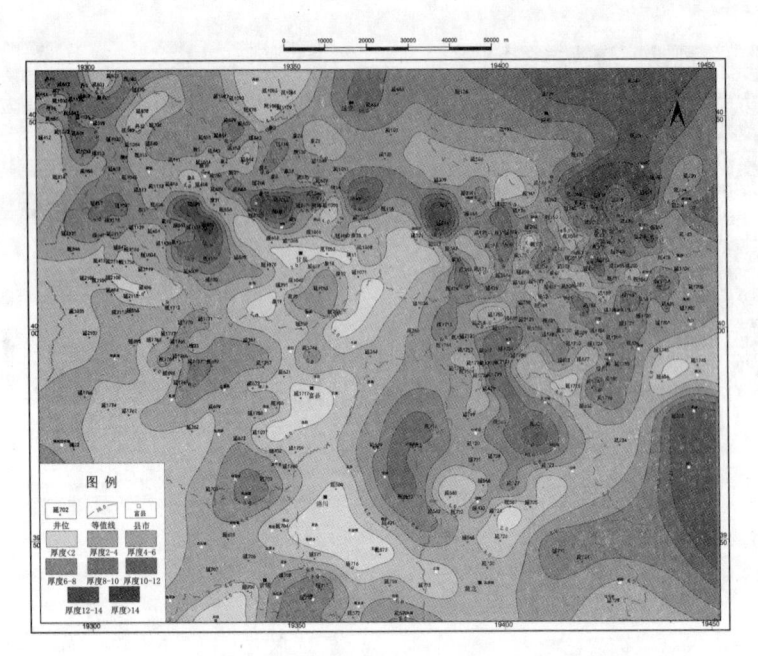

图 5-5 延安气田富县地区上古生界煤层平面展布图

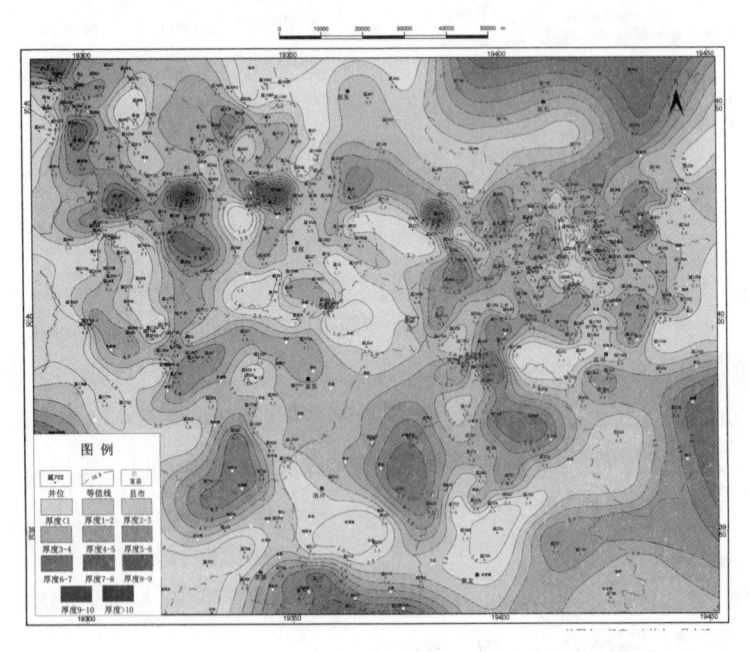

图 5-6 延安气田富县地区山西组煤层平面展布图

2. 马家沟组烃源岩展布特征

研究区的主要沉积环境为局限-开阔台地,烃源岩主要统计了深色泥质碳酸盐岩类。因少有灰岩测试样品,生烃能力评价时缺乏测试数据,故未对灰岩及其他碳酸盐岩烃源岩进行统计分析。

本次研究分析了马家沟上组合、中组合泥质烃源岩平面展布,从整体上来看,上组合泥质烃源岩在研究区北部富县、甘泉、延长、宜川地区都较发育,其中富县、延长地区烃源岩普遍连片分布厚层烃源岩,而宜川、甘泉地区厚层烃源岩呈零星分布。例如富县地区延1716、延263、延1066、延1767等井区烃源岩厚度为8~12 m,甘泉地区延1066、泉25、延845、延872厚度相似,宜川地区延1778、延203、延2105、延632等井区烃源岩厚度变小,呈零星分布厚度为6~10 m的烃源岩(见图5-7)。由于研究区内的探井多数未钻穿"中组合",多数钻遇中组合烃源岩的井都位于富县、洛川、黄龙一带,超过6 m的烃源岩零星分布。

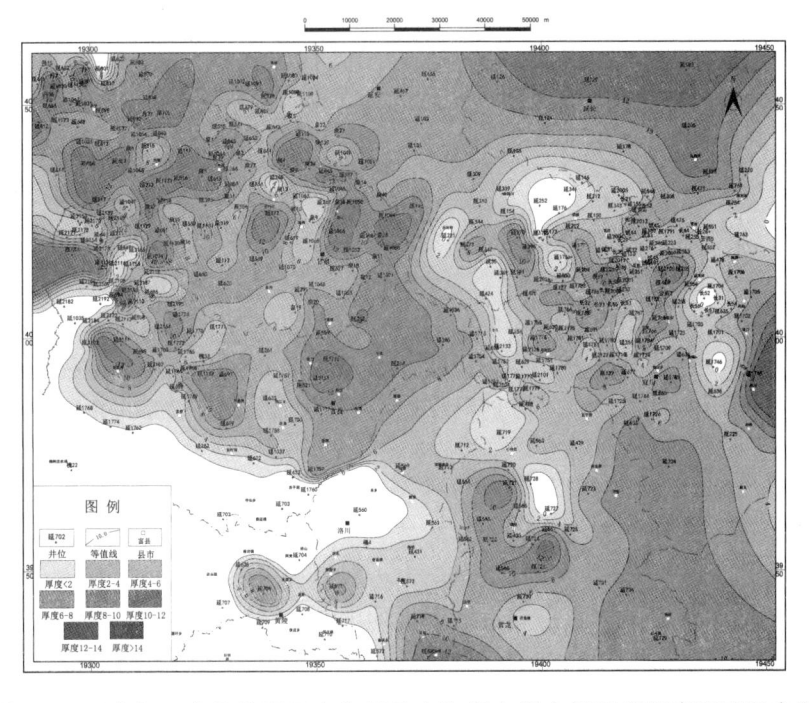

图 5-7 延安气田富县地区下古生界马家沟组上组合烃源岩厚度平面展布图

第三节 烃源岩生烃能力评价

烃源岩生烃能力评价是为了从烃源岩角度对油气成藏的规模进行预测提供依据。烃源岩的生烃能力的大小决定排出烃的数量，对规模化油气藏的形成至关重要。对烃源岩进行生烃能力的评价是油气藏资源评价的基础，只有准确把握了盆地内烃源岩的生烃能力，才能对油气资源量进行计算，才能对油气藏资源潜力进行评价。通过烃源岩有机碳含量、生烃强度等参数来评价烃源岩的生烃能力，对其进行生烃能力的综合评价，为后续资源潜力评价及有利勘探区预测奠定基础。

马家沟组烃源岩厚度为 200～550 m，泥晶云岩残余有机碳含量平均为 0.21%，最高为 0.3%；泥晶云岩残余有机碳最高也达 0.3%。生源主要为疑源类、藻类和菌类等低等生物，主要以类脂组占绝对优势，可溶有机质性质较好，镜质体反射率介于 2.31～2.86，烃源岩有机质处于高成熟-过成熟阶段，马家沟组的烃源岩也成为奥陶系气藏有利的气源岩，对中下组合气藏贡献也较大（详见第七章）。因缺少马家沟组灰岩样品测试数据，本次研究未统计灰岩厚度及计算其生烃强度，所以本次预测资源量仅为奥陶系气源的一部分。

一、生烃强度评价

1. 生烃强度计算

烃源岩的生烃能力是由很多因素决定的，如有机质类型、有机质丰度、热演化程度、烃源岩的分布面积以及烃源岩厚度等都可以在一定程度上体现烃源岩的生烃能力，但是一方面马家沟组可能的烃源岩来源，无论是上古的煤系地层，还是下古的泥质碳酸盐岩，基本上镜质体反射率 Ro 都大于 2.0%，处于高-过成熟阶段，这样在具体实验分析中，受到影响比较大，无法反映真实的生烃能力；另一方面，仅考虑一种因素来评价烃源岩也有失偏颇。所以本章选择生烃强度来对烃源岩生烃能力进行评价。

生烃强度是指烃源岩在单位面积上的生烃数量，与烃源岩厚度、岩石密度、烃源岩残余有机碳含量及有机质气态烃产率等多个因素有关。计算公式如下：

$$Q_{气} = H \times \rho \times K \times C_{残} \times D_{气} \times 10^{-4}$$

式中 $Q_\text{气}$——生烃强度，$10^8\ \text{m}^3/\text{km}^2$；

H——烃源岩厚度，m；

ρ——烃源岩密度，t/m^3；

K——烃源岩原始有机碳的恢复系数，无量纲；

$C_\text{残}$——现今实测有机碳含量，%；

$D_\text{气}$——原始有机质气态烃产率，$\text{m}^3/\text{t TOC}$。

计算生烃强度需要的主要指标参数有：

① 烃源岩厚度：根据单井实际分布得出，岩性主要包括煤、泥质岩层。

② 烃源岩密度：碳酸盐岩的岩石密度介于 2.04～2.98 t/m^3，均值在 2.65 t/m^3，加上有泥质成分，密度相较纯碳酸盐岩偏低，故泥岩密度取 2.63 t/m^3；煤层密度根据资料，密度在 1.3～1.8 t/m^3，本次研究取均值 1.55 t/m^3。

③ 烃源岩恢复系数：根据资料煤取 1.2，泥岩取 1.6～1.8，深度越大热演化程度越大，值越高。

④ 残余有机碳含量：根据现今实测残余有机碳取平均值，单井计算时注意按岩性、层位分别取值。

⑤ 有机质气态烃产率：根据鄂尔多斯盆地西缘奥陶系低成熟样品热模拟结果表明，腐泥型烃源烃源岩有机质的原始产烃率为 350～450 $\text{m}^3/\text{t TOC}$，以生成液态烃为主。研究区煤系泥岩烃源岩有机质类型为Ⅲ型，产油能力低于Ⅰ型有机质，以生成气态烃为主，且古生界烃源岩已处于高成熟和过成熟阶段，没有低成熟样品模拟产烃率结果，其取值只能参考其他资料，另外高-过成熟阶段有机质形成干气。根据鄂尔多斯盆地煤系烃源岩热演化研究，暗色泥岩产烃率高于煤岩，煤和炭质泥岩的生烃潜力几乎只有煤系泥岩的一半，煤岩有机碳产烃率取值为 200 $\text{m}^3/\text{t TOC}$，据此确定暗色泥岩产烃率为 360 $\text{m}^3/\text{t TOC}$。

采用上述公式，根据每一项取值计算了上古生界山西组、太原组、本溪组各井位的生烃强度值和下古生界上组合、中组合的生烃强度值，经过统计对比（见图 5-8），平均生烃强度为 $22.64\times 10^8\ \text{m}^3/\text{km}^2$，其中山西组和本溪组累计贡献较大，合占 82.5%，且煤和泥岩均为主要的生烃源岩，太原组几乎无贡献，上古生界累计贡献超过 85%。下古马家沟组泥岩贡献占比约为 13.8%，以上组合为主，很难形成集中供烃与聚集，中组合及下组合的实际生烃强度受烃源岩资料影响还需要进一步验证。

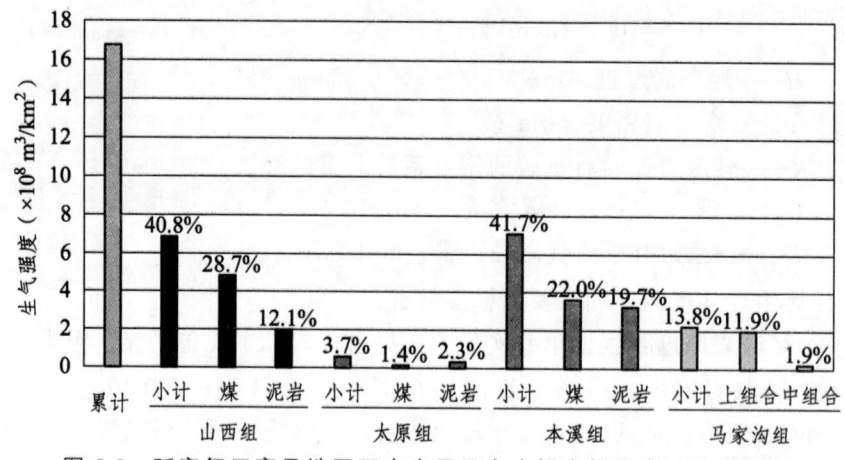

图 5-8　延安气田富县地区下古生界马家沟组生烃强度统计对比图

2. 生烃强度平面展布特征

在分层分岩性计算烃源岩的基础上，综合绘制了上古生界以及下古生界马家沟组上组合、中组合的烃源岩生烃强度平面图。

研究区内上古生界生烃强度明显强于下古生界上、中组合的生烃强度。其中在甘泉、延安市宝塔区、延长、宜川等地区生烃能力较强，高值区成片分布，最高值可达 $20×10^8 m^3/km^2$。其中甘泉地区延*、延*等井区生烃强度为（16~30）$×10^8 m^3/km^2$，泉*、泉*、延*、延*、延*等井生烃强度与上述井区相同；延长地区延*、延*、延*等井区生烃强度有所增高，位于（18~30）$×10^8 m^3/km^2$之间；宜川地区则是高值与低值相间分布，延*、延*、延*、延*、延*、延*等井区生烃强度较高，值为（16~30）$×10^8 m^3/km^2$，而延*、延*、延*等井区生烃强度明显变低，仅（8~10）$×10^8 m^3/km^2$。富县开发区整体生烃强度较弱，这与烃源岩平面展布图反映出来的分布特征整体相似，高值则零星分布，生烃强度最高值$18×10^8 m^3/km^2$，在延*、延*、延*、延*等井区生烃强度为（14~25）$×10^8 m^3/km^2$。

和上古生界相比，下古生界烃源岩生烃强度明显降低，下古生界生烃强度较强的地区是富县、甘泉两县区，而延长、宝塔区、宜川的生烃强度相对处于弱势县区。富县地区生烃强度较高的地区主要集中在延*、延*、延*、延*、延*、延*等井区，值为（3~6）$×10^8 m^3/km^2$，宜川地区生烃强度明显降低，在延*、延*、延*、延*、延*等井区为（2~4）$×10^8 m^3/km^2$。

二、区块资源量预测

根据生烃强度平面分布中呈现的区块特征，将研究区划分成两个主要区块：富县开发区和宜川-洛川-黄陵-黄龙地区，按照生烃强度大于 $11×10^8 \text{m}^3/\text{km}^2$ 的标准在这两个区块内划分出生烃潜力带，即高生烃区带。其中富县开发区内根据生烃强度分布特征划分出富县北、张家湾、张村驿和牛武-岔口 4 个高生烃区带，富县周边的宜川-洛川-黄陵-黄龙地区划分出 5 个高生烃区带：云岩-延 187-延 1713、高柏-交里-英旺、砖梁庙-宜川县城-寿峰、延 712-延 561（洛川）、隆坊-黄陵-延 572-黄龙-延 731。将上古和下古烃源岩生烃强度整合在一幅平面图上，分别圈定这 9 个区带的面积，确定各区带生烃强度平均值，估算区块内各区带的生烃量，计算总生烃量。

在各区带生烃量计算基础上进而计算预测资源量，其关键是要确定合适的运聚系数。2005 年全国第一轮天然气资源评价将鄂尔多斯盆地海相碳酸盐岩沉积区天然气运聚系数取值为 4‰，随着对近源型和源内型天然气非常规油气资源的勘探开发，且地质认识的不断深化，参考 2006—2015 年中国石油科技进展丛书中由赵文智主编的《石油地质理论与配套技术》提出的将古隆起-岩溶组合类型区域的天然气运聚系数取值 10‰~20‰的方案，本研究区运聚系数最终取值 10‰。

1. 富县开发区

富县开发区内发育富县北、张家湾、张村驿、牛武-岔口 4 个生烃潜力带（见图 5-11），4 个区带共圈定面积 $1\,715\text{ km}^2$，上下古生界平均生气强度 $20.76×10^8 \text{m}^3/\text{km}^2$，总生烃量预测为 $35\,834×10^8 \text{m}^3$，预测资源量为 $359×10^8 \text{m}^3$（见表 5-10）。

表 5-10 富县开发区各生烃潜力区带资源量预测

区带名称	面积	平均生烃强度	生烃量	上古生烃量	下古生烃量	运聚系数	资源量	资源量占比
	km^2	$×10^8 \text{m}^3/\text{km}^2$	$×10^8 \text{m}^3$	$×10^8 \text{m}^3$	$×10^8 \text{m}^3$		$×10^8 \text{m}^3$	%
富县北	200	21.32	4 264	3 517	747	0.01	43	5.5
张家湾	603	21.52	12 977	10 706	2 271	0.01	130	17.1
张村驿	387	18.2	7 043	5 812	1 231	0.01	70	9.2
牛武-岔口	525	22.0	11 550	9 528	2 022	0.01	116	15.5

2. 宜川-洛川-黄陵-黄龙地区

宜川-洛川-黄陵-黄龙地区发育云岩-延187-延1713、高柏-交里-英旺、砖梁庙-宜川县城-寿峰、延712-延561（洛川）、隆坊-黄陵-延572-黄龙-延731 5个生烃潜力带，圈定面积达 4 507 km²（见图5-12），根据各潜力区带面积，计算各潜力区带资源量并列成统计表，如表5-11所示，上下古平均生气强度 21.76×10^8 m³/km²，总生烃量预测为 $95\,566 \times 10^8$ m³，预测资源量为 956×10^8 m³（见表5-11）。

表5-11 宜川-洛川-黄陵-黄龙各生烃潜力区带资源量预测

区带名称	面积 km²	平均生烃强度 $\times 10^8$ m³/km²	生烃量 $\times 10^8$ m³	上古生烃量 $\times 10^8$ m³	下古生烃量 $\times 10^8$ m³	运聚系数	资源量 $\times 10^8$ m³	资源量占比 %
云岩-延187-延1713	406	23.84	9 679	7 985	1 694	0.01	97	17.2
高柏-交里-英旺	647	23.28	15 062	12 426	2 636	0.01	151	26.7
砖梁庙-宜川县城-寿峰	1 289	23.17	29 866	24 639	5 227	0.01	299	53.0
延712-延561（洛川）	931	21.74	20 240	16 698	3 542	0.01	202	78.4
隆坊-黄陵-延572-黄龙-延731	1 234	16.79	20 719	17 093	3 626	0.01	207	30.8

鄂尔多斯盆地具有广覆式生烃的特点，本次生烃能力评价在圈定的生烃潜力带基础上进行评价，因测试资料有限，所以本次预测资源量仅为奥陶系气源的一部分，计算中的各参数多取平均值，根据资料取值时按较低标准，计算的结果显示富县地区上下古生界平均生气强度 22.64×10^8 m³/km²，总生烃量 $131\,400 \times 10^8$ m³，预测资源量 $1\,314 \times 10^8$ m³，这部分资源是富县地区天然气成藏的一部分。天然气既可以侧向，也可以上下穿层运移，紧邻富县北

部的志丹、甘泉存在多个生烃潜力区，这些区域生烃强度优于富县区域烃源岩（见图 5-9、5-10），在延*、延*、延*上古生界烃源岩形成生烃强度大于 $20 \times 10^8 \ m^3/km^2$ 的连片分布区，在广覆式生烃、近距离成藏的背景下也可视为富县境内工气源的重要生烃潜力带。

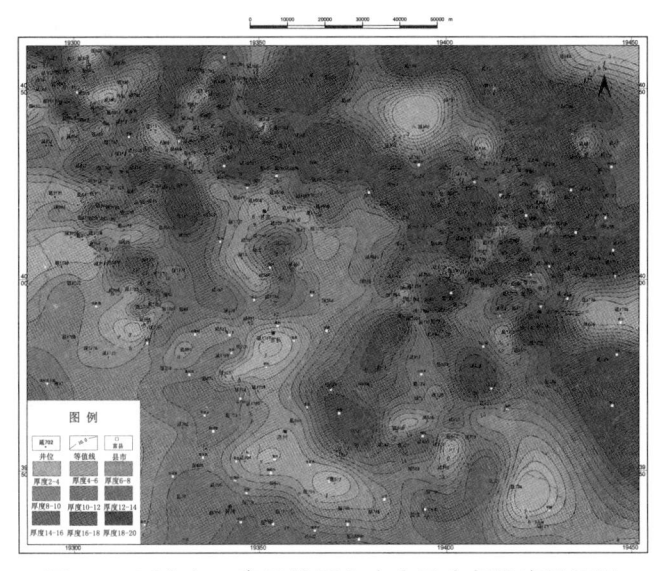

图 5-9　延安气田富县地区上古生界生烃强度平面图

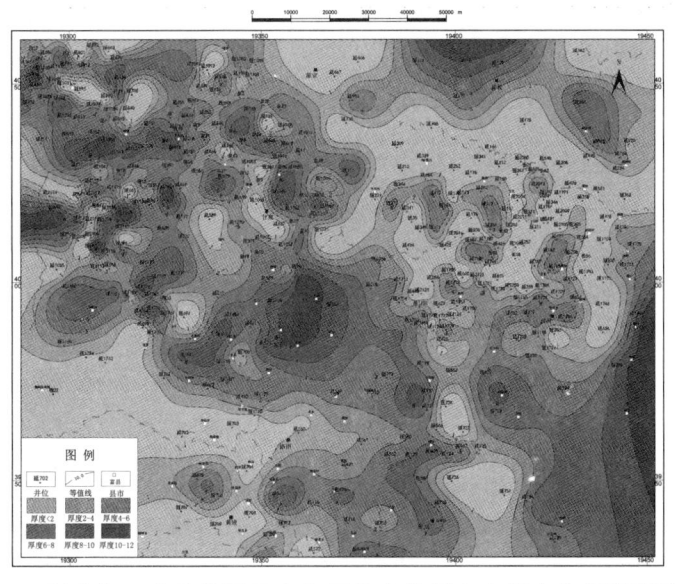

图 5-10　延安气田富县地区下古生界马家沟组上中组合生烃强度平面图

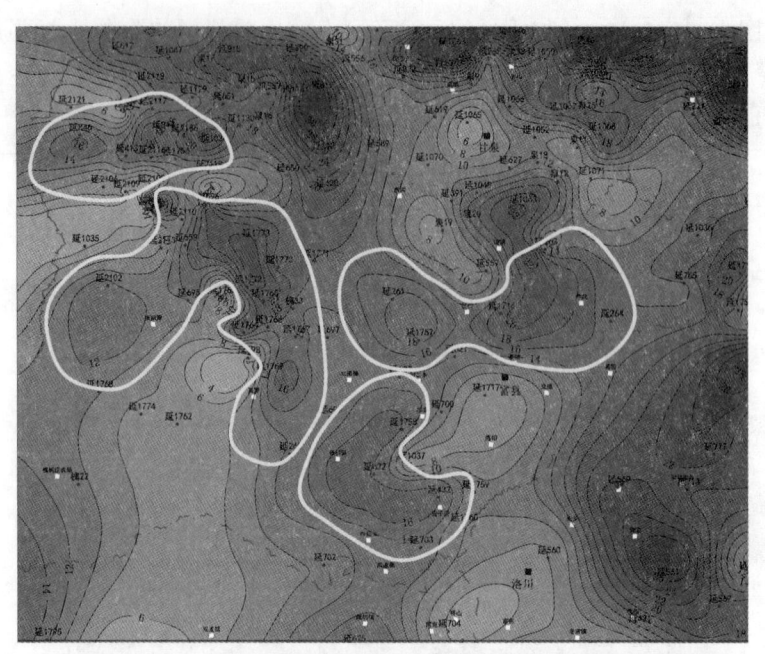

图 5-11 富县开发区古生界烃源岩生烃强度资源量预测圈定图

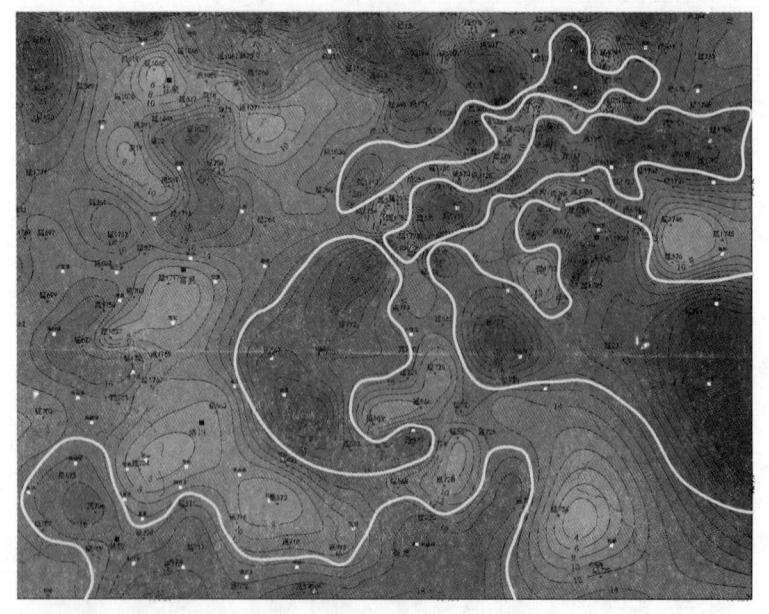

图 5-12 富县周边区域古生界烃源岩生烃强度资源量预测圈定图

第六章 储层特征

马家沟组储层形成条件多样且复杂，形成于不同的沉积与成岩环境，具有各类不同的沉积与成岩结构及构造，储层非均质性强，储集与渗流空间复杂多样，优质碳酸盐岩储层的发育受多因素控制，碳酸盐岩储层特征分析并评价是有利区预测的关键基础之一。

第一节 储层岩石类型及分布特征

研究区内下古生界碳酸盐岩主要包括白云岩和灰岩两种，其次为各种过渡类型。因研究区主体远离东部盆地，主要位于岩溶斜坡带，并在西南部已位于中央古陆，在具体岩心观察、取样分析过程中发现研究区内下古生界马家沟组内白云岩分布范围广，见多种沉积构造，由于白云岩化不彻底及其他成岩改造，见多种过渡类型岩石，在海侵期部分区域发育成灰岩。本文采用冯增昭对碳酸盐岩分类方案（1994），根据物质成分、结构及沉积与成岩构造进行分类与命名（见表6-1）。

表6-1 鄂尔多斯盆地下古生界地层碳酸盐岩成因-结构分类（据冯增昭，1994）

内碎屑结构碳酸盐岩				结晶结构碳酸盐岩				生物骨架结构碳酸盐岩	
岩石类型		颗粒/%	填隙物/%	岩石类型		晶体类型	粒径/mm	岩石类型	生物类型
颗粒灰岩	颗粒云岩	>90	<10	巨晶灰岩	巨晶云岩	砾晶	>2	珊瑚骨架岩	珊瑚
含灰泥颗粒灰岩	含云泥颗粒云岩	90~75	25~10	粗晶灰岩	粗晶云岩	粗晶	0.5~2.0	苔藓骨架岩	苔藓
灰泥质颗粒灰岩	云泥质颗粒云岩	75~50	50~25	中晶灰岩	中晶云岩	中晶	0.25~0.5	海绵骨架岩	海绵
颗粒质灰岩	颗粒质云岩	50~25	75~50	细晶灰岩	细晶云岩	细晶	0.05~0.25	软体骨架岩	软体类
含颗粒灰岩	含颗粒云岩	25~10	90~75	粉晶灰岩	粉晶云岩	粉晶	0.005~0.05	藻类骨架岩	藻类
灰泥灰岩	云泥云岩	<10	>90	泥晶灰岩	泥晶云岩	泥晶	<0.005	藻粘结岩	藻类

一、岩性特征

在碳酸盐岩储层中白云岩储层占重要地位，在深埋藏条件下，白云岩的孔隙度和渗透率，尤其是渗透率，总是优于具有相同埋藏深度的石灰岩。研究区内白云岩主要包括微晶白云岩、泥晶白云岩、粉晶白云岩、细晶白云岩、角砾状白云岩、含残余颗粒白云岩等，其岩石学特征如下。

（1）泥晶白云岩。

研究区内的泥晶白云岩被认为是在潮上带环境中，通过毛细管浓缩作用形成准同生白云岩。在铸体薄片、岩心观察中都可以发现，泥晶白云岩普遍发育碎裂结构，有些岩样见多条不同角度的裂隙发育，如图6-1A所示延*的马五$_4^1$岩心中交错的缝网，在裂缝中经常见少量泥质、方解石充填。这有两种可能的原因，一方面是应力作用导致的碎裂结构，另一方面是潮上带环境中周期性暴露在地表，岩石失水干裂加之破裂改造形成的裂缝网络，再次位于水下时缝网内灰质充填。

（2）粉晶白云岩。

研究区内粉晶白云岩，经常同时见方解石局部富集与粉晶白云石呈互层状，这可能是由于后期成岩作用中方解石未完全白云化形成的残余构造（见图6-1B），同时伴生的晶间孔和铸模孔等孔隙也可以作证白云化作用的发生，在一些岩样中还可见少量裂缝和零星分布的有机质团块。

（3）细晶白云岩。

研究区内的细晶白云岩经常见重结晶的粉晶-粗晶方解石，这可能是由于后期去白云化作用形成的，同时也经常可以见到多组微裂缝，其形成的原因可能与其他岩性中裂缝类似，即在风化壳环境下受外力作用形成的裂缝（见图6-1C）。在观察中发现其经常伴生晶间孔和晶粒铸膜孔，但经常被有机质或方解石充填。

（4）角砾状白云岩。

研究区内的角砾状白云岩基本属于风化壳地层的主要标志之一。它的形成原因主要是由于马家沟组接受风化剥蚀的过程中，碳酸盐岩地层受到岩溶作用，滑塌形成边缘不规则、整体磨圆较差的岩溶角砾岩。在岩溶构造中还经常看到缝合线等其他沉积构造伴生，一般情况下，这种岩样较致密，孔洞不发育，物性较差（见图6-1D）。

第六章 储层特征

（5）含残余颗粒云岩。

研究区内经常发现的残余颗粒为鲕粒和砾屑等，还经常见到复鲕。这些颗粒的出现指示强水动力的沉积环境，后被白云石化，鲕粒经常出现在颗粒较大的白云岩岩样中，如粉晶白云岩等，它的内部包含粉晶白云石、方解石、有机质等多种成分，而此类白云岩的孔隙主要分布在鲕粒内部，以晶粒铸膜孔和晶间孔为主（见图 6-1E）。砾屑白云岩中的砾屑内部主要为泥晶白云岩，经常见鲕粒，砾屑间被泥质白云岩或泥质方解石填充，孔隙不太发育，物性较差（见图 6-1F）。残余颗粒经常发育在水动力相对较强区域，指示潮间带沉积区域。

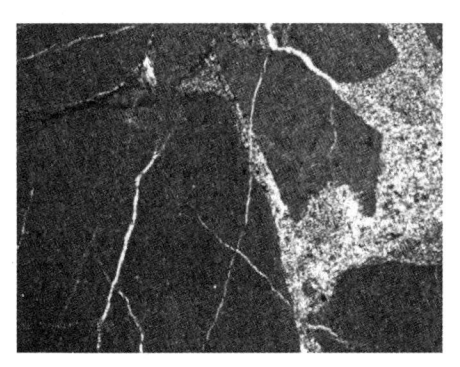

A. 延*，2 478.6 m，马五$_4^1$，灰质碎裂泥晶云岩

B. 延*，3 309.5 m，马五$_4^2$，灰质粉晶云岩

C. 延*，2 724.79 m，马四，细晶云岩

D. 延*，3 553.23 m，马五$_4^2$，云质角砾岩

E. 延*，3 804.66 m，马五$_1^4$，
鲕粒粉晶云岩

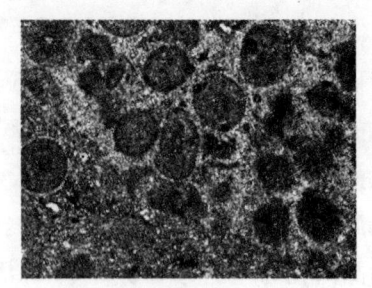

F. 延*，3 268.87 m，马五$_1^3$，
灰质砾屑云岩

图 6-1　延安气田富县地区下古生界马家沟组岩样特征

马家沟组各个层位中微晶、泥晶和粉晶白云岩普遍占比高，马五$_1^4$ 内粉晶白云岩最多，占比超过 45%，马五$_1$ 内细晶白云岩主要分布在马五$_1^4$ 内，主要为成岩阶段的白云岩。角砾状、残余颗粒等白云岩相对占比较少，马五$_1$ 内角砾状云岩产出最多，因马五$_1$ 多处于风化壳，角砾及残余颗粒最发育，紧邻或位于剥蚀层则受风化、岩溶作用的影响，其他层出现角砾及白云岩化后的残余颗粒。马家沟组白云岩类型分布直方图如图 6-2 所示。

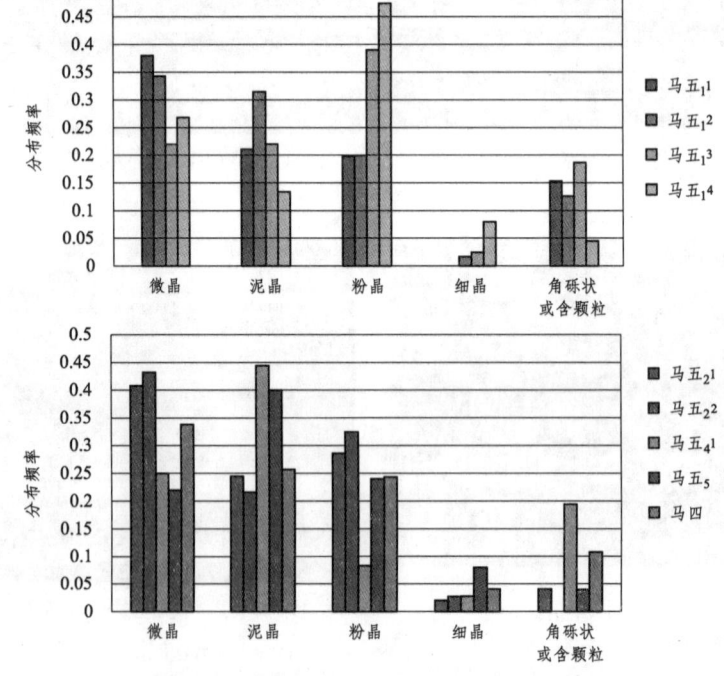

图 6-2　延安气田富县地区下古生界马家沟组白云岩类型分布直方图

二、储层展布特征

马五$_1$储层是研究区重要产层。其中，马五$_1$云岩样品 71 块，其中微晶云岩占 38.4%，为主要的云岩类型，泥晶和粉晶云岩各占约 20%，样品中未发现细晶云岩，见大量残余颗粒或角砾状颗粒。通过测井识别的白云岩统计分析发现研究区内富县境内马五$_1$段云岩储层不发育，马五$_1$储层主要发育在富县往北东方向的甘泉境内，厚度可超过 2 m（见图 6-3）。马五$_1^2$有 111 块样品，云岩类型与马五$_1$相似，富县境内马五$_1^2$地层多被剥蚀，云岩储层不发育，仅延 2110、延 413、延 2119-延 2195 控制的区域有云岩储层分布（见图 6-4）。

马五$_1^3$的 118 块云岩样品中粉晶云岩含量明显增加，占比 38.9%，见大量残余颗粒或角砾状颗粒。因富县境内马五$_1^3$段多剥蚀殆尽，在富县西北部有一片状分布的云岩分布区，在延 2113 形成最厚的储层，厚约 4.88 m（见图 6-5）。

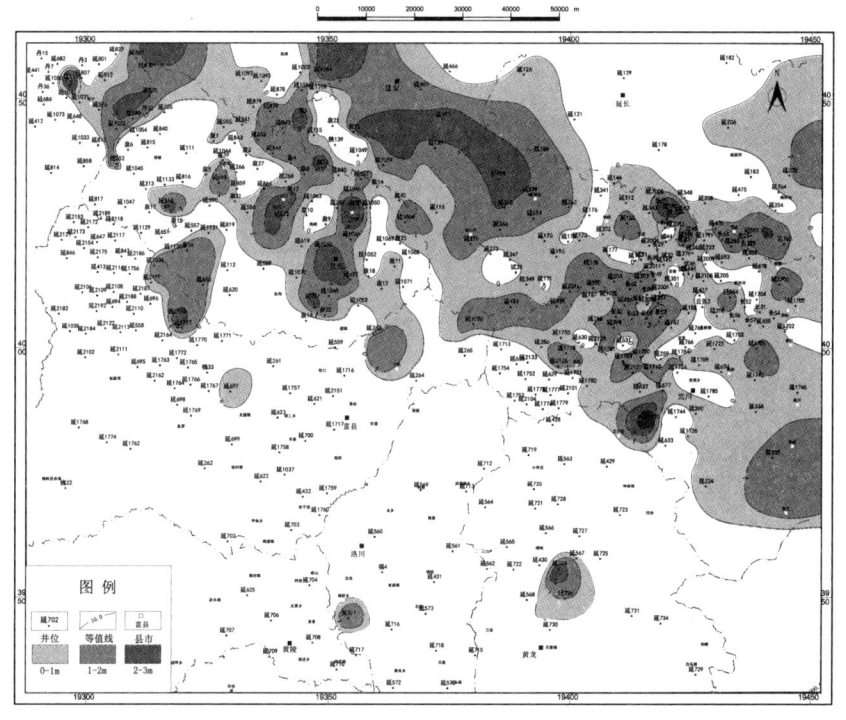

图 6-3 延安气田富县地区下古生界马五$_1^1$储层分布图

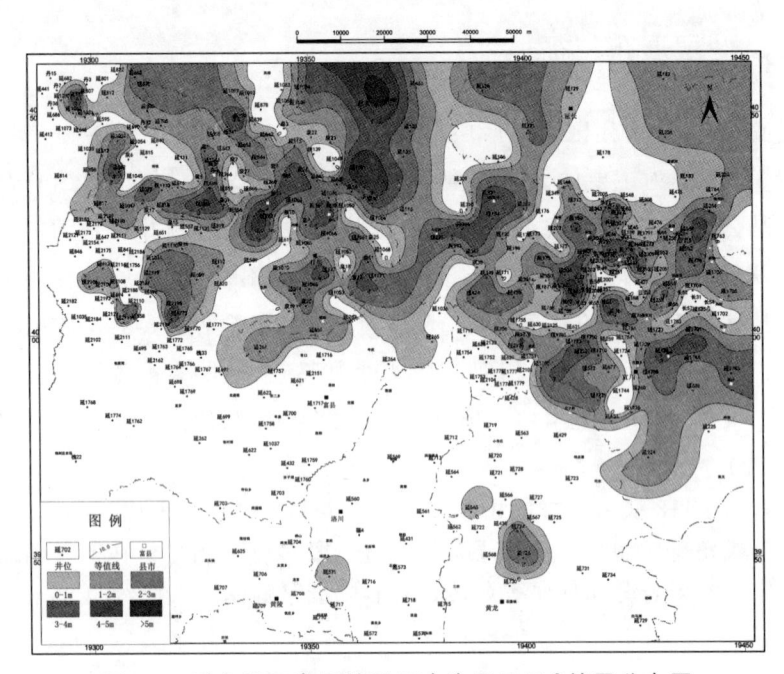

图 6-4　延安气田富县地区下古生界马五$_1^2$储层分布图

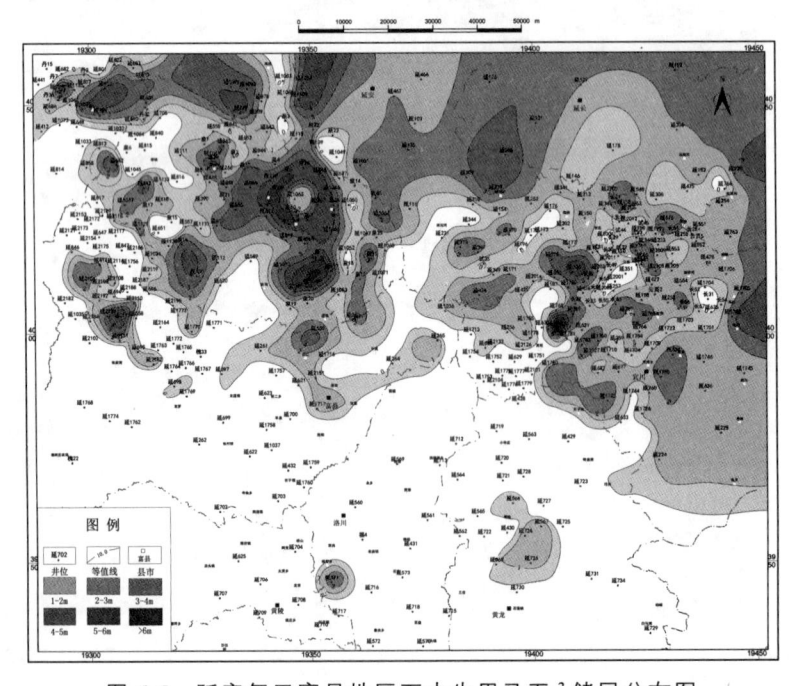

图 6-5　延安气田富县地区下古生界马五$_1^3$储层分布图

在马五$_1$各小层中马五$_1^4$粉晶云岩含量最高,在 112 块云岩样品中占比接近 47.3%,残余颗粒或角砾状颗粒较少。因富县境内马五$_1^4$段剥蚀线往西移,在富县西北部片状分布的云岩分布范围扩大,并与甘泉境内云岩连片,在延 2106 形成最厚的储层,厚约 2.7 m。在南部零星分布厚层云岩(见图 6-6)。

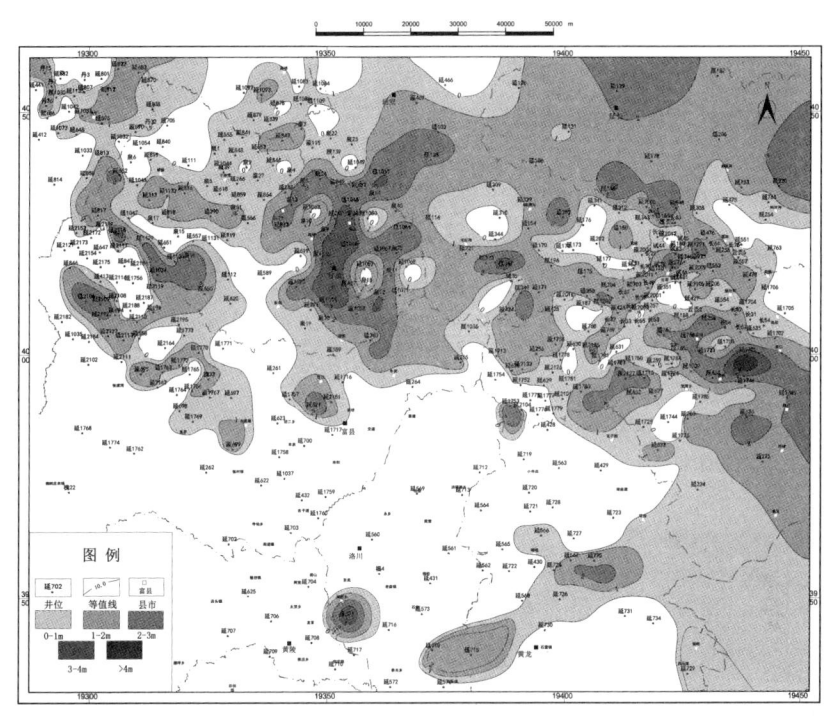

图 6-6 延安气田富县地区下古生界马五$_1^4$储层分布图

马五$_2$也是富县地区重要产层,86 块云岩样品中以微晶云岩为主,占比 41.8%,其次为粉晶云岩(占比 23.3%),少细晶云岩。其中富县境内马五$_2^1$白云岩储层范围从北西逐渐往富县中部扩大,但白云岩储层厚度明显低于马五$_1$各小层,普遍低于 2 m,除延 413 井控制的白云岩储层富集区外,在延 1772 井附近形成新的储层富集区,厚约 1.5 m(见图 6-7)。

马五$_2^2$白云岩储层分布范围进一步扩大,受富县与甘泉间的剥蚀带控制,白云岩储层往北东方向存在缺失区域,在富县境内储层连片性较好,但未完全覆盖富县境内。在延 694、延 1763、延 2106 控制的区域形成厚层区,厚度都超过 3 m,延 694 控制的区域最厚达 4.35 m(见图 6-8)。

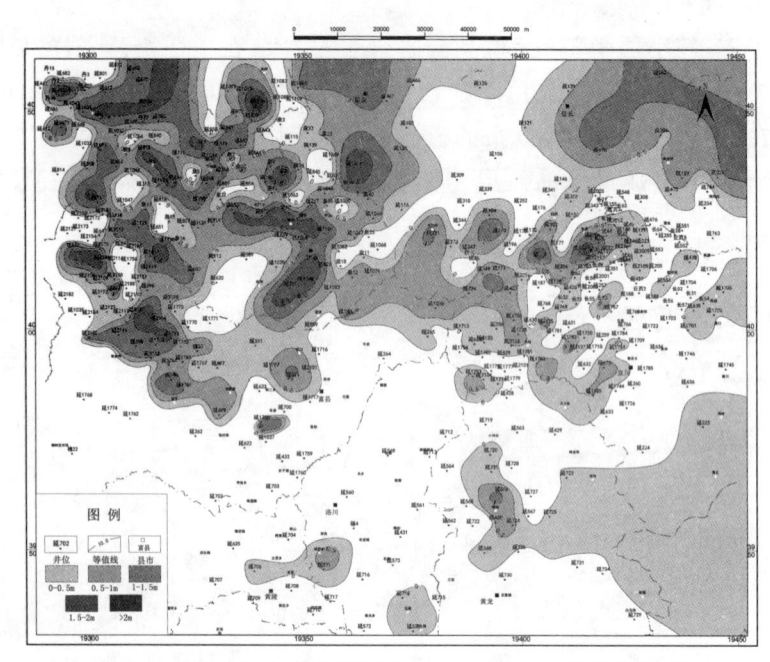

图 6-7　延安气田富县地区下古生界马5_2^1储层分布图

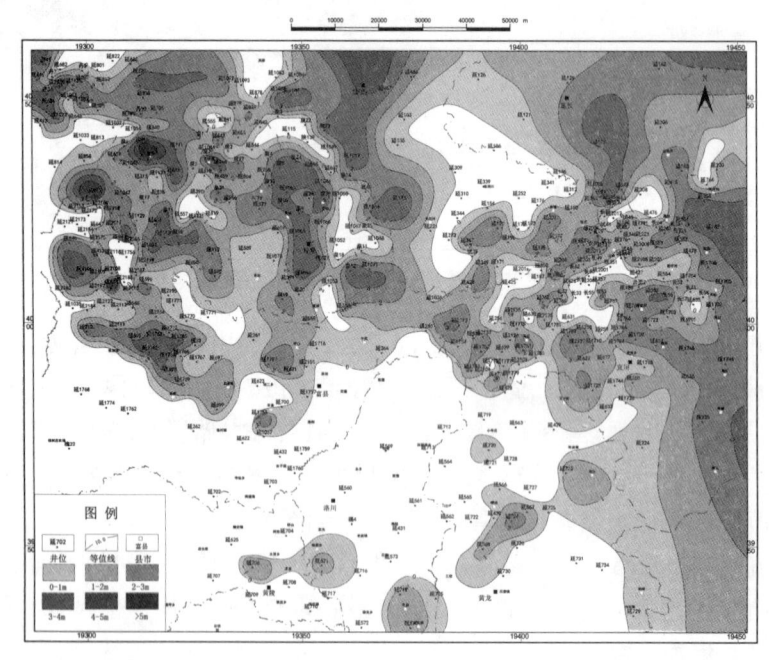

图 6-8　延安气田富县地区下古生界马5_2^2储层分布图

第六章 储层特征

马家沟组上组合另一个重要的产层为马五$_4^1$，在 36 块云岩样品中 **44.4%** 为泥晶云岩，其次为微晶云岩，粉晶和细晶云岩都较少，在所有层位中马五$_4^1$ 内发现的角砾状、残余颗粒或颗粒最多，占比接近 20%。至该段富县境内储层仅在靠近黄陵的南部区域缺失，其他区域广布白云岩储层。延 413、延 694、延 2110、延 1763 井控制的区域白云岩储层仍富集，厚度超过 3.5 m，高值区呈北西南东向条状展布（见图 6-9）。

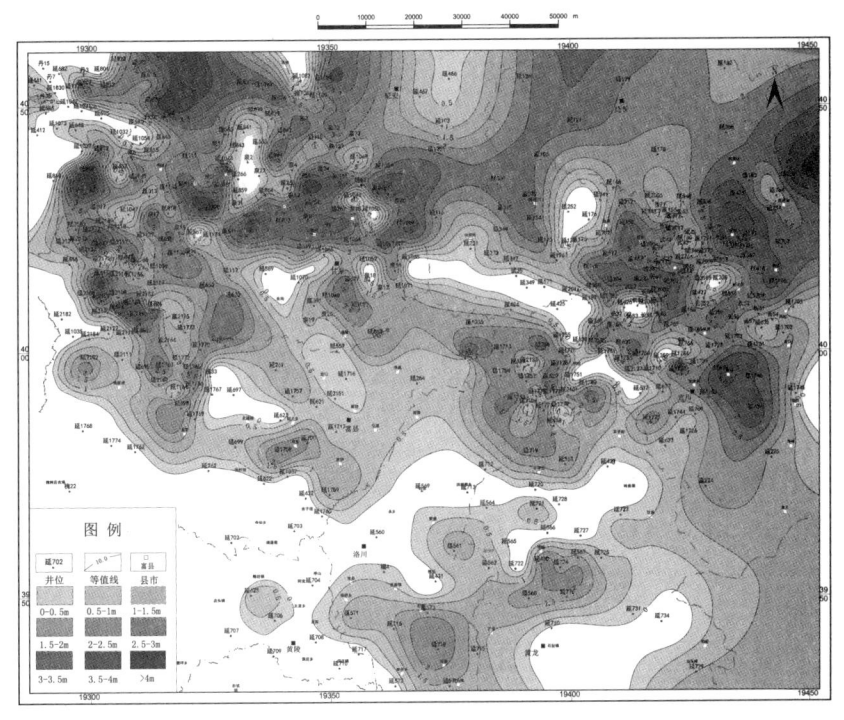

图 6-9　延安气田富县地区下古生界马五$_4^1$ 储层分布图

马五$_5$ 及其之下的马家沟组中组合在富县境内的钻遇程度高于其他区域，下组合整体钻遇程度低，为避免预测的误差，在此未做分析。样品显示马五$_5$ 段中 40% 为泥晶云岩，其次为微晶和粉晶云岩，占比都超过 20%，细晶云岩较其他层位明显增多，占比为 8%。已有钻井成果显示，富县境内马五$_5$ 白云岩储层继续呈北东南西向展布，从北东方向一直延伸至洛川、黄龙境内（见图 6-10）。

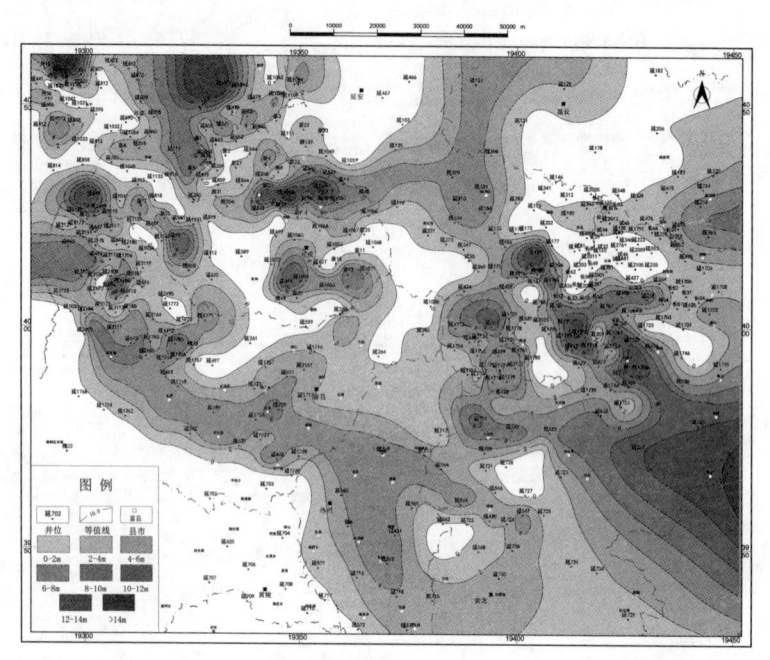

图 6-10　延安气田富县地区下古生界马五$_5$储层分布图

第二节　白云岩储层成因分析

研究白云岩成因目前有多种方法，地球化学物特征由于其固定指向性，经常被用来对岩层的性质、前期沉积环境、后期成岩作用等各种条件进行分析。常用的地球化学手段有常量元素、微量元素、稀土元素、元素同位素等多种方式。本次研究通过地球化学特征对白云岩储层进行成因分析。

通过 Ca、Mg 元素的构成比例与形成环境之间对应关系可以判断不同岩样的岩石类型；微量元素则由于其在不同环境下的表现不同，可以用来对岩样的成岩环境进行判断；元素同位素和稀土元素（REE）则是利用岩样对于沉积环境继承性特点，以这两类元素为示踪剂，通过对比不同环境下形成岩样的元素的不同，完成对于沉积环境、成岩环境、成岩作用强弱等条件的综合分析。

本书通过对微量元素、稀土元素特征的分析，完成对于研究区内储层沉积环境和成岩作用的分析。REE 在成岩作用过程中整体受影响较小（强子同，2007），因此，沉积岩 REE 配分模式可以对物源、沉积环境等多方面因素起到重要作用，尤其对于下古生界马家沟组的碳酸盐岩来说，在奥陶纪末期接收了 1.4 亿年的风化剥蚀，后期成岩作用对前期沉积环境影响非常大的条件下，REE 的判断方法就成了对沉积环境和白云岩成岩作用判断的重要方法。微量元素在本章节中仅作辅助判断出现，因为在后面数据分析过程中发现，微量元素受后期成岩作用影响较大，很多方法呈现与已有认知相反的结果，在这里选择部分与稀土元素对应性较高的分析结果作为参考。

一、稀土元素特征

1. 稀土元素总量（ΣREE）与重轻稀土元素总量比（ΣLREE/ΣHREE）

区内碳酸盐岩的稀土元素总量（ΣREE）介于 7.41~64.73 ppm，平均值为 25.83 ppm，符合碳酸盐岩多小于 100 ppm 的特征（强子同，2007）。

研究区内取样的泥晶白云岩稀土元素的总量最大值为 36.74 ppm，最小值为 7.41 ppm，平均值为 19.75 ppm，粉晶白云岩稀土元素的总量最大值为 49.39 ppm，最小值为 10.31 ppm，平均值为 26.892 ppm，以鄂尔多斯盆地古隆起周缘马家沟组海相泥晶灰岩为参考（稀土元素总量为 72.409 ppm，轻重稀土元素总量比为 5.051 ppm）（苏中堂，2012），如表 6-2 所示，重轻稀土元素总量比（ΣLREE/ΣHREE）大部分要高于海相泥晶灰岩，这与白云岩石化过程会使得稀土元素迁移贫化，且重稀土元素相较于轻稀土元素迁移能力更强相关。

延 1710 马五$_1^3$ 和延 708 井马四微晶灰岩样品的稀土元素总量分布与各粉晶、泥晶白云岩样品相似，这可能是由于微晶灰岩是由去白云化作用交代而来的，所以迁移贫化作用在前期已经发生。

2. 稀土元素（REE）分配模式分析

由于稀土元素的"奇偶效应"，在对稀土元素含量进行标准化时，因北美页岩与研究区马家沟组同属海相沉积，本次研究选用北美页岩标准（NASC）进行标准化（陈道公，2009；伊海生等，2008）。已有研究表明后期的成岩作用对稀土元素原始地球化学特征有影响，通常 δCe 与 δEu 具有较好相关性、与 ΣREE 具有良好正相关性、与 (Dy/Sm)SN 具有良好负相关性时，成岩作用对稀土元素含量有影响（寒武系海相碳酸盐岩元素地球化学特征及其油气地质意义）。马家沟组白云岩 ΣLREE/ΣHREE-ΣREE 相关图如图 6-11 所示。

表 6-2　延安气田富县地区下古生界马家沟组稀土元素（REE）分析数据

井位	层位	岩性	ΣREE ppm	ΣLREE ppm	ΣHREE ppm	ΣL/ΣH	δEu ppm	δCe ppm	La/Sm	La/Yb
延 1750	马六	泥晶白云岩	22.13	16.75	5.38	3.11	1.32	0.88	0.17	0.42
延 1036	马六	泥微晶白云岩	36.73	29.17	7.56	3.86	0.94	0.85	0.34	0.512
延 1780	马五$_1^2$	粉晶灰质云岩	10.31	8.94	1.37	6.53	1.01	0.93	0.56	0.96
延 2118	马五$_1^3$	灰褐色粉晶云岩	13.34	11.59	1.75	6.62	1.33	0.89	0.54	1.20
延 1710	马五$_1^3$	微晶灰岩	18.71	16.59	2.12	7.83	0.99	1.05	0.59	1.16
延 1766	马五$_2^1$	泥晶含灰云岩	12.96	11.45	1.51	7.58	1.04	0.9	0.65	1.52
延 1034	马五$_3$	泥晶白云岩	7.41	6.42	0.99	6.51	1.45	0.98	0.47	0.95
延 696	马五$_4^2$	细粉晶残余砂屑灰云岩	18.12	16.02	2.10	7.62	1.12	0.98	0.62	1.41
延 1014	马五$_4^2$	泥晶灰云岩	25.65	22.42	3.23	6.94	0.82	0.97	0.67	0.94
延 1757	马五$_4^1$	灰褐色粉晶白云岩	43.30	38.46	4.84	7.95	0.96	1.01	0.74	1.46
延 1757	马五$_6$	灰褐色粉晶白云岩	49.39	44.46	4.93	9.01	0.75	1.00	0.95	1.36
延 1774	马四	泥晶灰质云岩	13.6	12.17	1.43	8.53	0.96	0.90	1.48	1.33
延 708	马四	微晶生屑砂屑含云灰岩	24.93	22.66	2.27	9.97	1.73	0.95	0.86	1.86

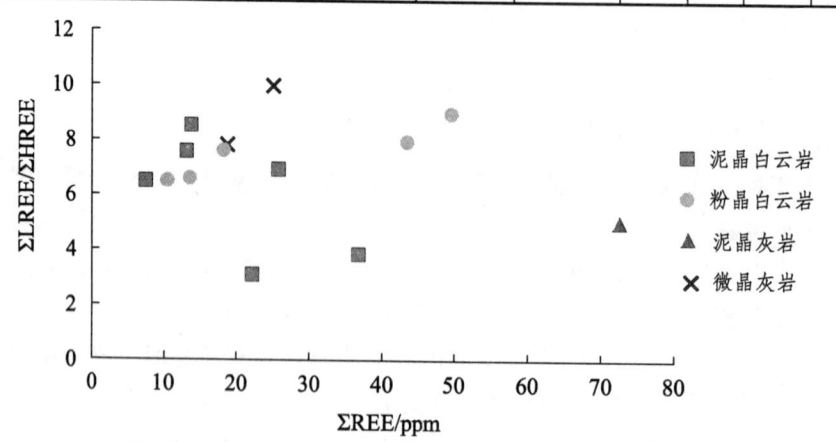

图 6-11　富县地区下古生界马家沟组白云岩 ΣLREE/ΣHREE-ΣREE 相关图

第六章 储层特征

Ce 和 Eu 具有变价性质，通常将 δCe 和 δEu 作为沉积环境氧化-还原状态的判别指标。δCe>1 时，为正铈异常（铈富集），代表氧化环境；δCe<1 时，为负铈异常（铈亏损），代表还原环境（强子同，碳酸盐岩储层地质学，2007）。泥晶灰岩 δCe 正铈异常，本次研究样品 δCe 略低于泥晶灰岩，绝大多数样品 δCe<1，为负铈异常，都是在水体不深的浅埋藏条件下形成的白云岩，并且后期部分沉积岩样还受到一定地表氧化环境的影响，如图 6-12 中微晶灰岩和粉晶白云岩的两个岩样可能就是在成岩作用阶段经历表生淋滤作用改造形成。

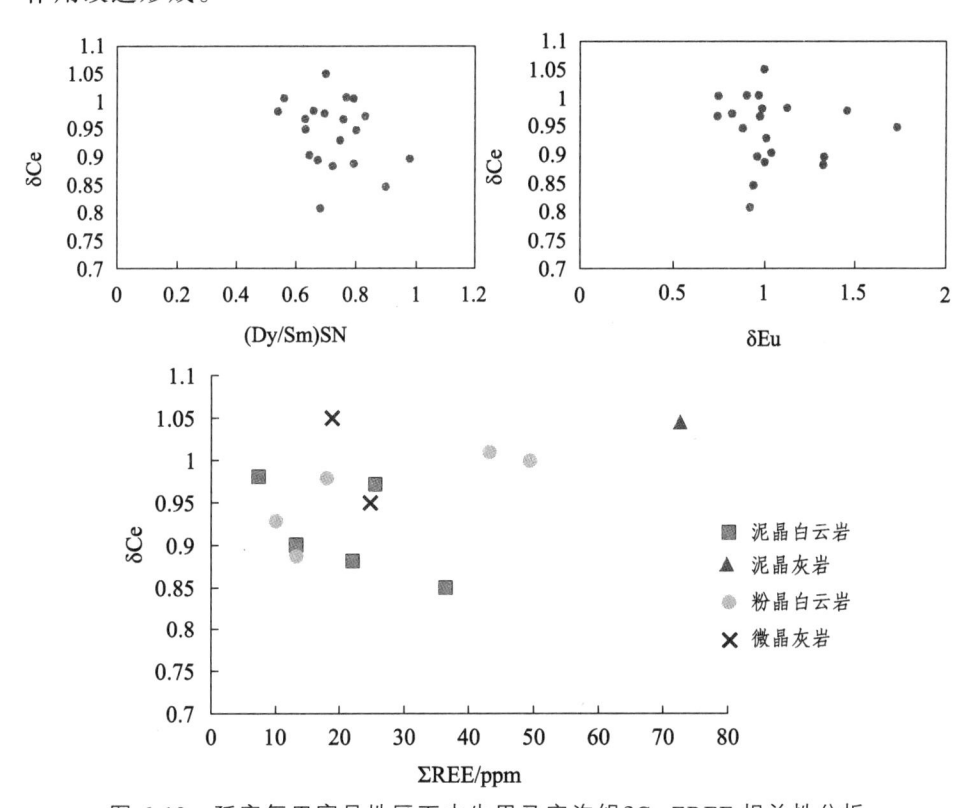

图 6-12　延安气田富县地区下古生界马家沟组 δCe-ΣREE 相关性分析

由图 6-8 可以看出，延 1750、延 1036、延 1425、延 2102 等井位出现了中质 REE 明显富集的情况，同时这些样品 La/Sm 小于 0.35，ΣREE 与 δCe 不相关（见图 6-12），指示其与成岩作用关系不大，由于研究区靠近盆地南缘，已有研究表明研究区南部有断裂存在，指示其可能与上地壳热液活动相关。

延1034、延2118、延1750等井岩样都出现了明显的δEu富集的现象（见图6-13），因碱性环境中Eu^{3+}易被还原为Eu^{2+}，这些样品主要出于马五$_3$、马五$_1$时期，由于不断海退过程的影响，指示高温、还原水体环境。而延1425马五$_1$、延2102马五$_2$、延1036马六等岩样都出现了δEu负异常的现象（见图6-14），因这些层位临近风化层，后期表生成岩阶段，在地表淡水淋滤条件下，地表氧化作用造成Eu^{3+}易被还原为Eu^{4+}，Eu迁移未被保存下来。

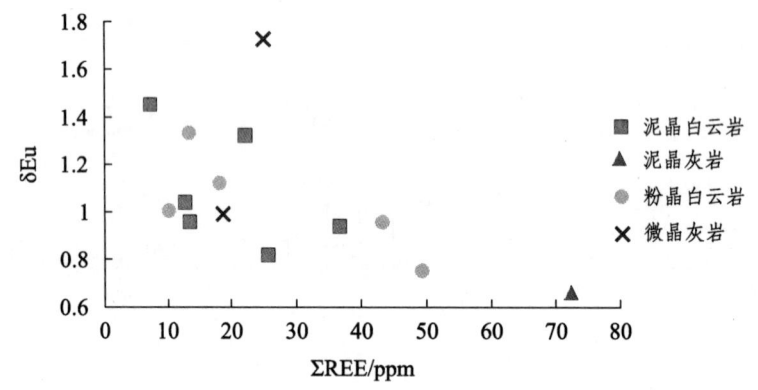

图6-13 延安气田富县地区下古生界马家沟组δEu-ΣREE相关性分析

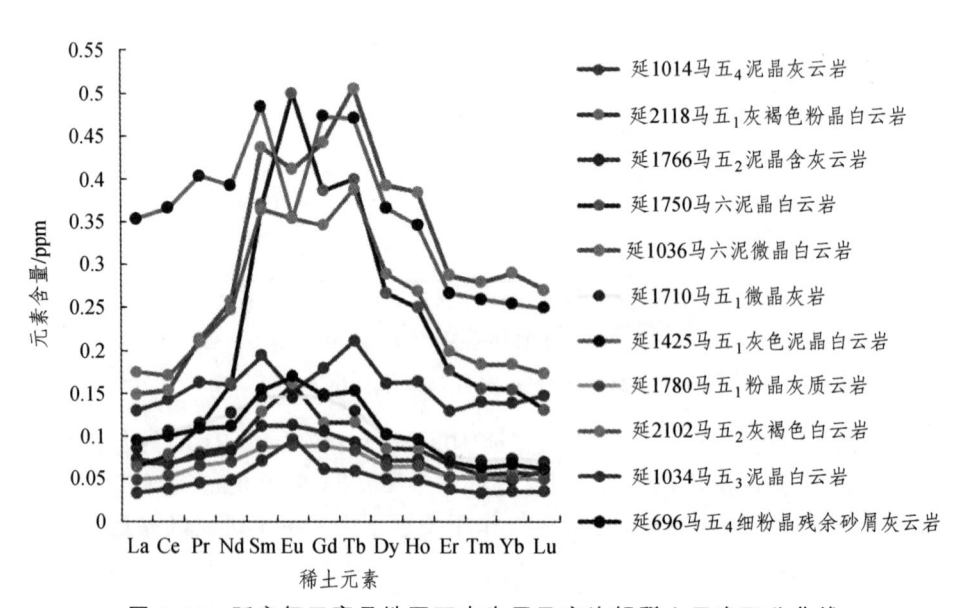

图6-14 延安气田富县地区下古生界马家沟组稀土元素配分曲线

已有研究表明盆地西缘形成的一系列深大断裂,断裂引起的岩石破碎带具有良好的输导性能,有利于深部热液流体的运移,因此热液活动在盆地的周边断裂或基底古断裂附近比较活跃。沿鄂尔多斯盆地西缘断裂带渊逆冲带分布的探井取心薄片中都存在马鞍状白云石、自生石英、萤石以及重结晶所形成的较大的斑块状黄铁矿等热液成因矿物,位于盆地中部定边地区的陕 188 井和陕 166 井也发现了热液活动迹象,反映了奥陶纪经历过热液流体活动。

富县、黄陵一直往南便逐渐过渡到鄂尔多斯盆地南缘渭北隆起构造带,已有钻探资料显示研究区南部存在东西向古断裂,分布在盆地南部正宁、黄陵一带,由于深循环热水致旬探 1 井、永参 1 井 Fe^{2+}、Mn^{2+} 富集,虽埋藏较定探 2 井浅,但包裹体均一温度高出 30 ℃。同时鄂尔多斯盆地晚三叠世、晚侏罗世及晚白垩世前后共经历了三次较为重要的构造热事件,其中以晚白垩世最为强烈。针对渭北隆起的古地温恢复表明,在早白垩世约 140~100 Ma 渭北隆起发生过一次强烈的构造热事件,持续时间在 10~40 Ma,富县、黄陵都处于热演化异常区(任战利,1995,1999,2001,2006,2014),这成了盆地南部热液活动的证据,也为该研究区域的热液活动创造条件,使碳酸盐岩储层会受热液改造或由热液作用而形成。

二、白云岩成因分析

研究区碳酸盐岩样品来自马家沟组上组合,稀土元素总量小于 100 ppm,稀土元素存在重稀土元素迁移贫化;大部分岩样的 δCe 与泥晶灰岩 δCe 具有相似性,表现出相似的成岩环境,为同生期形成的白云岩。白云岩形成需要高盐度、蒸发水体或闭塞环境,样品的 δCe 负异常、δEu 的富集,都说明处在还原环境下。因部分样品处在风化壳,受到地表淡水淋滤影响,也出现了 δEu 亏损。

微量元素 V/Cr、Cu/Zn 比值反映了岩样的成岩环境主要为还原环境,同时岩心观察和扫描电镜中都观察到自形半自形黄铁矿,佐证了稀土元素的解释结论。Sr/Cu 比值普遍大于 10,表现出干热沉积环境,这种环境条件是回流渗透白云岩化、毛细管浓缩白云岩化、隐伏渗透白云化等白云岩化作用必须具备的，同时这也是为什么研究区能发现大量膏盐和膏盐溶蚀后形成铸膜孔的原因。

研究区在马五时期主体位于局限台地，马家沟上组合在规模海退基础上出现逐渐海侵的特点，马五$_4$、马五$_3$和马五$_6$时期水体闭塞、高温蒸发的气候条件，为同生白云岩化、中浅埋藏的准同生白云岩化、回流渗透白云岩化、混合白云岩化和隐伏渗透白云岩化创造了条件。

准同生白云岩化发生在海侵-海退层序的高位-低位体系域中，区域岩性分布会与膏岩、盐岩伴生。该类白云岩晶粒偏细，常见与膏盐矿物同步沉淀形成的膏盐矿物晶体（或为其晶体铸模孔及假晶），以及膏云质结核（或为铸模溶孔）等，接受淡水淋滤时会出现石英。在溶丘及隆起地带，由于位于潮上带，海水逐渐高度盐化下渗为回流渗透白云岩化创造条件。马家沟上组合马五$_1$~马五$_4$、中组合马五$_5$、马五$_7$内部发育的白云岩主要与这些因素相关，在岩溶斜坡和岩溶盆地内形成横向过渡为膏质岩层或灰岩的非连续分布的白云岩。如马五$_1$~马五$_4$期在溶丘及其周边形成交代彻底、可见石膏的泥晶、泥微晶、泥粉晶白云岩，如延819、延565、延1130、延265。该类白云岩横向与膏质白云岩层接触（见图6-15）。

马五$_5$、马五$_7$分别位于马五$_4$、马五$_6$蒸发环境之下，具备浅埋藏条件下淋滤淡水与高镁卤水的混合白云化条件（见图6-16）。同时蒸发台地在遭受具有正常盐度海水的淹没之后，形成高于正常盐度的、介于正常海水与卤水之间的变盐度海水。其与正常海水的密度差是隐伏渗透的驱动力。由于所携带的Mg^{2+}含量相对较低且流动速度相对较慢，多白云岩化不彻底，为过渡类型碳酸盐岩。

马四期大规模海侵形成特征明显的灰岩层，进入马五期后逐渐出现大规模海退，在中央古隆起的障壁作用下，东部处于强烈蒸发的局限海环境，研究区多处于潮间带和潮上带，局限蒸发环境下形成高盐度海水，由于季节性河流在研究区形成交叉分布的侵蚀沟谷，其间多溶丘，高浓度海水沿古隆起、溶丘侧向下渗，在古隆起之下及其周缘、溶丘之下有利于形成大段厚层泥晶白云岩（见图6-17）。

第六章 储层特征

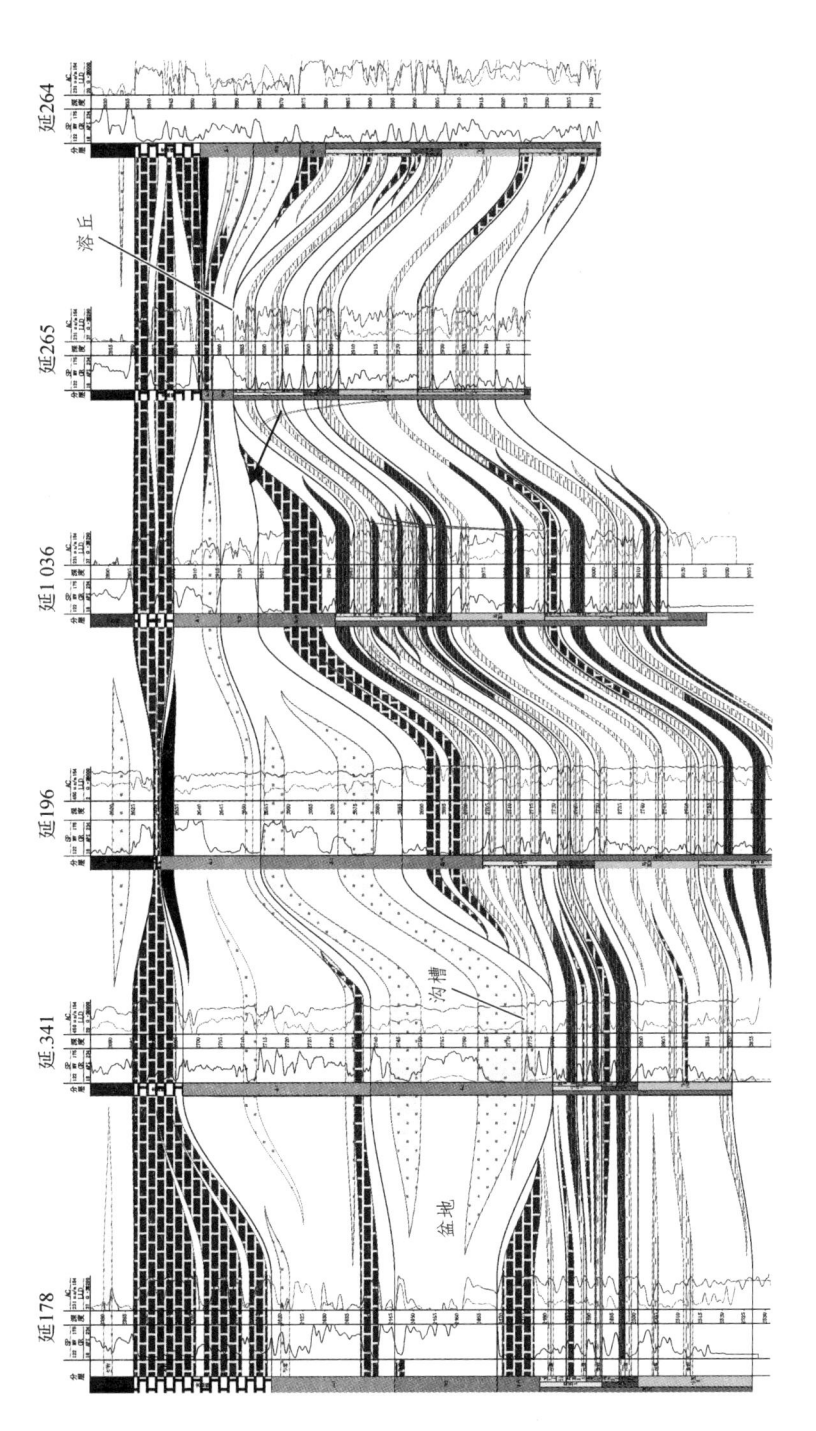

图 6-15 延安气田富县地区下古生界马家沟组岩相剖面图

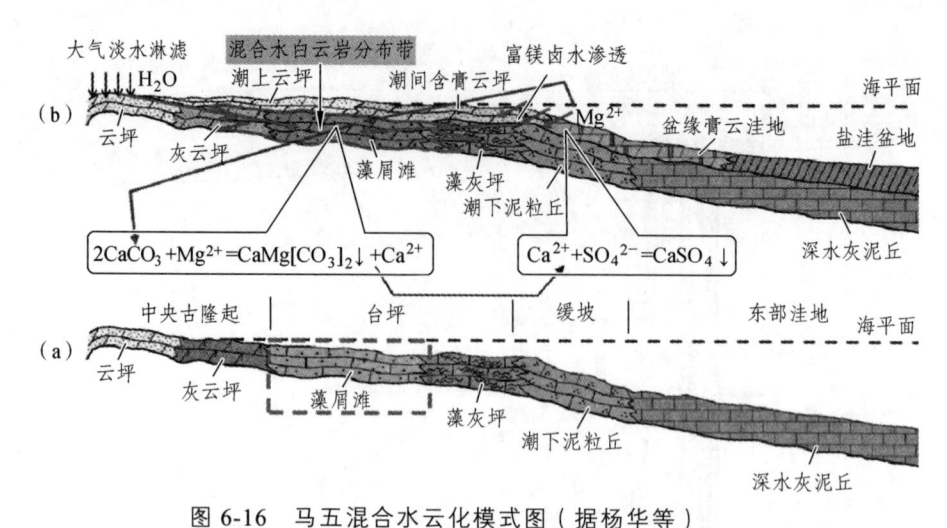

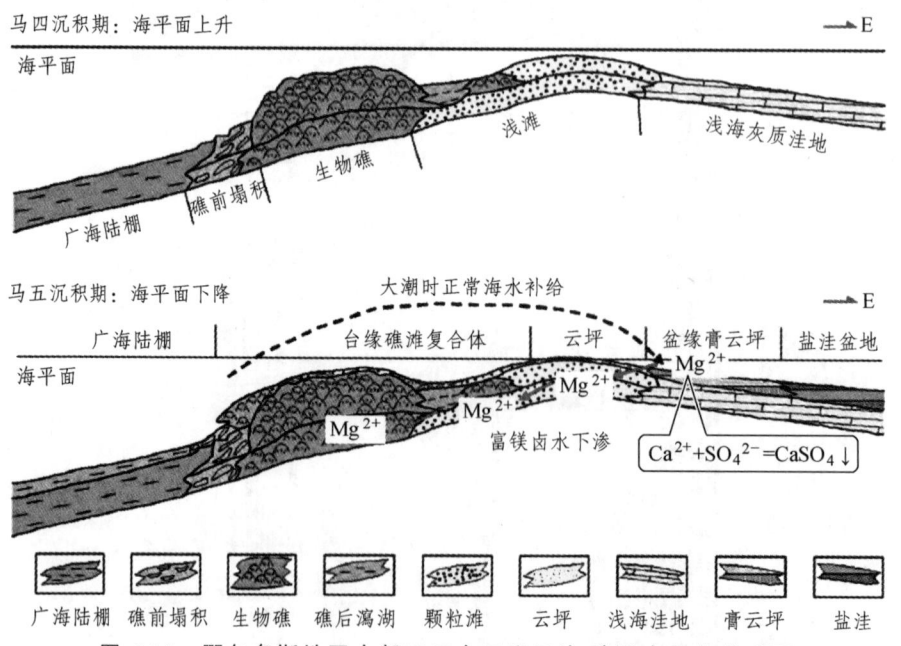

图 6-16 马五混合水云化模式图（据杨华等）

图 6-17 鄂尔多斯地区中部马四白云岩回流-渗透白云化模式图

第三节 储层成岩作用

由于碳酸盐岩对成岩作用特别敏感,且碳酸盐岩最重要的储集空间一次生孔隙与成岩作用密切相关,因此可以说成岩作用的研究对于碳酸盐岩而言更为重要。研究成岩作用类型、特征以及成岩阶段,对于我们了解储集岩体孔隙演化、分析储集空间发育程度及层位均具有重要意义。

通过大量岩心观察以及岩石薄片显微镜下分析,并结合区域内已有研究成果识别出研究区目的层位马五段内成岩作用类型主要有表生期岩溶作用、早期淡水溶蚀作用、白云石化作用、胶结作用以及去石膏化、去白云石化等六大类成岩作用。因铸体薄片样品数量有限,针对各亚段识别的成岩作用类型有限,故本次研究综合分析马家沟组发育的成岩作用类型。

1. 成岩作用类型

(1) 表生期岩溶作用。

表生期岩溶作用发生在表生期淡水成岩环境,由于该成岩环境形成于长期裸露的风化壳,在接受大气淡水长期、持久的溶蚀、淋滤作用下,碳酸盐岩发生大规模岩溶作用,形成溶洞、地下暗河等岩溶地貌。此类岩溶作用属非选择性溶蚀,大规模的溶蚀作用容易造成岩体坍塌、破裂,常形成角砾化结构(见图 6-18A)。此外,不同于早期淡水溶蚀作用,表生期的岩溶作用通常伴有大量陆源泥质灌入大型溶孔、溶洞或地下暗河。因此,溶洞内堆积的富含高岭石的岩溶角砾岩是表生期岩溶作用的典型产物。

普遍薄片分析发现马五$_1$、马五$_2$、马五$_4$、马五$_5$,甚至马四内都可见角砾化结构,在各段中发育角砾化的云岩或灰岩,其中 60.7%的角砾化的岩石样品都位于马五$_1$段,如延 1032 井、延 413 井马五$_1$亚段因紧邻剥蚀线,形成典型的溶蚀角砾状泥微晶含灰白云岩和角砾化泥微晶灰质云岩,延 565 井马五$_{13}$风化壳段形成溶蚀角砾状泥微晶白云岩,岩溶作用在角砾化碳酸盐岩中发挥重要作用。

(2) 早期淡水溶蚀作用。

溶蚀作用可贯穿于碳酸盐岩整个成岩过程,但区内早期大气淡水溶蚀作用对形成储层储集空间提供了良好的条件。此类溶蚀作用以形成膏盐溶蚀角砾白云岩类为特征,成岩相属于膏盐溶角砾相,属于选择性溶蚀。沉积早期或同沉积时期，在蒸发台地处于低海平面时的近地表淡水环境，地表淡水以及混合水作用使得泥质含量较少的含膏、盐泥晶白云岩中的石膏、石盐晶体结核发生溶解并形成大量的盐模孔、膏模孔，石膏、石盐层的溶解造成白云岩层发生坍塌以及角砾化，并且泥晶白云石重结晶形成自形-半自形的细粉晶白云石，产生了大量的晶间孔，埋藏过程中，当地层水过饱和，可见部分孔隙即被方解石充填或胶结（见图6-18B）。

表生期在地表淡水的淋滤与溶蚀作用下，其中溶蚀孔及晶间孔内的灰质组分重新被溶解，岩层的储、渗性能得到明显改善。重新进入埋藏环境后，伴随有机质成熟产生的大量有机酸混入富含硅质的地层水，由此形成的酸性地层水对岩层进行再次溶蚀，形成了溶蚀及角砾间孔隙中普遍含自生石英胶结物的白云岩储层。

（3）去石膏化、去白云石化作用。

起因于石膏岩或含膏云岩中的石膏被淡水交代，发生去石膏化作用形成去石膏化次生灰岩，由此产生的大量硫酸根，进一步交代白云石发生去云化作用形成去云化次生灰岩，去膏、云化作用形成的岩石类型主要为次生巨、粗、细晶灰岩及含云灰岩，其中巨、粗晶方解石中多包含残余白云石嵌晶，细晶方解石往往具菱形白云石或板条状石膏晶形。通过薄片统计资料发现，研究区内次生灰岩常见，如延254井马五$_1^3$、马五$_1^4$都产出巨晶-粗晶次生灰岩。表生期及埋藏期的地表淡水淋滤或酸性地层水溶蚀作用，使得灰质组分被溶解，巨晶方解石内产生晶内孔、晶间产生晶间孔隙，巨晶方解石之间多发育微裂缝，均提供了良好的储、渗空间。

（4）白云石化作用。

① 准同生白云石化作用主要发生于潮上带环境，是潮上带刚沉积不久的表层疏松的沉积物（主要为文石），粒间充满着水，初始阶段为正常海水，由于气候干旱以及蒸发作用强烈，粒间水不断蒸发，与此同时，海水又通过毛细管作用不断向颗粒之间补充水。久而久之，粒间水盐度逐渐增大，正常海水变成盐水。在此种盐水下，石膏首先沉淀出来，从而使得粒间水的 Mg/Ca 大大提高，高镁的粒间水经常与早期的文石相接触，逐渐使文石被交代，被白云石化，最终形成白云石。

准同生期间白云石化作用时白云石结晶速度快，形成的白云石晶粒较细，多为泥晶、泥微晶至微粉晶等，常含陆源黏土矿物，单层厚度较薄，层理甚至纹理较发育，具鸟眼构造，含石膏或硬石膏互层（见图6-18E）。该成岩作用主要发生在马五$_1$、马五$_2$、马五$_4$期，可形成白云石晶间孔，但数量较少，物性相对较差。

② 回流渗透白云石化作用。

回流渗透白云石化作用主要发生在台地边缘浅埋藏环境中，是低海平面时期的蒸发作用形成的卤水，在重力和密度差驱动下，沿下伏渗透性的颗粒灰岩向盆地内部发生渗流，与此同时发生白云石化作用。由于回流渗透白云化作用的发生常伴有蒸发岩的存在，因此，该作用一般出现的埋藏深度相对较浅，但白云化程度相对较彻底，区内此类白云化作用以形成由具有原始颗粒结构、有序度较高的自形-半自形白云石构成的细晶白云岩为特征，该成岩作用主要发生在马五$_5$、马四期（见图6-18F）。

在回流渗透白云化被中断后，即蒸发台地在遭受具有正常盐度海水的淹没之后。由于蒸发环境中流体主要为高盐度卤水，在受到正常盐度海水的混入后，高盐度卤水被稀释，但盐度仍比正常海水盐度高，因此，隐伏渗透白云化流体主要为盐度介于正常海水与卤水之间的变盐度海水。由于密度高于正常海水，因而所形成的密度差是隐伏渗透的驱动力，也是继续下沉和侧向分散的隐伏渗透流体的源头。这种含Mg^{2+}的变盐度海水在下沉过程中，沿着下伏具生物扰动构造的灰岩中的生物垂直钻孔交代周围灰质组分，也具有形成白云石的潜力，但由于所携带的Mg^{2+}含量相对较低且密度低于高盐度卤水密度，流动速度相对较慢，因此白云化的程度比回流渗透白云化要低，多白云岩化不彻底，多过渡类型碳酸盐岩，形成的部位主要位于回流渗透白云化岩层的下部，形成的单层白云岩储层厚度相对较薄。

A. 延*，3 511.36 m，马五$_3$，灰色白云岩，岩溶滑塌角砾，砾间碎屑充填

B. 延*，3 604.87 m，马五$_1^1$，选择性溶蚀

C. 延*，3 551.08 m，马五₄，
方解石交代白云石（去白云化）

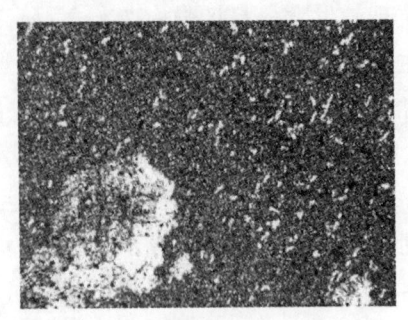

D. 延*，3 309.5 m，马五₁，
方解石胶结物

E. 延*，2 398.5 m，
泥质泥晶云岩，显纹层

F. 延*，2 724.79 m，马四，
细晶云岩

图 6-18　延安气田富县地区下古生界马家沟组发育成岩作用类型

（5）胶结作用。

研究区马家沟上组合样品中孔洞、裂缝中多被亮晶方解石充填，为非常典型的碳酸盐岩胶结物（见图 6-18D），在成岩阶段的不同时期都会发生胶结作用，甚至会出现多世代的胶结物。

2. 成岩演化阶段划分

（1）成岩阶段划分依据。

本次成岩阶段的划分主要依据成岩作用岩石学特征并结合鄂尔多斯盆地埋藏史，参照《中华人民共和国石油天然气行业标准》（SY/T5478—2003）进行划分（见表 6-3）。

成岩作用反映了成岩环境的特征，鄂尔多斯盆地延安气田富县地区下古生界的成岩作用主要发生在准同生近地表-早成岩浅埋藏阶段，表生期大气淡水阶段、中成岩浅-中埋藏阶段及晚成岩中-深埋藏阶段。

第六章 储层特征

表 6-3 碳酸盐岩成岩阶段划分及主要标志

注1：因地壳运动及海平面的升降在各地不同，在地史过程中，有可能在早成岩的任何时期出现表生成岩阶段，各地区视具体情况确定。

注2："……"表示少量或可能出现的成岩标志。

（2）成岩演化阶段

① 准同生近地表-早成岩浅埋藏阶段。

该阶段沉积物刚沉积下来，尚未完全脱离沉积水体或跟水体尚有一定的联系时所发生的一切成岩作用，该阶段主要发生压实作用和第一期白云岩化作用（准同生白云岩化，蒸发泵/渗透回流），弱重结晶作用和第一世代的胶结作用。压实作用在该阶段最为明显的特征是使沉积孔隙急剧减少，岩石被压实。强蒸发和海水局限时，浓缩后的海水因密度增大而下渗，在沉积物/水界面附近这些富镁的重盐水渗透到粒间孔隙中并交代先成的灰泥及（部分）其他碳酸盐颗粒，使之发生白云石化，这是第一期白云岩化交代形成泥微晶白云石。准同生白云岩在后期重结晶使泥微晶转变为微粉晶结构，利于白云岩孔隙的发育。同时在一些颗粒碳酸盐岩内形成第一世代胶结，为粒状方解石，后经白云岩化形成白云石，因此在薄片中通常观察到第一世代粒状白云石胶结。

② 表生期大气淡水阶段。

受加里东运动的影响，盆地奥陶系沉积不久后就被抬升地表，进入表生期大气淡水成岩环境，该时期主要发生大气淡水溶蚀作用，形成去膏化、去白云石化作用，也是碳酸盐孔隙快速增加的一个阶段。该时期的溶蚀不具有组构选择性，形成港湾状、不规则状的溶孔、溶洞，铸模孔及扩大的铸模孔，去白云石化现象强烈的局部形成了灰质云岩甚至是云质灰岩。

③ 中成岩浅-中埋藏阶段。

进入晚古生代鄂尔多斯盆地再次接受沉积，碳酸盐岩再次进入埋藏环境，该阶段主要发生白云岩化及有机酸溶蚀作用，同时强重结晶、充填作用及黄铁矿化作用开始发生。该阶段处于上覆煤系地层排烃时期，所形成的有机酸沿表生期形成的溶蚀孔缝系统下渗，扩溶原溶蚀孔隙。根据薄片观察及测试分析，该时期的白云岩化主要围绕具有粒屑结构的碳酸盐岩进行，白云岩化后经重结晶作用形成各种残余砂砾屑结构的白云岩，这种白云岩化在马家沟组中组合各层位内均发育。

④ 晚成岩中-深埋藏阶段。

随着埋藏深度的不断增加，奥陶系碳酸盐岩进入中-深埋藏环境，该段是各种孔隙遭受破坏的最重要时期，不利于孔隙保存的强重结晶作用、压溶作用、各种交代作用，第二世代粒状方解石胶结作用、充填作用，去白云石化及硅化作用广泛发育，以及马鞍状白云石化充填使得原孔隙系统快速减少。该阶段并非均是发生破坏性成岩作用，此时发育的埋藏白云石化及热液溶蚀作用有利于孔隙的增加，也是能保存下来最主要的孔隙类型。

第四节　储集空间特征

　　储集岩中除了由沉积物构成的骨架外，还有一些未被固体物质所充填的空间，它们相互有效连通就构成了储层的微观孔喉网络，是储集油气的场所，称为储集空间，也称作孔隙空间。它不仅与油、气运移和聚集关系密切，而且，在开发过程中对油气的渗流也具有十分重要的意义。

　　碳酸盐岩储层的储集与渗流空间复杂多样，具有复杂的孔隙结构和宏观及微观非均质性，储集空间由组构选择性及组构非选择性孔隙度构成，大部分储层中多尺度储集空间并存。储层的物性特征及分类原则也不同于碎屑储层。碳酸盐岩储集空间中主要包括两个部分，即溶蚀孔隙和裂缝。

一、孔隙特征

　　通过铸体薄片鉴定分析，本次研究发现研究区内储层的主要孔隙类型分为 4 类：晶间孔、晶间/晶内溶孔、铸膜孔和晶洞孔隙。

　　① 晶间孔。

　　晶间孔是研究区内广泛分布的一种孔隙类型，主要发育在粉-细晶岩层当中，骨架白云岩相对自形度较好，但形状不规则，同时多为方解石或泥质充填，在准同生白云岩中发育程度相对较低。在碳酸盐岩当中，晶间孔细普遍认为都是次生成因，形成原因有两种：一是与白云化过程中固体相体积缩小有关；二是晶间方解石溶解形成的白云岩晶间孔隙。晶间孔面孔率通常为 2%~5%，平均面孔率为 3%，最大值可达 8%（见图 6-19A）。

　　② 铸膜孔。

　　铸膜孔是指溶解作用在颗粒内部形成的孔隙，通常被内部溶解的物质包括鲕粒、球粒、软体类动物、易被溶解的矿物（石膏等）等（黄思静，2010，碳酸盐成岩作用），当然研究区内由于属于局限台地环境，软体动物较少，发现的铸膜孔主要是由于膏盐类矿物溶解形成的晶模孔。此类孔隙在研究区内岩样中，十分常见，面孔率通常为 2%~5%，最大值达到 6%，平均值为 3%（见图 6-19B）。

　　③ 晶间、晶内溶孔。

　　碳酸盐组分等易被酸性流体溶蚀，由于烃类及凝灰质都可提供酸性介质条件，在马家沟组中多溶蚀孔，如晶间溶孔、粒间溶孔、晶内溶孔（见图 6-19E、F）。

④ 溶洞孔隙。

溶洞孔隙主要指非组构选择性的、相对孤立且形状不规则的较大孔隙（黄思静，2010，碳酸盐成岩作用）。这种孔隙主要的形成作用是溶解作用，可能是一些小的溶孔在相对晚成岩阶段继续溶蚀扩大形成的较大孔隙，形成的环境可能是表生成岩阶段近地表淡水淋滤溶蚀作用环境，也可能是中-深埋藏阶段，地下热液作用形成的，但是绝对不可能是早成岩阶段形成的产物，因为这个阶段形成的孔隙主要是组构选择性溶解作用。在溶洞当中经常见填充物，如泥质、石膏假晶、巨晶方解石等（见图6-19C、D），距离不整合面不远的岩层是溶蚀洞的有利发育区，如延*风化壳位于马四段，岩心中可见半充填的溶洞（见图6-19D）。

A. 延*，3 604.87 m，马五$_1^1$，晶间孔、溶孔

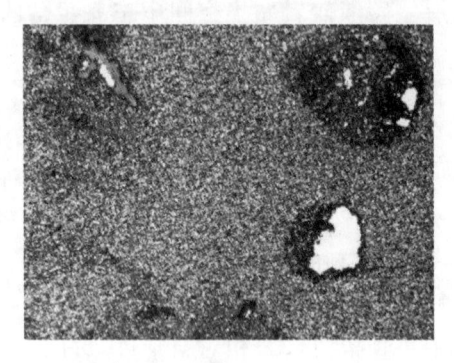

B. 延*，3 604.87 m，马五$_1^1$，铸膜孔

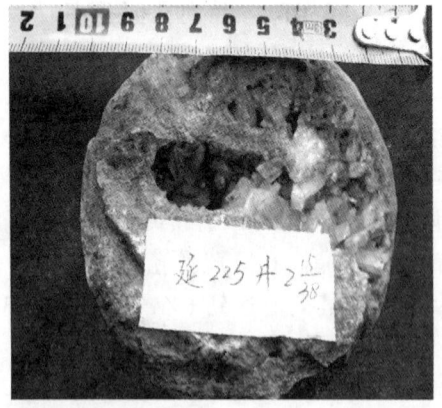

C. 延*，1 874.7 m，马五$_1^3$，溶洞充填方解石

D. 延*，2 693.57 m，马四，溶洞半充填

第六章 储层特征

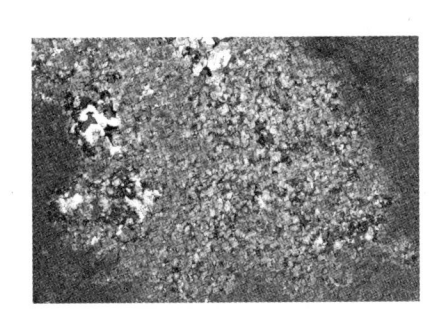

E. 延*，2 722.6 m，马五₄，
晶间、粒间溶孔

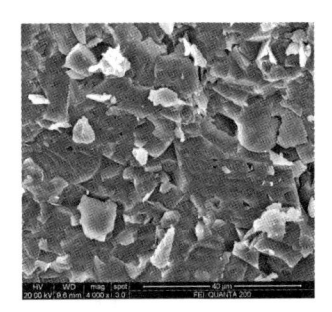

F. 延*，马五₄，
晶内溶孔

图 6-19 延安气田富县地区下古生界马家沟组发育孔隙类型

铸体薄片分析发现马家沟组储层中以晶间孔和各类溶蚀孔隙为主。在马五₁段、马五₄¹亚段中，多铸模孔、晶间孔，面孔率多达 7%。马五₅ - 马五₁₀亚段储层属于残余结构细粉晶白云岩储层，发育大量组构选择性晶间孔隙，晶间溶孔较少，孔径介于 0.001 ~ 0.008 μm，面孔率变化较大，介于 1% ~ 15%；马四亚段储层属于中细晶、粗细晶白云岩储层，发育大量组构选择性的晶间孔隙和晶间溶蚀孔隙，孔径介于 0.001 ~ 0.006 μm，面孔率介于 1% ~ 7%（见图 6-20）。靠近古陆的井因马四已处于风化壳，也可见溶蚀洞，如延 708 井，在岩溶期部分充填。野外露头中还见沿层面上下分布的溶蚀洞（见图 6-21）。

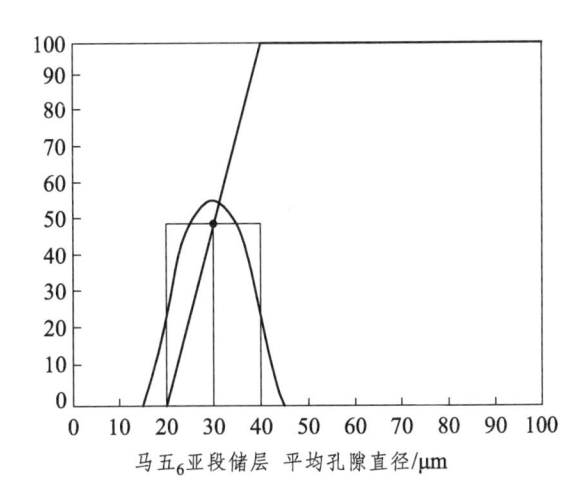

马五₆亚段储层 平均孔隙直径/μm

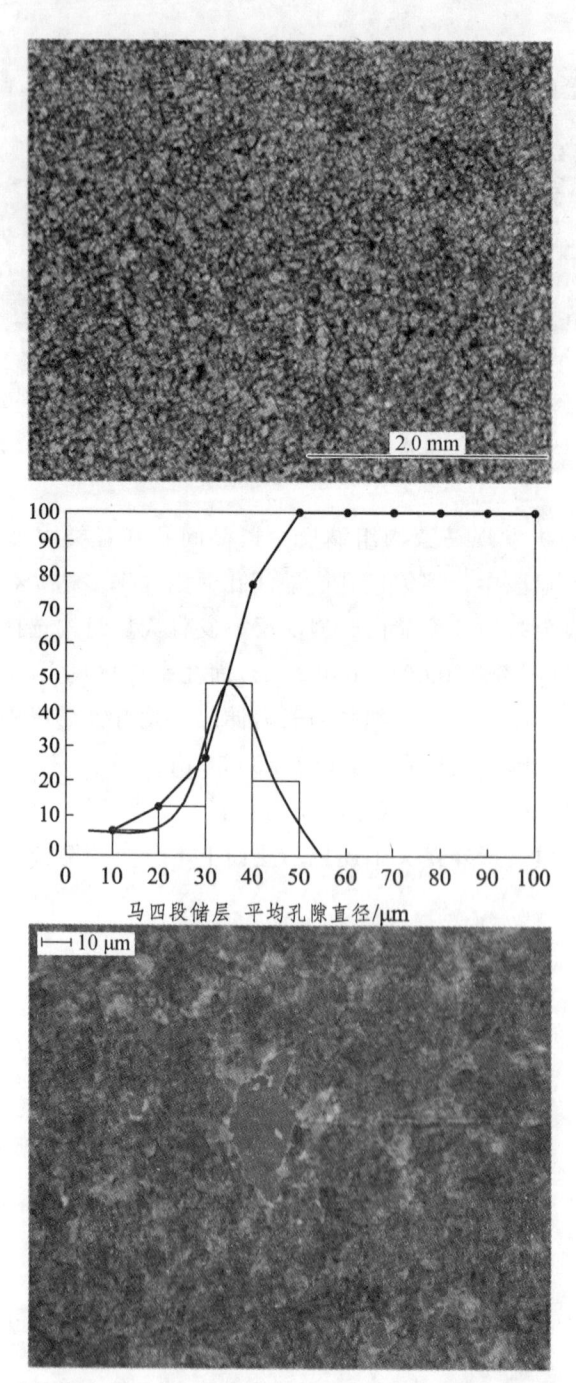

图 6-20 奥陶系马家沟组马五$_5$及马四亚段储层平均孔隙直径与面孔率频率分布

第六章 储层特征

图 6-21 野外露头层面上下发育溶洞

岩溶作用有明显的选择性，裸露环境下，石膏与各种不同成分、不同结构的碳酸盐岩因溶蚀速度不同而形成差异溶蚀。在常温常压下，石膏的溶解度比方解石和白云石高 5～10 倍，因此，结核状膏岩和石膏夹层首先被溶蚀。石膏的溶解使地下水中 Ca^{2+} 和 SO_4^{2-} 含量增加，大大提高了地下水对碳酸盐岩石的溶蚀、溶解能力，特别是对含镁岩石的溶解和迁移能力，从而出现去白云岩化作用。石膏结核、石膏夹层的存在及其膏溶作用加剧了岩溶发育程度，并因其在地层中含量和结构的不同而形成不同类型的储集层。

二、裂缝特征

1. 岩心裂缝发育特征

裂缝在研究区下古生界马家沟组的岩心中发育，裂缝能连通孔洞，在很大程度上提高储层渗透率。通过对研究区内岩心的观察描述和岩样的分析化验可以得出下古生界马家沟组主要的裂缝类型有三种：高角度裂缝、缝合线、微裂缝等。

① 高角度裂缝。

高角度裂缝是近垂直的一种裂缝，在马家沟组各层岩心中多见，在裂缝断面上经常见方解石胶结物，证明其是流体运移的重要通道，这些裂缝为上古生界生烃增压形成酸性液体提供了向下运移的通道（见图 6-22A）。

② 缝合线。

缝合线主要是后期成岩阶段压溶作用造成裂缝面凹凸接触。研究区内在岩心中见到大量的缝合线，多数缝合线都被泥质或方解石填充（见图 6-22B）。

③ 微裂缝。

在马家沟组上组合、中组合和下组合马四中都发育微裂缝，充填程度不等。微裂缝在铸体薄片中经常出现，最大缝宽可达 0.2 mm，多数被泥质或方解石填充（见图 6-22C），其形成原因可能是由表生成岩阶段地表岩溶作用形成的。当微裂缝发育较多时，形成网状缝网，对于储层渗透率的改善起到了重要作用。在岩心铸体薄片观察分析中，还发现很多裂缝、孔隙的配置关系，如图 6-22D 所示的铸模孔发育在裂缝周围，说明裂缝增加流体与矿物间的接触机会，促进溶蚀作用发生，对碳酸盐岩物性起到改善作用。

A. 延*，2 734.79 m，马四，高角度裂缝

B. 延*，3 316.95 m，马五$_6$，缝合线

C. 延*，马五$_2^2$，2 963.9 m，沥青充填裂缝

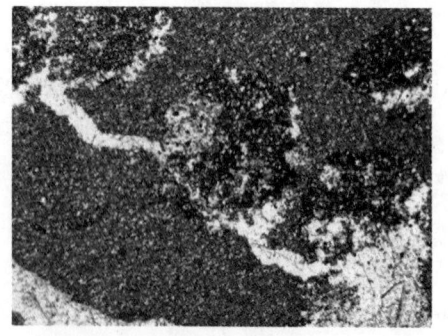

D. 延*，3 649.99 m，马五$_3$，方解石充填裂缝，裂缝周围的铸膜孔

图 6-22　延安气田富县地区下古生界马家沟组发育裂缝类型

2. 储层成像测井图像特征

垂直、网状及水平裂缝以及孔洞型和孔隙型储层在成像测井图中具有不同的成像特征，图像中深、浅色带及斑块的形态和排列方式是确定储层类型及参数的主要依据。

位于研究区北部的延 818 井马家沟组顶部 3 554.0～3 557.6 m 井段（马五$_1{}^2$），利用电成像的数字成像及处理，在 3 554.0～3 557.6 m（白云岩）解释张开缝 1 条，（半）充填缝 1 条，裂缝以中高角度缝为主，裂缝倾角在 64.3°，裂缝倾向北东东向，张开缝近南北向展布。静态图像中显示为暗色正弦波，裂缝轨迹清晰、完整，表明裂缝的张开度和延展性较好，（半）充填缝轨迹不连续。在此基础上提取了溶孔面积、密度及面孔率等参数（见表 6-4、6-5）。溶孔在电成像图上为亮色高阻背景下的暗色斑块状孔洞分布，计算的面孔率为 19.77%，面孔率较大，反映该白云岩段溶孔较为发育，配合裂缝的发育将会改善碳酸盐岩储层的孔隙空间和渗透能力（见图 6-23）。

表 6-4　延 818 井 XRMI 测井张开缝解释参数

序号	井段/m		厚度/m	数目/条	裂缝长度/(m/m²)	水动力宽度/(mm/m)	密度/(条/m)	平均开度/mm	最小开度/mm	最大开度/mm	深度/m	真方位/°	真倾角/°
1	3 554.0	3 557.6	3.6	1	1.49	0.023 7	1.64	0.014 4	0.002 1	0.021 0	3 555.7	14.2	64.3

表 6-5　延 818 井 XRMI 测井溶蚀孔洞参数

层位	序号	井段/m		厚度/m	数目/个	密度/(条/m)	等效面积/(mm²/m)	面孔率/%	平均面积/mm²	最小面积/mm²	最大面积/mm²
马家沟组	1	3 554.0	3 557.6	3.6	171	47.50	1 913	19.77	2 077	799	3 488

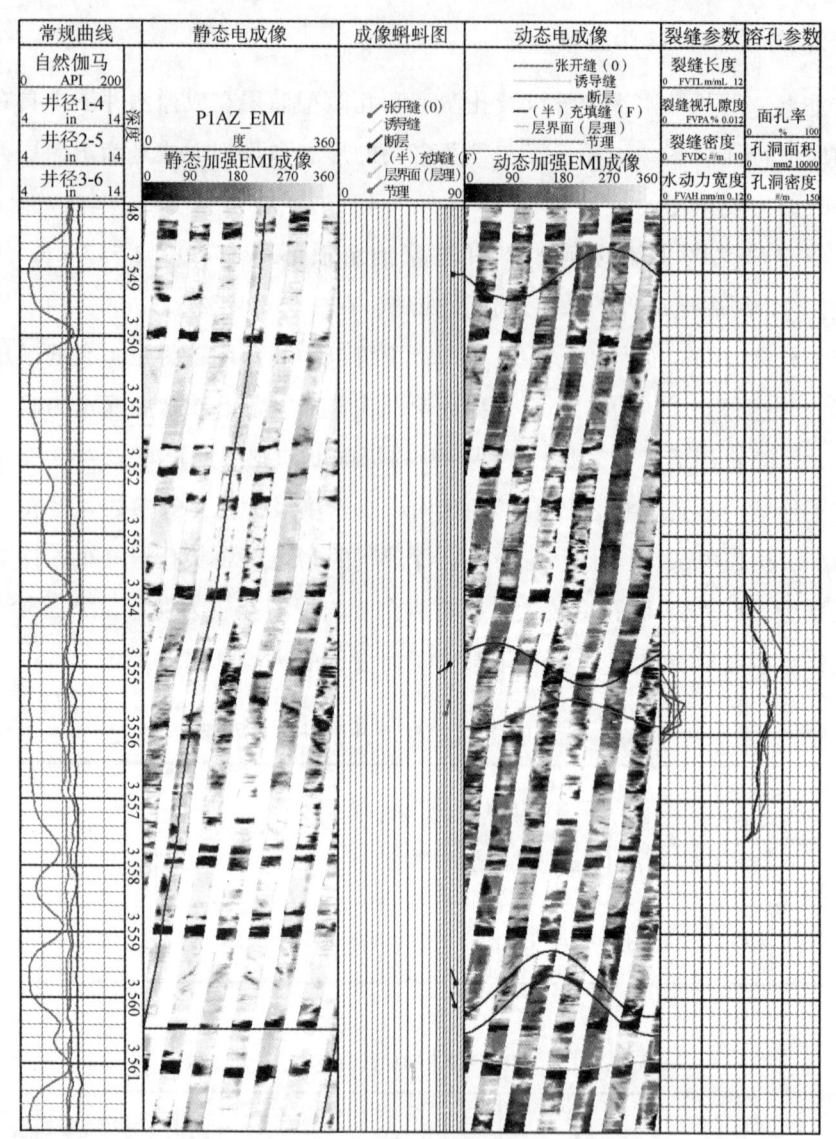

图 6-23 延 818 井裂缝、溶蚀孔洞发育段成像图（3 548.0～3 562.0 m）

位于志丹境内延 811 井，下古生界顶部有 10 m 马六灰岩层，成像测井显示奥陶系碳酸盐岩地层的垂直裂缝主要发育于马五$_1^1$和马五$_1^4$段。成像图像表现为垂向上深、浅色相间的色带，裂面为高幅正弦波形（见图 6-24）。网状裂缝在马五段普遍存在，成像测井特征为多种角度的裂缝并存，岩石被切割成角砾状，裂面有中幅及低幅正弦波形；水平裂缝主要分布于纯碳酸盐岩层间的泥质岩内，表现为横向深、浅色相间条带，裂面为低幅正弦波形。

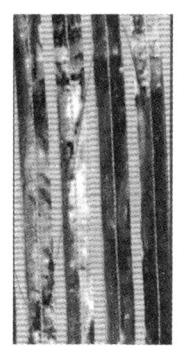

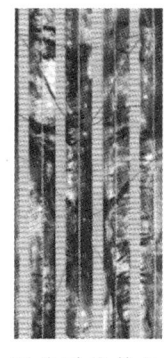

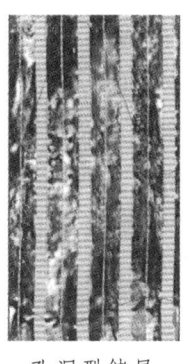

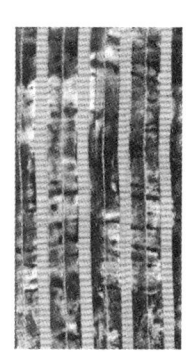

| 高角度裂缝储层 | 网状裂缝储层 | 低角度裂缝储层 | 孔洞型储层 | 孔隙型储层 |

图 6-24　延 811 井碳酸盐岩储层成像测井图像特征

　　延 811 井的孔洞型储层主要分布于风化壳残积层及网状裂缝段之下，成像测井图像显示为暗色斑块形状及大小不一，并无规律分布，可见斜交裂缝及浅色角砾状岩块。孔隙型储层主要见于马五$_{1^3}$ 段，表现为暗色斑状有规律顺层分布，可见高角度裂缝。

三、孔隙结构特征及类型

　　储层孔隙结构是储层的孔隙、喉道以及微裂缝的大小、分布以及孔、喉及裂缝的配置关系。由于碳酸盐岩储层经历了复杂的成岩作用过程，其储层具有极为复杂的孔隙结构。铸体薄片鉴定发现储集条件较好的孔洞缝复合型、溶蚀孔缝组合型、晶间孔-溶孔组合和溶洞型（见图 6-25），多为晶间孔组合。

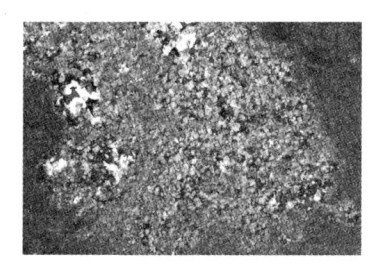

A. 延*，2 722.6 m，马五$_4$，晶间孔-溶孔组合　　B. 延*，3 574.59 m，马五$_4$，溶蚀孔缝组合　　C. 延*，马五$_1$，孔洞缝组合

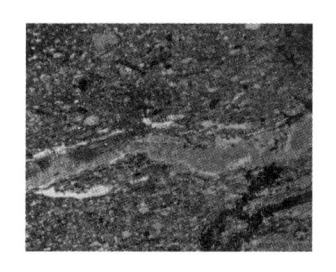

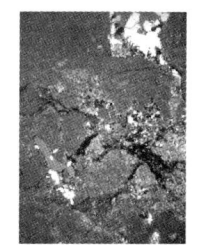

图 6-25　延安气田富县地区下古生界马家沟组不同孔隙组合类型

压汞测试是研究储层孔隙结构特征的主要手段，通过压汞测试可以确定储层中孔隙与喉道的大小以及分布特征及规律。确定压汞曲线特征的关键参数主要为最大进汞饱和度、排驱压力和曲线偏态。根据饱和度，马家沟组储层的孔隙结构又可以划分为高饱（饱和度 > 70%）、中饱（饱和度 50% ~ 70%）、低饱（饱和度 20% ~ 50%）、微饱（饱和度 1% ~ 20%）四大类；根据排驱压力可以划分为低排驱（排驱压力 < 0.01 MPa）、中排驱（排驱压力介于 0.01 ~ 0.1 MPa）、高排驱（排驱压力 > 0.1 MPa）三类；根据曲线形态划分为粗偏、细偏以及多峰曲线三类；根据压汞曲线计算的分选系数是判断孔隙结构微观非均质性的参数，根据具体的实验分析数据分为：弱非均质型孔隙结构（分选系数 < 0.15）、中等非均质型孔隙结构（分选系数介于 0.15 ~ 2）、强非均质型孔隙结构（分选系数 > 2）。因碳酸盐岩储层非均质性对其物性影响大，本次研究通过压汞曲线将其划分为四大类：弱非均质型、中等非均质型、强非均质型和多平台型（见图 6-26），并分析每一类孔隙结构的参数特征，依据样品发现以中等非均质型最常见，且最为有利。

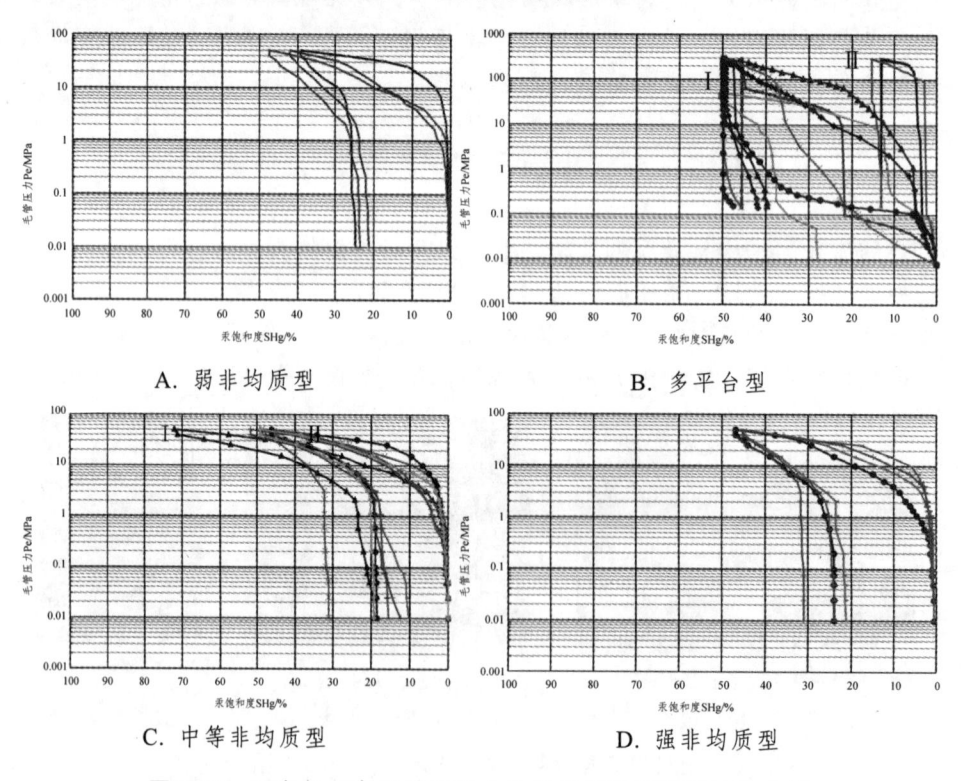

图 6-26 延安气田富县地区下古生界马家沟组孔隙结构分类

1. 弱非均质型

该类型储层孔喉分布相对均质，分选系数小于 0.15，本次样品分选系数介于 0.024~0.099，该类储层排驱压力高，都大于 10 MPa，因普遍为细歪度，孔喉分布均匀，但孔喉都细小，典型的以晶间孔为主，孔隙度 2%左右，进汞饱和度都低于 50%（见图 6-26A），为低饱型储层，该类样品主要出现在马五 4^1 储层。

2. 中等非均质型

多种孔隙结构特征都能形成中等非均质型储层，如果样品进汞以开放性裂缝为主，仅部分孔隙进汞，会导致非均质型中等，由于与裂缝相关，将此类特征的储层划分在多平台类（见图 6-26B）；另外一种情况是裂缝不发育或只有微裂缝，孔喉半径分布比较集中，造成微观非均质性中等，当不同储层孔隙大小不一样时就会呈现多样的进汞饱和度特征，这也是在本类中划分亚类的依据（见图 6-26C）。该类总体孔隙度介于 1.22%~2.8%，排驱压力普遍高于 17 MPa，平均孔喉半径介于 0.049~5.682 μm。

该类储层孔喉分选系数越大，进汞饱和度越高，但只有裂缝，无与其配套的孔径相近的孔隙组合时，也会出现高分选系数、低进汞饱和度的特点（见图 6-27）。根据饱和度划分出两类储层，Ⅰ类最大孔喉半径为 0.047 μm，相对均匀，为较大溶蚀孔与晶间孔组合型，孔隙度高于 2%，排驱压力相对低，形成高进汞饱和度型储层（进汞饱和度超过 70%）。Ⅱ类孔喉半径与Ⅰ类相比，裂缝发挥的作用变大，由于孔喉大小、孔隙结构的复杂性形成低饱和度型储层。中等非均质型样品也都出现在马五 4^1 储层。

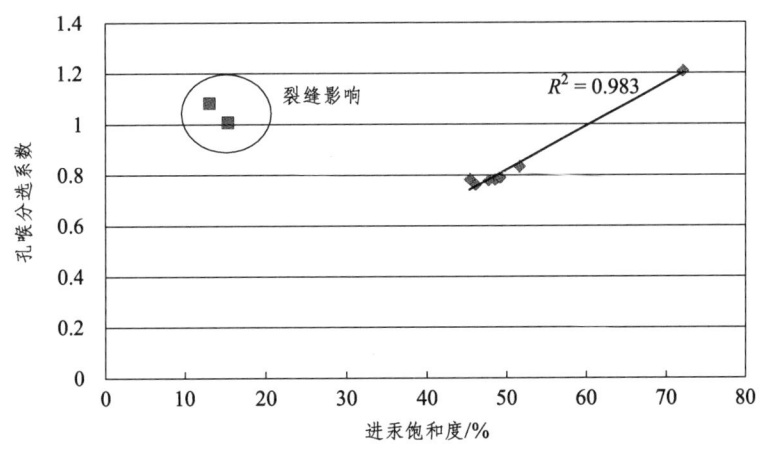

图 6-27 中等非均质储层进汞饱和度与分选系数的关系

3. 强非均质型

强非均质型分选系数大于 2，最高 6.008，排驱压力普遍高于 15 MPa。其中有部分样品分选系数大于 2，但是排驱压力都低于 0.3 MPa，应该是受微裂缝、溶蚀缝洞影响，故将这些样品划分到多平台型（见图 6-26B）。

该类储层样品由于孔径小，且差异较大，造成排驱压力大于 15 MPa。虽然非均质性强，但普遍多类孔喉组合发育，如延 1034 井马五$_1$储层样品为微裂缝、溶蚀孔、晶间孔的组合类型，孔隙度达 14.77%，渗透率 2.38 × 10^{-3} μm^2。该类储层样品在马五$_1$、马五$_4$均有出现，进汞饱和度都可以达到 50%。

4. 多平台型

该类型为典型的含裂缝储层，由于裂缝的存在，进汞快，排驱压力低，都位于 0.1 MPa 左右，但是储层内孔隙类型和裂缝的开启程度的差别较大，将其划分出两类。Ⅰ类为裂缝和孔隙组合型，应该是受强溶蚀作用影响，快速进汞，排驱压力仅 0.108~0.278 MPa，在储层内有溶蚀形成的孔径差别较大的溶蚀孔，最大孔喉半径达 2.65~6.799 μm，但是退汞时效率很低，为强微观非均质型；Ⅱ类储层主要为裂缝，最大孔喉半径可达 20.253 μm，仅有少量微小孔隙，为中等微观非均质型，进汞饱和度低于 20%，为微饱型储层。马五$_1$、马五$_4$储层样品均出现这种类型。

第五节　储层物性特征

一、岩心物性特征

通过研究区岩心物性资料统计马五$_1$、马五$_2$、马五$_4^1$、马五$_5$、马五$_9$和马四段储层孔隙度和渗透率，根据统计结果发现，各小层物性差别较大（见图 6-28）。

马五$_1$~马五$_5$样品孔隙度约 50%小于 1.5%，30%介于 3%~10%；马五$_1$~马五$_2$渗透率约 60%小于 0.1 × 10^{-3} μm^2，马五$_4$、马五$_5$渗透率稍变大。上组

合多属于特低孔特低渗储层，中组合约 50%属于特低孔低渗储层。马四样品多位于风化壳，孔隙度和渗透率都优于其他。

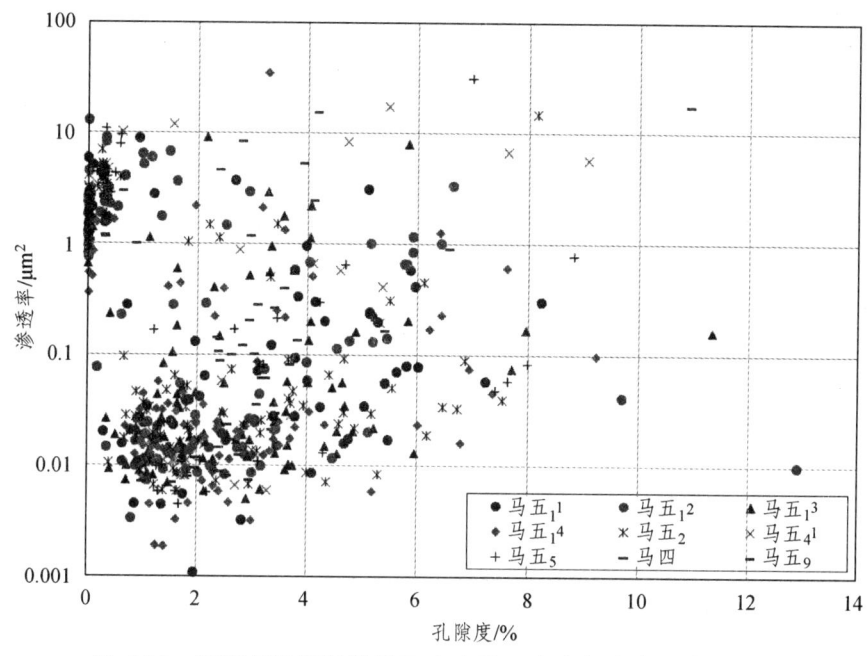

图 6-28　延安气田富县地区下古生界马家沟组孔渗分布散点图

由表 6-6 可见，马五$_1$ 储层孔隙度介于 0.51% ~ 12.89%，平均为 3.13%，孔隙度虽不及 马五$_2$，但渗透率分布范围较 马五$_2$ 广，其渗透率最大可达 34.15 × 10^{-3} μm^2，这与 马五$_1$ 所处风化壳，岩溶作用对储层改造，且存在裂缝有关，其平均渗透率为 0.487 × 10^{-3} μm^2。马五$_2$ 段孔隙度稍优于 马五$_1$，最大达 24.22%，平均为 3.2%，但渗透率高值明显变低，最高为 14.57 × 10^{-3} μm^2，平均为 0.46 × 10^{-3} μm^2。马五$_4{}^1$ 段储层在前 3 层中孔隙度最差，平均仅 2.73%，渗透率稍高于前两层，平均为 0.62 × 10^{-3} μm^2。马五$_5$ 段孔隙度和渗透率都优于 马五$_4{}^1$ 储层，其平均渗透率能达到 2.19 × 10^{-3} μm^2。马五$_9$ 样品孔隙度与其他层没有太大差异，平均孔隙度为 2.49%，但是其渗透率在所有统计层位中最差，普遍低于 0.1 × 10^{-3} μm^2，马四段样品多取自延长气田富县地区西南部的剥蚀区，如延 626、延 1760 和延 702 等，该区靠近古隆起，风化剥蚀加之岩溶作用造成样品物性条件较好，平均孔隙度为 2.87%，平均渗透率为 0.54 × 10^{-3} μm^2。

表 6-6　延安气田富县地区下古生界马家沟组储层物性统计

层位	个数	孔隙度/%				渗透率/($\times 10^{-3}\ \mu m^2$)			
		最小值	最大值	平均值	中值	最小值	最大值	平均值	中值
马五$_1$	320	0.51	12.89	3.13	2.29	0.001	34.15	0.487	0.022
马五$_2$	91	0.57	24.22	3.21	2.38	0.005	14.57	0.46	0.029
马五$_4^1$	72	0.74	10.06	2.73	2.4	0.005	17.2	0.62	0.029
马五$_5$	33	1.02	8.81	2.97	2.06	0.004	30.47	2.19	0.12
马五$_9$	19	1.00	3.68	2.49	2.55	0.007	0.08	0.02	0.01
马四	37	0.02	10.92	2.87	2.83	0.01	17.23	2.28	0.54

二、储层物性参数测井解释

储层岩性、物性、含油气性及储层的测井响应特征是进行储层评价的基础。分析储层岩性、物性及含油气性与测井响应的关系，才能建立合理的定性及定量解释模型，有利于储层的正确评价及气、水层的正确判别。其中岩性及物性研究是基础，含油气性评价是核心，也是评价中最关注的问题，测井响应特征是储层岩性、物性及含油气性信息的综合反映，也是进行评价的直接对象和手段。

致密碳酸盐岩储层岩性、物性、含油气性及储层的测井响应的关系复杂，是测井储层评价的难点。本次通过对研究区各目的层段岩性、物性、含油气性及储层的测井响应的关系研究，结合钻井、录井、试气等资料分析和大量岩电分析实验数据并借鉴前人的研究成果，建立了适用于研究区下古生界碳酸盐岩剖面的测井解释模型。

1. 测井资料标准化处理

储层物性和含油性测井解释主要通过岩心实测资料与测井资料关系，做出研究区储层参数的测井解释图版，进而对未取心井段进行物性与含油性解释，最终为储量计算与评价提供基础资料。研究区测井队伍有多家，同时测

第六章　储层特征

井系列标准不一，测井仪器众多，难以建立统一的测井解释标准。因此，在开展储层测井解释前，需对研究区测井资料进行统一的标准化处理。考虑到研究区面积较大，测井参数存在一定差异，建议进行分区处理，结合具体的实际，将研究区划分为富县、宜川两个工区进行处理。

（1）标志层的选取。

测井曲线标准化，首先是标志层的选取。标志层选取一般需遵循以下4个原则：① 地层稳定分布，具有一定厚度（一般>5 m）；② 岩性、电性特征明显，便于识别追踪（如厚层泥岩）；③ 绝大多数井钻遇，分布广泛；④ 一个单层或层组，与研究目的层密切相关。研究区在选取标志层时，选取砂泥岩互层段和泥岩段，主要原因在于泥岩具有不受地层流体性质影响、具有稳定的可对比的测井响应特征。根据标志层的分布及空间的连续性选取富县地区刘家沟组下部的砂泥互层段为标志层，如图 6-29 所示，宜川地区选取石千峰组顶部的泥岩段为标志层，如图 6-30 所示，选取三孔隙度参数的标准值。

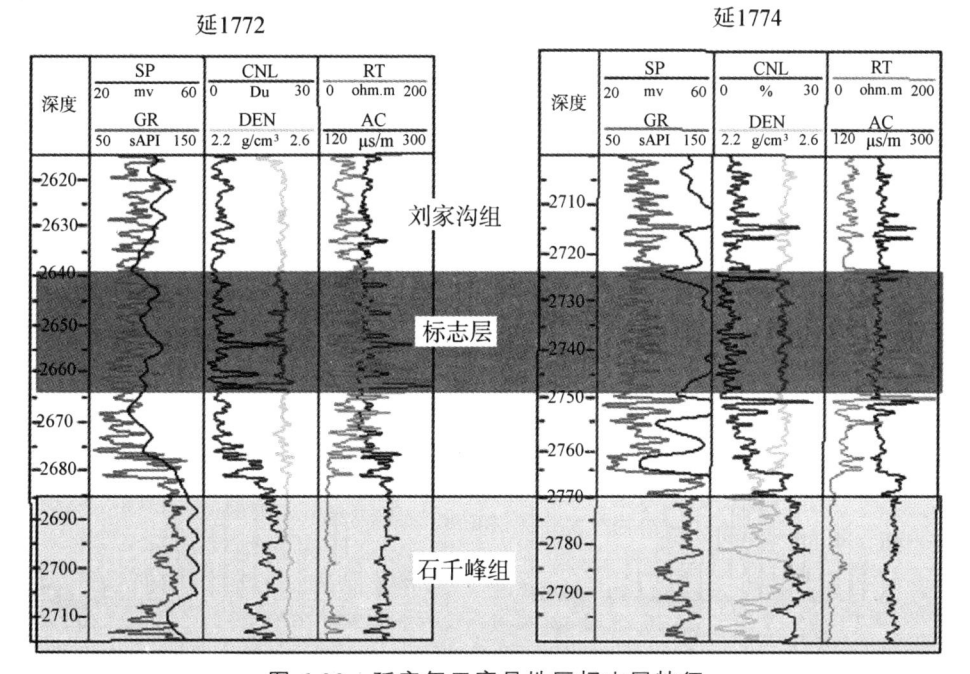

图 6-29　延安气田富县地区标志层特征

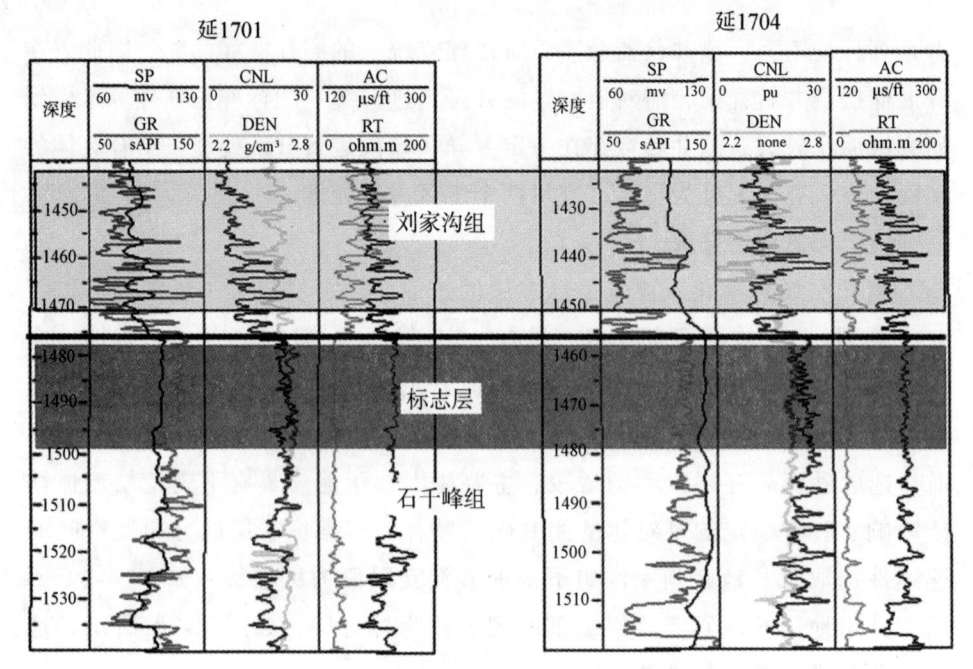

图 6-30　延安气田宜川地区标志层特征

（2）标志值的选取。

富县区选取 16 口井获取标志层参数为：AC：197 μs/m，CNL：5.17 pu，DEN：2.617 g/cm³，如图 6-31、表 6-7 所示。宜川区选取 20 口井获取标志层参数为：AC：234.5 μs/m，CNL：22.90 pu，DEN：2.59 g/cm³，如图 6-32、表 6-8 所示。

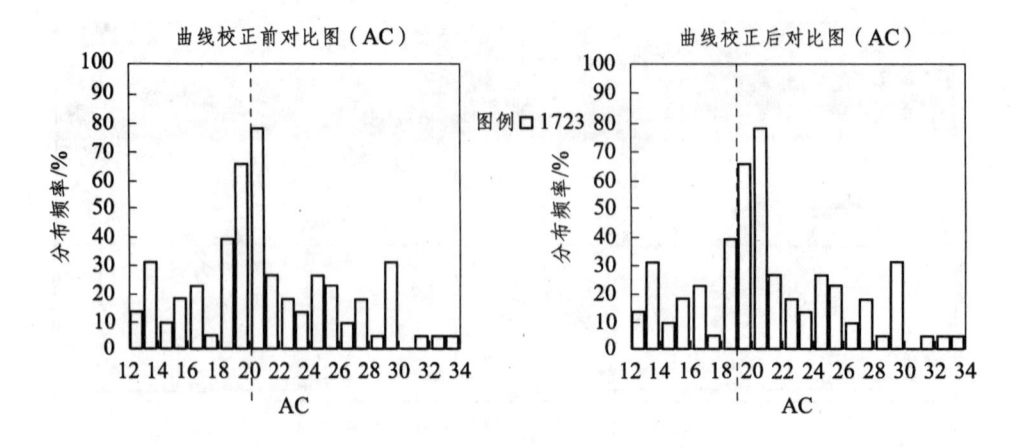

第六章 储层特征

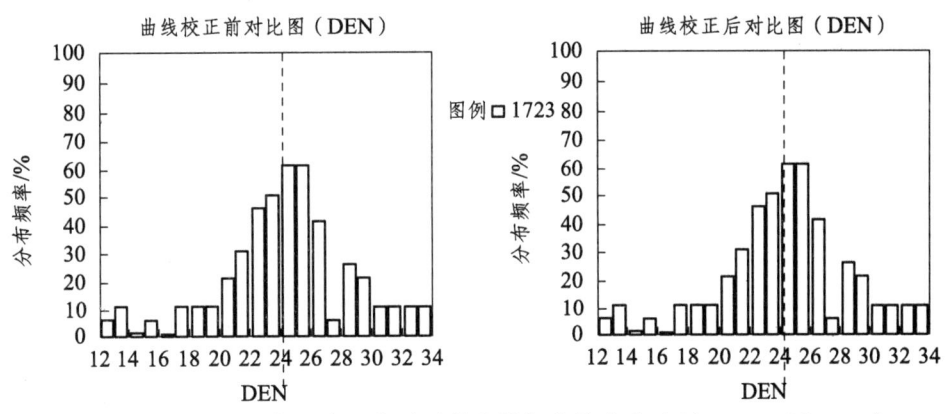

图 6-31 延安气田富县地区典型测井曲线标志值分布（延 1068、延 1772）

表 6-7 延安气田富县地区典型测井曲线标志值及校正值（16 口井）

井名	标志层深度/m		AC 特征值	AC 校正值	DEN 特征值	DEN 校正值	CNL 特征值	CNL 校正值
延 1050	2 476	2 484	199.99	-3.18	2.49	0.13		
延 651	3 024	3 038	201.78	-4.97	2.60	0.01	8.52	-3.35
延 1774	2 726	2 749	203.38	-6.57	2.58	0.04	3.94	1.23
延 1773	2 910	2 929	194.85	1.97	2.60	0.02	4.20	0.98
延 1772	2 664	2 675	186.38	10.44	2.62	0.00	3.54	1.63
延 1771	2 762	2 773	197.18	-0.37	2.53	0.08	4.28	0.89
延 1769	2 535	2 558	197.23	-0.42	2.54	0.08	6.93	-1.76
延 1767	2 630	2 651	193.20	3.61				
延 1766	2 781	2 803	191.90	4.91			4.89	0.29
延 1764	2 701	2 722	196.01	0.80	2.57	0.05	5.90	-0.72
延 1759	2 112	2 119	200.77	-3.96	2.50	0.11	5.00	0.17
延 1756	2 971	2 981	191.89	4.93	2.62	0.00	4.96	0.21
延 1717	2 166	2 178	196.32	0.49	2.62	0.00	4.64	0.54
延 1716	2 178	2 186	191.67	5.14	2.62	0.00	5.88	-0.70
延 1068	2 397	2 410	194.89	1.93	2.50	0.12	7.00	-1.83
延 1053	2 319	2 339	206.15	-9.34	2.61	0.00	3.59	1.58

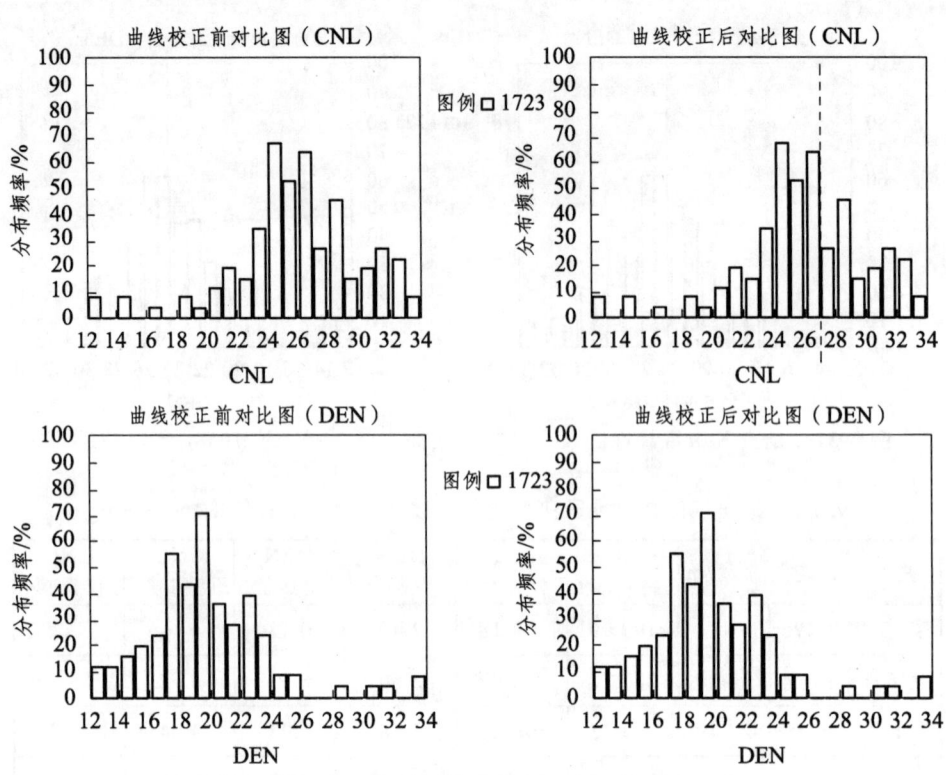

图 6-32 延安气田宜川地区典型测井曲线标志值分布（延1723、延1703）

表 6-8 延安气田宜川地区典型测井曲线标志值及校正值（20口井）

井 名	标志层深度/m		AC 特征值	AC 校正值	DEN 特征值	DEN 校正值	CNL 特征值	CNL 校正值
延 339	2 054	2 058	240.98	-6.38	2.72	-0.12	21.85	1.05
延 341	1 989	1 991	243.59	-8.99	2.61	-0.01	24.92	-2.02
延 476	1 562	1 570	238.50	-3.90	2.62	-0.02	22.83	0.07
延 2005	1 832	1 840	248.22	-13.63	2.60	0.00	20.23	2.67
延 2012	1 770	1 772	237.45	-2.85	2.66	-0.06	16.84	6.06
延 763	1 376	1 386	235.77	-1.17	2.63	-0.03	23.81	-0.91
延 2004	1 790	1 808	245.95	-11.35	2.60	0.00	22.75	0.16
延 1780	1 890	1 900	232.81	1.79	2.61	-0.01	19.07	3.83
延 1754	2 196	2 201	241.27	-6.67	2.59	0.01	21.50	1.40

续表

井名	标志层深度/m		AC 特征值	AC 校正值	DEN 特征值	DEN 校正值	CNL 特征值	CNL 校正值
延 1750	1 818	1 822	242.74	-8.14	2.60	0.00	19.84	3.06
延 1746	1 212	1 224	231.31	3.29	2.63	-0.04	19.52	3.38
延 1745	1 280	1 288	233.46	1.13	2.68	-0.08	22.76	0.15
延 1724	1 584	1 588	235.78	-1.19	2.66	-0.06	19.82	3.08
延 1723	1 498	1 513	239.51	-4.91	2.64	-0.04	18.27	4.64
延 1710	1 752	1 764	237.22	-2.62				
延 1706	1 262	1 268	240.29	-5.69	2.62	-0.02	24.24	-1.34
延 1704	1 460	1 480	233.39	1.21	2.60	0.00	23.32	-0.41
延 1703	1 488	1 501	231.78	2.82	2.66	-0.06	22.05	0.85
延 2105	1 540	1 554	233.87	0.73	2.61	-0.01	20.87	2.03
延 1778	1 980	1 988	235.20	-0.60			20.68	2.22

对富县、宜川区选取部分井的 AC、CNL、DEN 曲线进行了标准化处理，并对新钻井的测井曲线也进行了标准化处理，如表 6-9、6-10 所示。

表 6-9　延安气田富县地区典型井测井曲线校正值

井名	AC 校正值	DEN 校正值	CNL 校正值	井名	AC 校正值	DEN 校正值	CNL 校正值	井名	AC 校正值	DEN 校正值	CNL 校正值
丹 15	-0.20	0.01	-2.67	泉 27	-7.93	-0.01	-2.95	延 1050	-3.18	0.13	0.04
丹 3	-1.86	0.00	-1.78	泉 3	-13.42	0.01	-5.25	延 1051	1.05	0.03	-3.19
丹 32	-1.59	0.03	-2.91	泉 38	-10.19	-0.01	-5.19	延 1052	-5.44	0.08	-0.37
丹 35	-2.81	0.01	-2.95	泉 39	-13.46	0.02	-2.16	延 1053	-9.34	0.00	1.58
丹 7	2.22	0.03	-1.80	泉 4	-3.44	0.04	1.57	延 1054	-6.03	0.07	-1.16
槐 22	-8.43	0.11	-3.63	泉 40	-1.23	0.03	-2.82	延 1053	1.89	0.03	0.35
槐 33	-2.25	0.02	0.43	泉 5	1.58	0.01	-2.86	延 1054	-5.59	0.02	0.15
泉 10	1.49	0.02	-1.30	泉 5	-11.77	0.12	-3.31	延 1055	-11.35	0.09	-5.09
泉 11	-2.04	0.03	-2.88	泉 8	-1.29	0.00	-3.66	延 1055	-3.21	0.01	0.25
泉 12	-7.83	-0.02	-5.35	泉 9	-3.49			延 1057	2.01	0.00	-1.03
泉 13	1.07	0.07	-1.87	延 1030	1.13	0.01	-2.56	延 1058	1.93	0.12	-1.83
泉 15	-8.82	-0.03	-1.42	延 1033	-9.52	0.00	-2.43	延 1070	1.44	0.03	0.01
泉 16	-2.58	0.02	1.11	延 1034	-2.33	0.02	0.42	延 1071	6.33	0.03	2.70
泉 17	-19.11	0.01	-4.02	延 1037	10.48	0.05	1.1	延 1073	-3.69	-0.01	0.80
泉 18	-1.05			延 1042	8.41	0.05	-0.31	延 1083	-1.29		
泉 19	3.21	0.02	-4.15	延 1044	-6.67	0.01	-3.65	延 1084	-1.02	0.04	
泉 20	-4.01	0.04	-0.63	延 1046	-3.72	-0.01	-2.18	延 1088	1.21	0.03	
泉 23	-5.79			延 1047	6.57	0.05	-5.51	延 1092	-7.55	0.05	-1.48
泉 24	2.04	0.03	0.25	延 1048	7.49	-0.02	2.12	延 1093	-8.05	-0.02	-0.51
泉 25	0.09	0.02	-1.38	延 1049	-13.57	0.15	-2.93	延 1109	-3.45		

表 6-10　延安气田宜川地区典型井测井曲线校正值

井名	AC 校正值	DEN 校正值	CNL 校正值	井名	AC 校正值	DEN 校正值	CNL 校正值	井名	AC 校正值	DEN 校正值	CNL 校正值
延 33	6.64	-4.81	-0.17	延 1706	-5.69	-1.34	-0.02	延 1775	-5.63	1.64	-0.03
延 103	-2.97	0.29	-0.09	延 171	2.27	-2.29	-0.03	延 1776	-5.04	-0.03	-0.02
延 1035	3.10	5.02	-0.03	延 1710	-2.52	4.54	0.00	延 1777	-2.84	-1.59	-0.03
延 110	1.57	8.71	-0.10	延 1713	-3.93	5.46	-0.01	延 1778	-0.50	2.22	-0.09
延 115	-6.31	-0.25	0.12	延 1723	-4.91	3.05	-0.04	延 1779	-1.31	0.59	-0.05
延 121	-1.46	1.41	-0.07	延 1724	-1.19	0.15	-0.05	延 179	1.12		
延 125	1.98			延 1725	-2.93	3.43	-0.02	延 1780	1.79	3.83	-0.01
延 129	-3.40		-0.05	延 1726	3.91	0.97	-0.05	延 1781	-1.59	2.57	-0.05
延 135	-4.98	-0.17	-0.05	延 173	-2.50	3.57	-0.04	延 1782	0.84	1.15	-0.02
延 146	1.00	0.17	-0.11	延 1744	-10.99	0.55	-0.04	延 1784	-6.57	-2.59	-0.05
延 150	-5.49	-1.24	-0.05	延 1745	1.13	3.35	-0.04	延 1785	2.54	-0.63	0.04
延 154	5.59	3.75	-0.08	延 1746	3.29	3.66	-0.04	延 181	-2.11	0.91	-0.09
延 155	1.95	2.40	-0.05	延 175	1.95	0.72	-0.12	延 182	-1.85	3.53	-0.08
延 157	-3.70	2.63		延 1750	-5.14	3.05	-0.04	延 183	-5.11	4.25	-0.05
延 170	-1.27	3.15	-0.05	延 1751	1.86	1.48	-0.05	延 187	1.29	4.39	-0.05
延 1701	-2.67	1.28	-0.05	延 1752	3.92	0.99	0.01	延 188	-2.05	2.88	-0.12
延 1702	-5.04	-4.34	0.03	延 1753	-7.40	0.31	-0.05	延 196	-1.16	3.71	-0.05
延 1703	2.82	0.85	-0.06	延 1754	-5.57	1.40	0.01	延 2002	8.32	5.30	-0.01
延 1704	1.21	-0.41	0.00	延 1755	5.92	3.18	-0.05	延 2004	-11.35	0.15	0.00
延 1705	0.26	4.34	-0.02	延 177	-5.22	-2.40	-0.04	延 2005	-11.63	2.67	0.00

2. 岩心归位

由于岩心分析数据和测井数据是两套独立的数据系统，则其记录深度系统不同，从而导致在两套系统中的同一个深度值可能记录的其实并非是同一深度对象的参数，所以首先要进行岩心归位处理（见图 6-33、图 6-34），这是正确建立测井解释模型的前提和基础。另外，由于岩心分析数据的采样精度与测井曲线的采样精度不同，所以为了消除绝对误差，避免干扰，采用层点取值方法，对岩性物性较接近的同一层，按照一个数据点进行处理。

第六章 储层特征

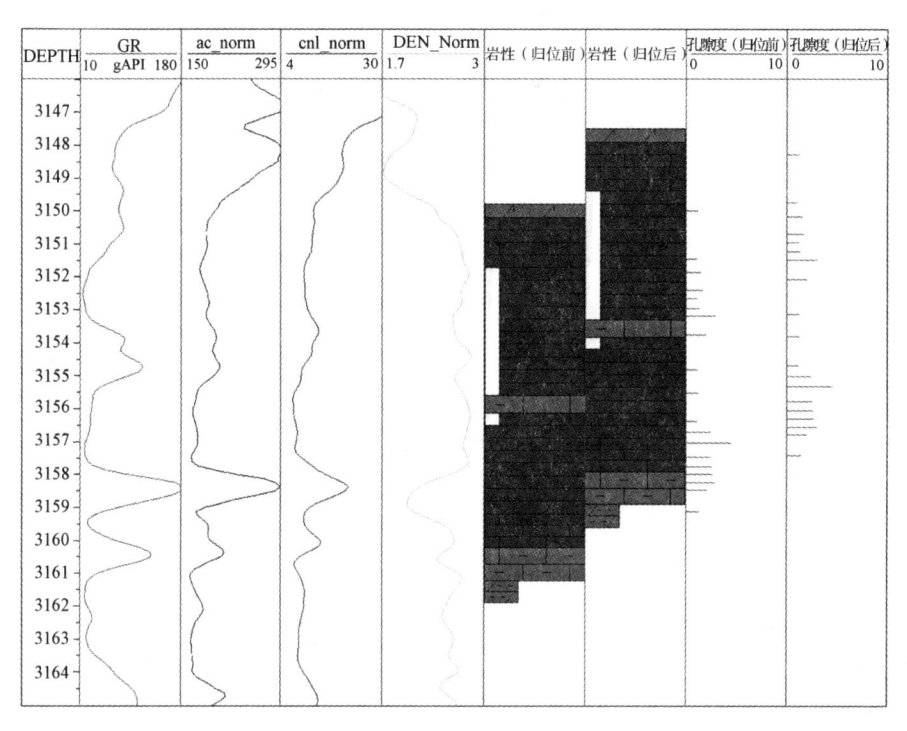

图 6-33 延 621 岩心归位处理

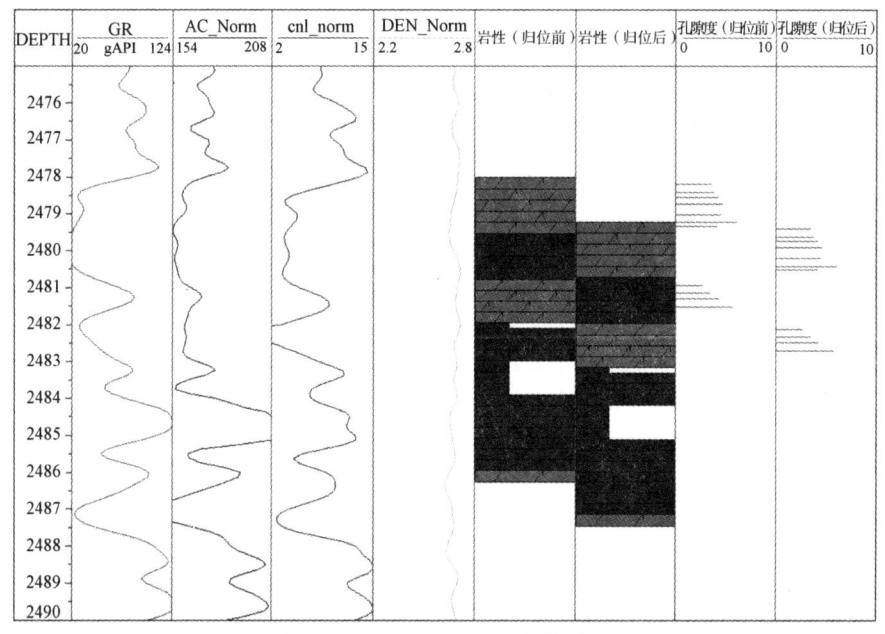

图 6-34 延 1784 岩心归位处理

储层岩石学特征研究表明，奥陶系马家沟组马五$_5$-马四亚段岩性主要为石灰岩和白云岩。其中石灰岩表现为高光电吸收截面、密度值中等的特征。自然伽马较低，一般为5~25API，光电吸收截面指数为4.6~5.3 b/电子，声波时差一般为156~168 μs/m，补偿密度一般为2.65~2.73 g/cm^3，补偿中子值为0~5。白云岩主要表现为光电吸收截面中等值、密度中高值的特征。自然伽马也较低，一般为5~25API，光电吸收截面指数为3.1~3.9 b/电子，声波时差值低，一般为143~162 μs/m，补偿密度一般为2.75~2.84 g/cm^3，补偿中子值为5~10（见表6-11、6-12）。

表6-11 矿物测井响应特征

矿物	自然伽马/API	声波时差/(μs/m)	补偿密度/(g/cm^3)	补偿中子/%	光电截面指数/(b/电子)	主要分布层位	典型电性特征
伊利石	70~180	180~332	2.0~2.64	10~26	2.6~4.2	马五$_6$	伽马中高、密度低、中子中、PE中
方解石	5~25	150~168	2.65~2.75	0~5	4.5~5.3	马四、马五$_5$	密度中偏低、中子低、PE高
白云石	5~25	144~162	2.75~2.84	0~5	3.1~3.9	全井段主要岩性	密度中偏高、中子中高、PE中偏低
硬石膏	0~15	155~180	2.9~3.1	-3~1	5~5.3	马五$_6$	密度高、中子低、PE高

表6-12 研究区岩性解释基本参数

岩石名称	自然伽马GR/API	补偿密度/(g/cm^3)	PE/(b/ev)	电阻率RD/Ω·m
石灰岩	<50	>2.67	>4	—
白云岩	<50	>2.75	—	<2 000
石膏岩	<50	>2.87	>4	>2 000

利用矿物的测井曲线特征对研究区单井进行了解释处理，并与钻井、取芯、薄片分析资料进行对比，结果表明两者复合程度较好。

3. 岩性解释

进行岩心归位以后，结合物性测试，给出研究区物性图版建立的主要研究思路为：挑选取心井段相对较差、取心收获率较高的资料，经过岩心资料归位后，选取测井资料中对于孔隙度、渗透率反映较为灵敏的参数，按照层点取值方式进行取样，进行回归分析，得到各个地质单元的地质解释模型。物性与三孔隙度相关性整体较好，一般孔隙度较大、渗透率较高的储层，具有"两低两高"的特征，即泥质含量低、自然伽马及补偿密度读数低，声波时差和补偿中子读数高。将自然伽马读数与三孔隙度曲线在泥岩部位重合，曲线分开程度可快速反映储层物性的优劣，也就是物性越好，曲线分开程度越大。

（1）富县地区孔隙度解释。

由于采取两套标准层进行曲线的标准化，因此对于富县、宜川两个区块分别进行孔隙度的解释，孔隙度的解释采用曲线回归方法和多元参数回归方法。

① 曲线回归方法。

研究区取样及测试存在取心收获率不高、岩心归位难度大、测试结果对比性差的问题，基于此选取白云岩岩性稳定、泥质含量较低的井段进行统计，如图 6-35 所示延 1758 井、延 1774 井的岩心孔隙度与三孔隙度参数的关系曲线，表明补偿中子与孔隙度相关性最好，其次为补偿密度和声波时差。考虑到补偿中子和补偿密度与岩心孔隙度的相关性较好，建议采用以补偿中子和补偿密度的二参数回归方程和以补偿中子两个单参数回归进行对比分析。

其中多因素回归：

$$孔隙度 = 0.457CNL - 2.743DEN + 7.45$$

单因素回归 1：

$$孔隙度 = 0.567\ 3CNL - 0.768\ 2$$

单因素回归 2：

$$孔隙度 = 0.293CNL + 0.590\ 5$$

式中，CNL 为补偿中子测井值；DEN 为补偿密度测井值。

对富县地区选取岩心归位较好的井段数据对单因素、多因素孔隙度回归方程进行检验（见图 6-36），结果表明单因素回归获得的孔隙度的数值与岩心数据存在偏高、偏低的情况（见图 6-37），而多因素回归能够尽可能避免这种偏高、偏低的情况，能够较好地反映实际的孔隙度数值（见图 6-38）。

图 6-35　富县地区岩心孔隙度与三孔隙度参数的关系

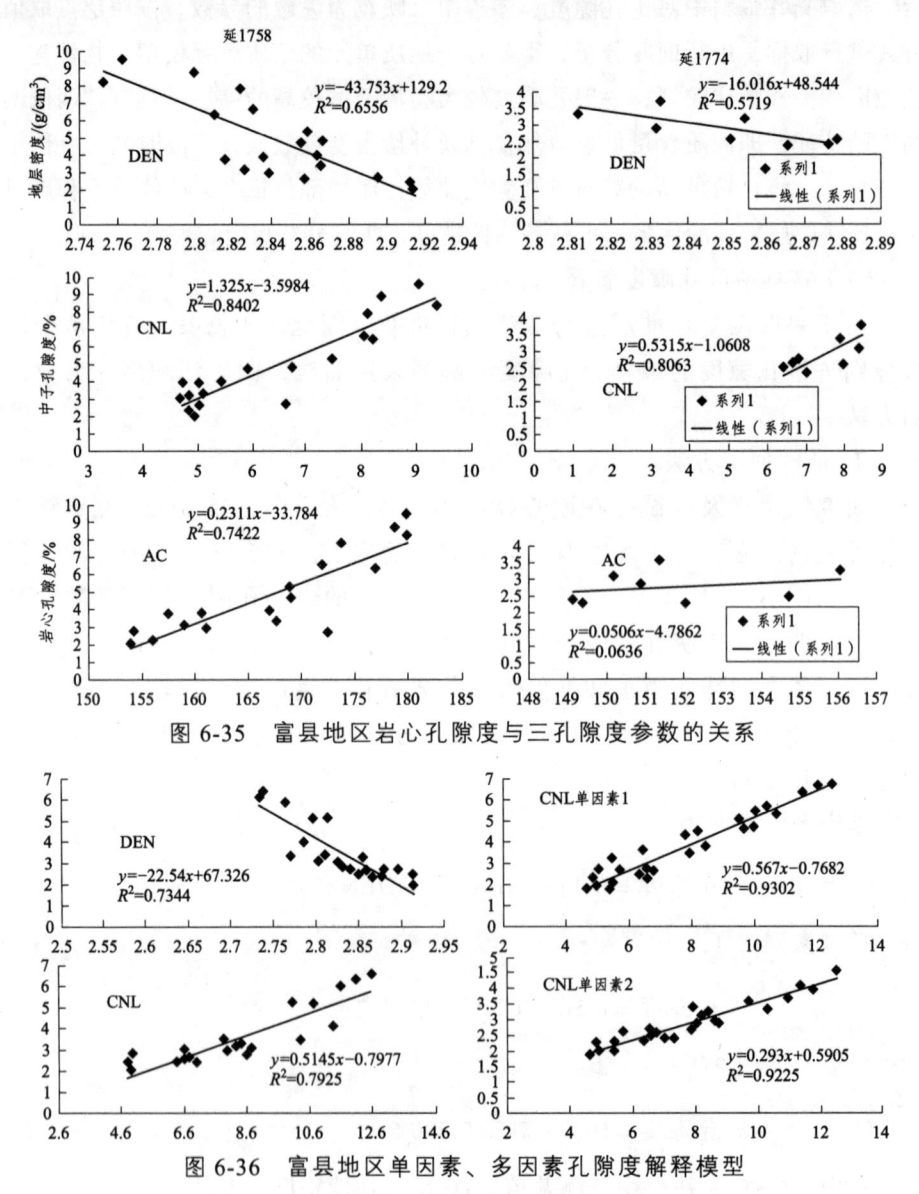

图 6-36　富县地区单因素、多因素孔隙度解释模型

第六章 储层特征

图 6-37 富县地区单因素孔隙度解释检验

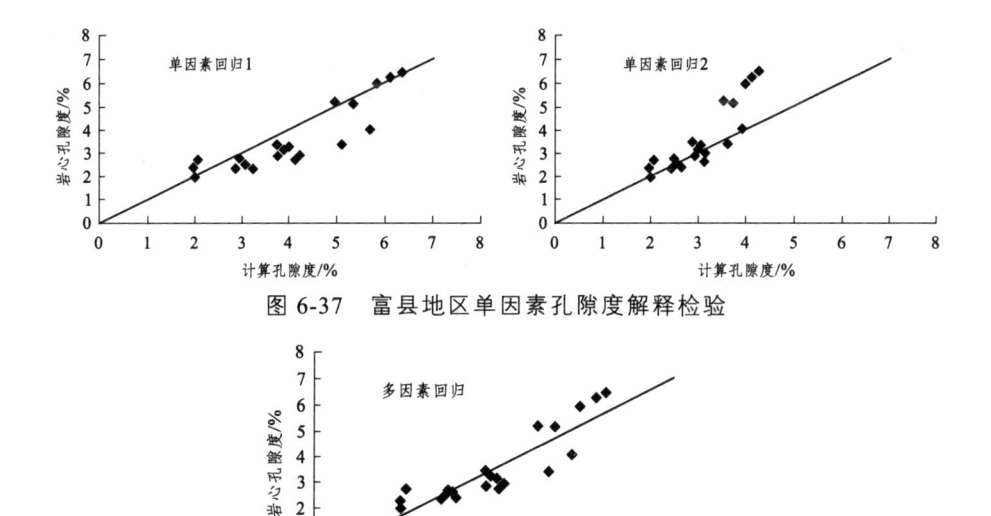

图 6-38 富县地区多因素孔隙度解释检验

② 中子-密度交汇方法。

其三孔隙度计算岩性及孔隙度的响应方程为：

$$AC = V_{sh} \times T_{sh} + \sum_{i=1}^{n}(Vmai \times Tmai) + V_{\Phi} \cdot \Delta Tf$$

$$CNL = V_{sh} \times N_{sh} + \sum_{i=1}^{n}(Vmai \times Nmai) + V_{\Phi} \cdot \Delta Nf$$

$$DEN = V_{sh} \times D_{sh} + \sum_{i=1}^{n}(Vmai \times Dmai) + V_{\Phi} \cdot \Delta Df$$

$$\Phi = 1 - V_{sh} - \sum_{i=1}^{n}(Vmai)$$

式中　AC——补偿声波测井值；
　　　CNL——补偿中子测井值；
　　　V_{sh}——泥质体积含量；
　　　Vmai——第 i 种矿物的体积含量；
　　　T_{sh}——补偿声波泥岩测井值；
　　　N_{sh}——补偿中子泥岩测井值；
　　　D_{sh}——补偿密度泥岩测井值；

Tmai——第 i 种矿物声波值；

Nmai——第 i 种矿物中子值；

Dmai——第 i 种矿物密度值；

V_Φ——孔隙体积含量；

ΔTf——孔隙流体声波值；

ΔNf——孔隙流体中子值；

ΔDf——孔隙流体密度值；

Φ——孔隙度。

选用中子-密度交汇的方法，其中白云岩的补偿中子为5PU，补偿密度为 2.87 g/cm³；方解石的补偿中子为0PU，补偿密度为 2.71 g/cm³；泥岩的补偿中子为15PU，补偿密度为 2.55 g/cm³；流体的补偿中子为100PU，补偿密度为 1 g/cm³。

③ 孔隙度解释方案的优选。

采用多元回归、中子密度交汇及其他资料的孔隙度计算方法，选取取心收获率较高、岩性稳定的取心段以及实测孔隙度数据准确的探井延 1774 井（见图 6-39）、延 1758 井（见图 6-40）进行计算对比，表明多元回归可获得较好的计算结果。

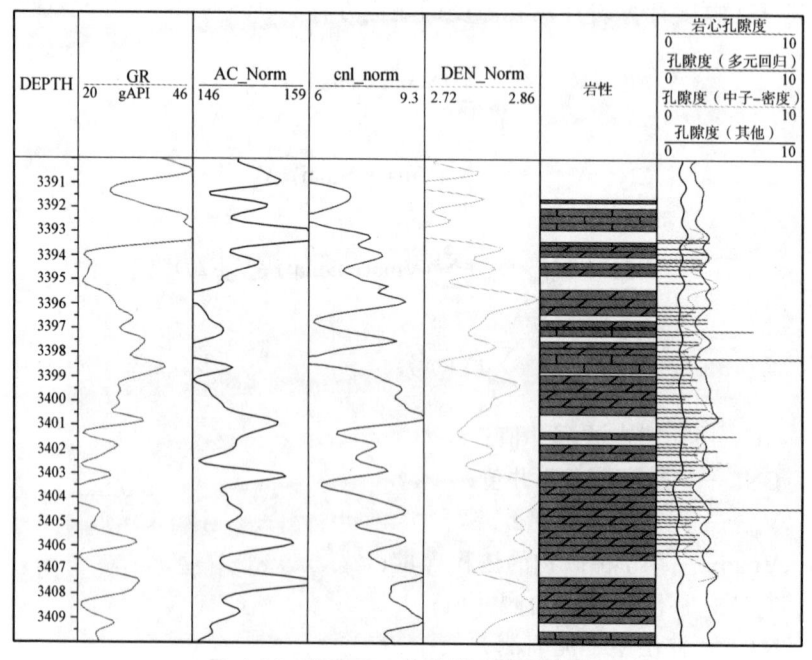

图 6-39　延 1774 井孔隙度解释结果

第六章 储层特征

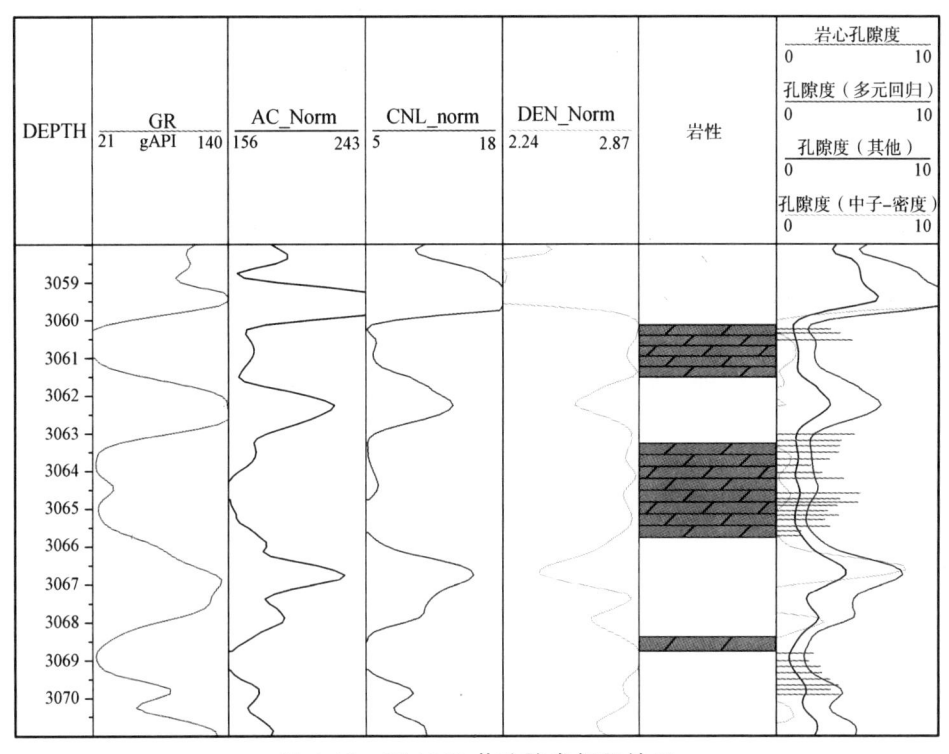

图 6-40 延 1758 井孔隙度解释结果

（2）宜川地区孔隙度解释。

① 曲线回归方法。

研究区取样及测试存在取心收获率不高、岩心归位难度大、测试结果对比性差的问题，基于此选取白云岩岩性稳定、泥质含量较低的井段进行统计，如图 6-41 所示延 1780 井、延 1784 井的岩心孔隙度与三孔隙度参数的关系曲线，表明补偿中子与孔隙度相关性最好，其次为补偿密度和声波时差。考虑到补偿中子和补偿密度与岩心孔隙度的相关性较好，建议采用以补偿中子和补偿密度的二参数回归方程和以补偿中子两个单参数回归进行对比分析。

其中多因素回归：

$$孔隙度 = 0.298 CNL - 20.208 DEN + 55.724$$

单因素回归 1：

$$孔隙度 = 0.462\,6 CNL - 0.125\,9$$

单因素回归2：

$$孔隙度=0.432\ 2CNL+0.185\ 5$$

式中，CNL 为补偿中子测井值；DEN 为补偿密度测井值。

对宜川地区选取岩心归位较好的井段数据对单因素、多因素孔隙度回归方程进行检验（见图 6-42），结果表明单因素回归获得的孔隙度的数值与岩心数据存在偏高、偏低的情况（见图 6-43），而多因素回归能够尽可能避免这种偏高、偏低的情况，能够较好地反映实际的孔隙度数值（见图 6-44）。

图 6-41　宜川地区岩心孔隙度与三孔隙度参数的关系

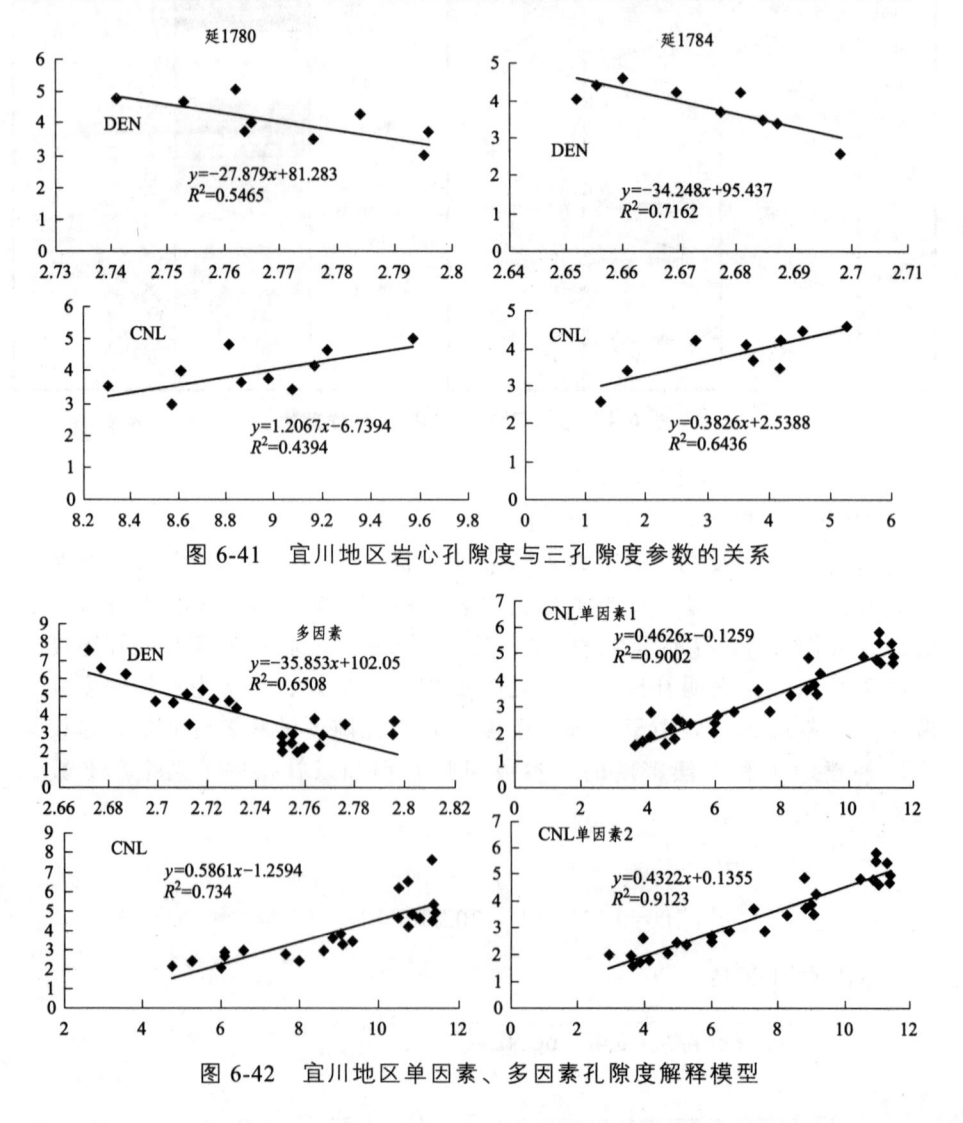

图 6-42　宜川地区单因素、多因素孔隙度解释模型

第六章 储层特征

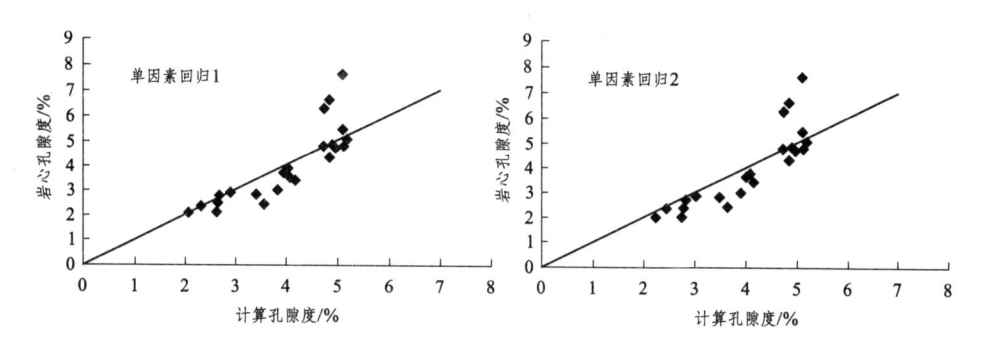

图 6-43 宜川地区单因素孔隙度解释检验

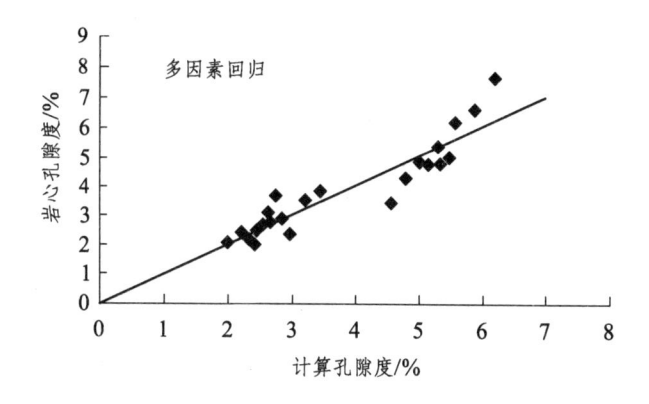

图 6-44 宜川地区多因素孔隙度解释检验

② 中子-密度交汇方法。

与富县地区中子-密度交汇方法类似，选取白云石、方解石两类矿物在考虑泥质含量的情况下，结合流体参数求解方程组，进而获得孔隙度的计算数值。

③ 孔隙度解释方案的优选。

采用多元回归、中子密度交汇及其他资料的孔隙度计算方法，选取取心收获率较高、岩性稳定的取心段以及实测孔隙度数据准确的探井延 1780 井（见图 6-45）、延 1782 井（见图 6-46）进行计算对比，表明中子密度交汇可获得较好的计算结果。

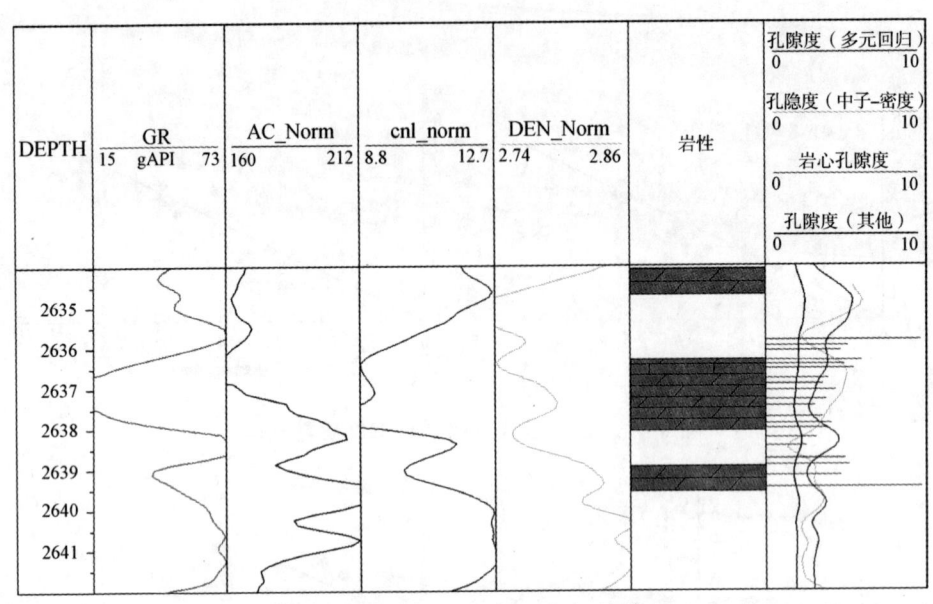

图 6-45 延 1780 井孔隙度解释结果

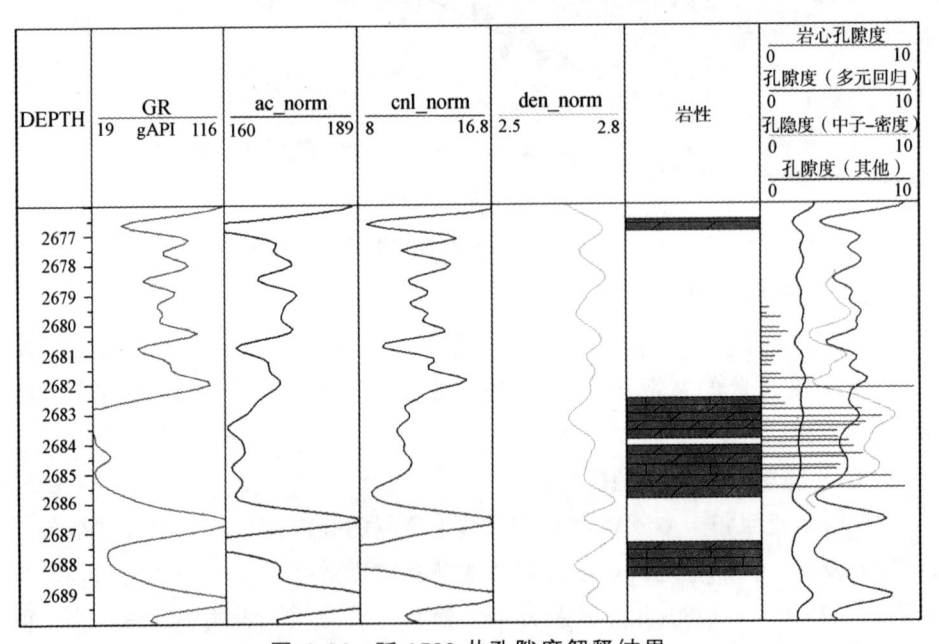

图 6-46 延 1782 井孔隙度解释结果

（3）研究区渗透率解释。

渗透率测井评价一直是个难点问题，碳酸盐岩因其致密性孔隙结构更加

第六章 储层特征

复杂,所以测井评价碳酸盐岩的渗透率较为困难。实际工作中,考虑碳酸盐岩渗透率受到裂缝的影响,剔除存在裂缝的样品,来计算其基质渗透率。同时,考虑测井测量精度范围与实际岩心取样精度范围的差异,进行了层点处理和层点样品加权处理,经处理后马家沟组基质渗透率与孔隙度的关系如图 6-47 所示,孔隙度-渗透率相关系数分别为 0.849 8,根据此得到研究区渗透率的解释模型为:

$$渗透率 = 0.008\,5\,\mathrm{EXP}(0.549\,8 \times 孔隙度)$$

经计算孔隙度、渗透率与测试孔隙度、渗透率回归检验、单井对比(见图 6-49、6-50),二者具有一定可对比性。

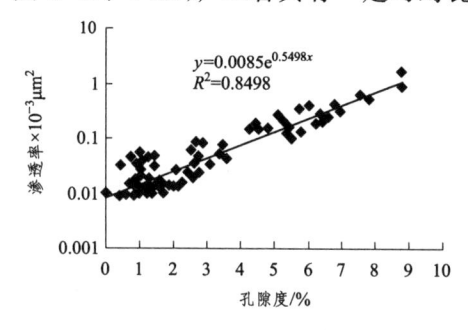

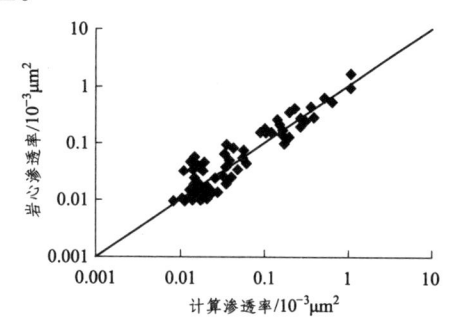

图 6-47 延安气田富县地区孔隙度、渗透率关系

图 6-48 延安气田富县地区岩心渗透率与计算渗透率的对比

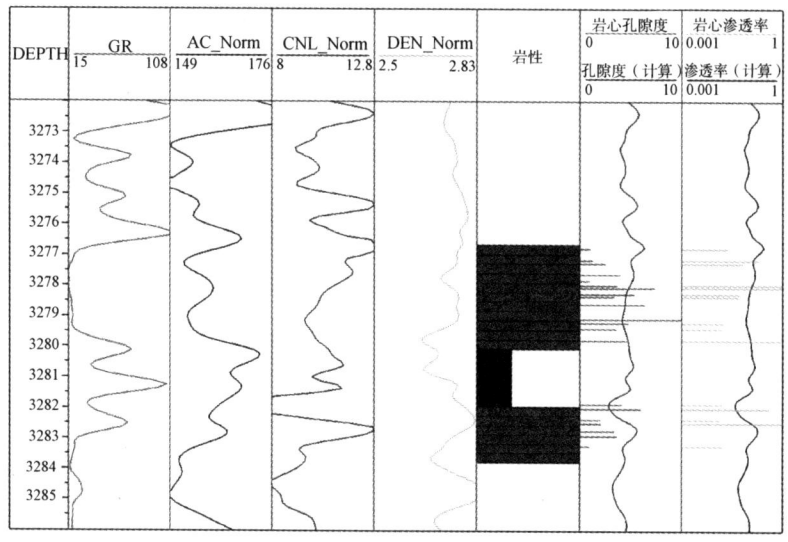

图 6-49 延 1050 计算孔隙度、渗透率与实测孔隙度、渗透率对比

4. 含气性与测井响应

延安气田下古生界气藏是一种特殊类型的岩溶缝洞型碳酸盐岩油气藏，溶蚀孔、洞是油气的主要储集空间，裂缝是主要的渗流通道。溶蚀孔、洞的形态不规则，发育不均一，空间分布随机性大，此外该区由于多期成藏，流体分布复杂，这些因素影响气、水层的有效识别。原有测井解释符合率不高，这种情况下，进行气、水层的识别就显得尤为重要，这也是进一步探讨研究奥陶系碳酸盐气水层分布规律的关键所在。

目前，储层含气性的定量识别主要是通过含气饱和度来计算。而饱和度的求取主要是通过岩心实测，采用压汞资料求取和测井资料解释法。实验室岩心测定一般采用密闭取芯法分析，结果较为准确。毛细管压力曲线资料由于其成本较低，资料获取较方便，是一般储量计算中都会涉及的方法。但是由于其毛细管压力曲线资料的获得，实验室将毛细管压力转换为油藏条件下的压力及油气柱高度的不确定性，因此，利用毛细管压力来计算饱和度常有一定的误差。此外，毛细管压力法确定的饱和度为一个油藏的原始含油气饱和度，对于鄂尔多斯致密碳酸盐岩油气藏，由于其构造不发育、物性条件较差导致气水分异较差，广泛存在气水过渡带，饱和度变化较大的情况下，毛管压力法求取饱和度对于单井解释意义不大。

测井解释法由于其测井资料的连续性、高分辨率、精确性及在地层的条件下进行测量优势，以及广泛开展的岩石物理研究所提供的岩石物理基础为含油气饱和度的计算奠定了良好的基础，因此，测井解释法是三者中使用最为广泛、最能直接为生产提供依据的一种方法。因此本项目研究用测井解释饱和度法进行储层含气饱和度的解释评价，以取得较为准确的饱和度解释模型。

利用阿尔奇公式计算饱和度，储层的岩电实验参数 a、m、b 和 n 值确定很关键，合理地选取这组参数对于建立较为准确的饱和度解释模型十分重要。

（1）地层因素与孔隙度关系。

研究区内地层电阻率值的大小主要受到含油性、孔隙度值、孔隙结构及地层水矿化度等因素的影响。而这里采用地层因素（F）来解释孔隙度等这些地层特征对电阻率值的影响，同时为了去除地层水矿化度对电阻率值的影响。

第六章 储层特征

$$F = R_0 / R_w$$

式中　R_0——饱和含水岩层电阻率值（$\Omega \cdot m$）；

　　　R_w——地层水电阻率（$\Omega \cdot m$）（注：这里 R_w 取值为 0.175）。

通过阿尔奇岩电实验的结论，总结出孔隙度与地层因素的关系式：

$$F = a / \Phi^m$$

式中　a——与区域地质特征有关的岩性参数；

　　　m——地层水电阻率（$\Omega \cdot m$）与岩层的胶结作用相关的胶结指数。

对于特定的地层，a、m 能够反映出地层的特性，因此为了确定孔隙度值与地层因素值常见的数学关系式，对两个参数的精确计算尤为重要。在上式的两端加对数得到

$$\log F = \log a - m \log \Phi$$

由上式得知，方程以线性的方式描述了地层因素与孔隙度之间的内在联系，斜率为 m，截距为 $\log a$。

研究区马家沟组为碳酸盐岩风化壳储集层，因此其孔隙度和地层因素相关性不呈正态分布。根据马五地层组碳酸盐岩部分地层因素-孔隙度关系部分实验数据，地层因素与孔隙度的关系如下：

$$F = 486.76 \times \Phi^{-0.8688}, \quad R^2 = 0.9125 \text{（见图 6-50）}$$

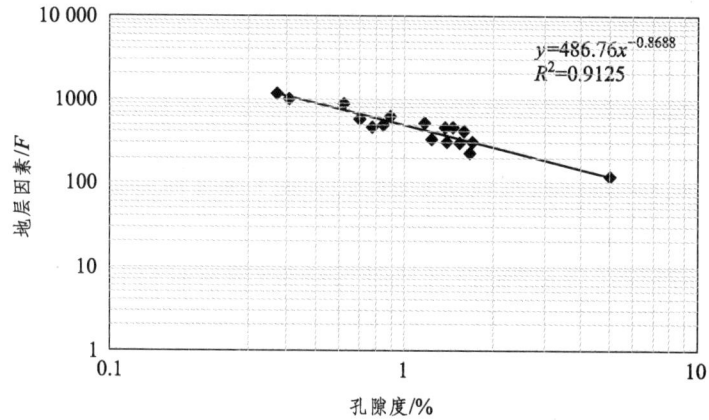

图 6-50　研究区马家沟组地层因素与孔隙度交汇图（据方文杰，2010）

（2）电阻率增大系数与含水饱和度之间的关系。

因为电阻率会被各种地质要素所改变，所以提出电阻率增大系数（I）的概念来确定电阻率与含气饱和度的关系，定义为含气岩层的电阻率值除以该层饱和含水时的电阻率值。

$$I = R_t / R_0$$

式中　I——电阻率增大系数；

　　　R_t——地层真电阻率（$\Omega \cdot m$）；

　　　R_0——饱和含水岩层电阻率值（$\Omega \cdot m$）。

研究分析得出，有如下关系式可以反映电阻率增大系数 I 如何影响含水饱和度：

$$I = b / S_w^n$$

式中，n、b 是方程式里的地区系数，故确定了 n、b 即可确定含水饱和度。

根据研究区的分析化验数据资料，在以 S_w 为横坐标、I 为纵坐标的双对数坐标系中，I 与 S_w 为线性关系（见图6-51），较为准确地揭示了含水饱和度和电阻率之间的关系。即碳酸盐岩关系如图 6-51 所示，相应的关系式如下：

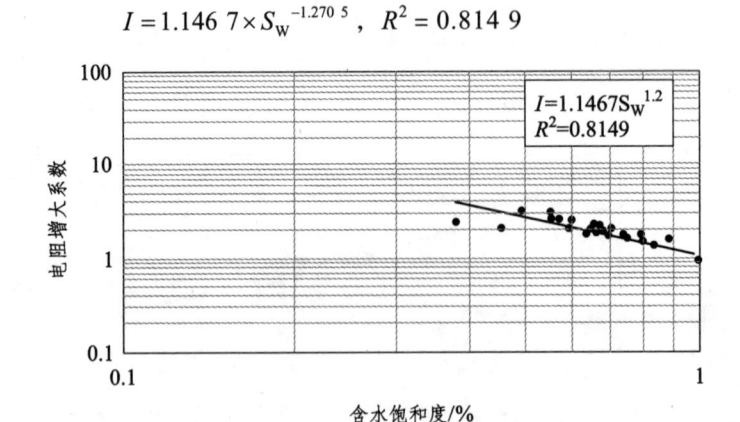

$$I = 1.146\ 7 \times S_w^{-1.270\ 5}, \quad R^2 = 0.814\ 9$$

图 6-51　延安气田富县地区马家沟组含水饱和度与电阻率增大系数交汇图
（据方文杰，2010）

（3）饱和度测井解释模型。

根据阿尔奇公式解释地层的含水饱和度的原理，对于较纯岩石，含水饱和度公式为：

$$S_w = \sqrt[n]{\frac{abR_w}{\Phi^m R_t}}$$

式中　a、b——与岩性有关的系数；

　　　m——胶结指数；

　　　n——饱和度指数；

　　　R_w——地层水电阻率；

　　　R_t——地层真电阻率；

　　　Φ——孔隙度，小数；

　　　S_w——含水饱和度。

据以上关系式推算得 $a=1$，$b=1.09$，$n=1.56$，$m=1.41$，$R_w=0.2(\Omega \cdot m)$ 则岩石中含气饱和度 S_g 为：

$$S_g = 1 - S_w$$

三、物性平面展布特征

根据测井解释模型完成研究区内井物性参数的解释，并将计算后的孔隙度和渗透率与实测孔隙度、渗透率进行验证，可以看出拟合效果较好，孔渗数据可靠，如图 6-52 所示。

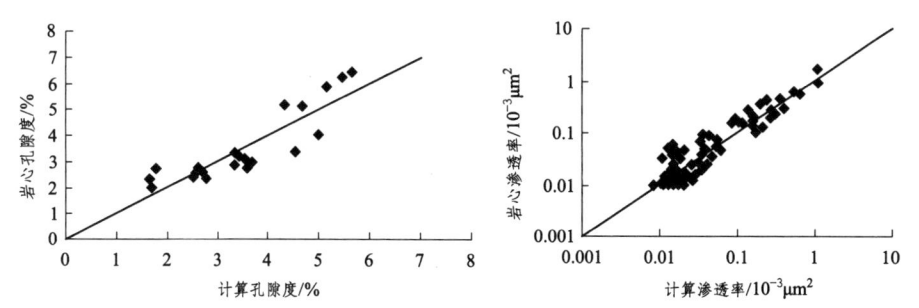

图 6-52　计算孔隙度-实测孔隙度拟合和计算渗透率-实测渗透率拟合结果

据此利用此次解释结果开展物性展布特征分析。可以看出，富县境内主要分布马五$_1^3$、马五$_1^4$、马五$_2^1$、马五$_2^2$、马五$_4^1$、马五$_5$储层。现分析各亚段的物性特征，如图 6-53（A~J）所示。

富县境内基本处于马五$_1$段剥蚀区，马五$_1^1$、马五$_1^2$缺失严重，储层分布较少，仅在延2109、延694、延2110一片有分布，在延413井储层孔隙度最大达到4.05%，渗透率0.08×10^{-3} μm^2。至马五$_1^3$、马五$_1^4$在已有基础上范围稍有扩大，孔渗分布区仍在延2109及往周边10 km范围内的井区，在马五$_1^4$孔隙度最大为16%，渗透率最大为0.1×10^{-3} μm^2。

至马五$_2$由于储层分布范围明显扩大，富县境内孔渗分布区域也在原有基础上往南东方向延伸，马五$_2^1$时期在原有延413井控制的高值区基础上，在延558、延699井形成新的高值区，孔隙度最大达8.24%，渗透率普遍介于（0.03~0.1）×10^{-3} μm^2，最大可达1.75×10^{-3} μm^2。马五$_2^2$时期孔渗高值区变化不大，孔隙度主要介于1.5%~4%，延261井出现新的高值区，最大孔隙度为4.6%，渗透率为0.11×10^{-3} μm^2。

富县境内马五$_4^1$期储层分布区孔隙度普遍介于1%~4%，连片分布，个别区域出现孔隙度大于4%的高值区，特别是在延647-1井出现最大孔隙度超过12%，渗透率达9.84×10^{-3} μm^2，其他区域渗透率普遍低于0.1×10^{-3} μm^2。

马五$_5$已处于马家沟组中组合，已钻遇的井资料解释成果表明，该时期延647-1井控制的高值区仍然存在，孔隙度最大达13.1%，渗透率最大达14.32×10^{-3} μm^2。

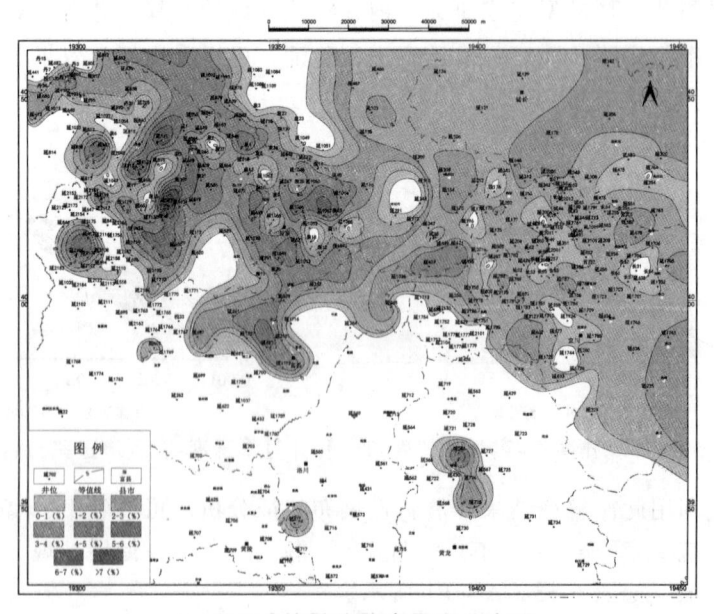

A. 马五$_1^3$储层孔隙度平面分布图

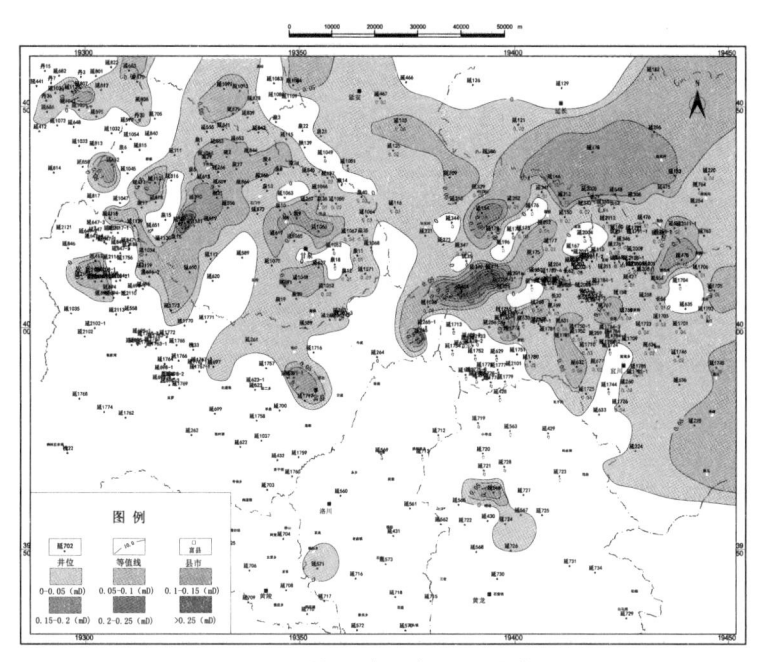

第六章 储层特征

B. 马五$_1^3$储层渗透率平面分布图

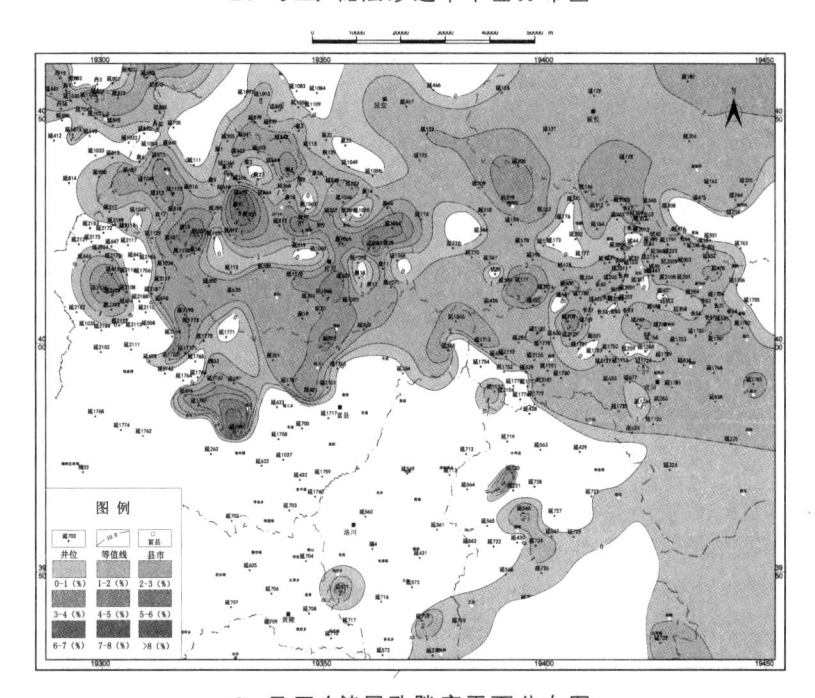

C. 马五$_1^4$储层孔隙度平面分布图

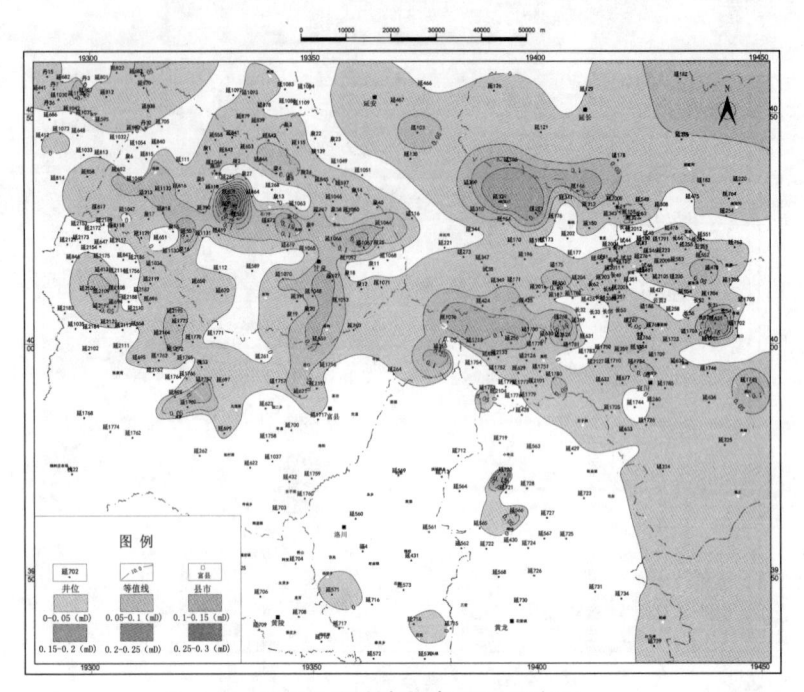

D. 马五$_1^4$储层渗透率平面分布图

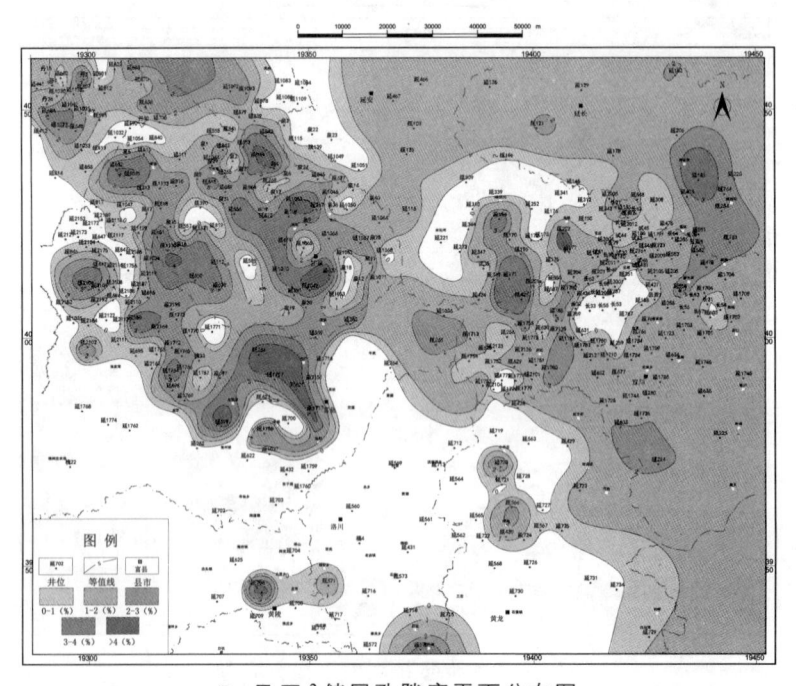

E. 马五$_2^2$储层孔隙度平面分布图

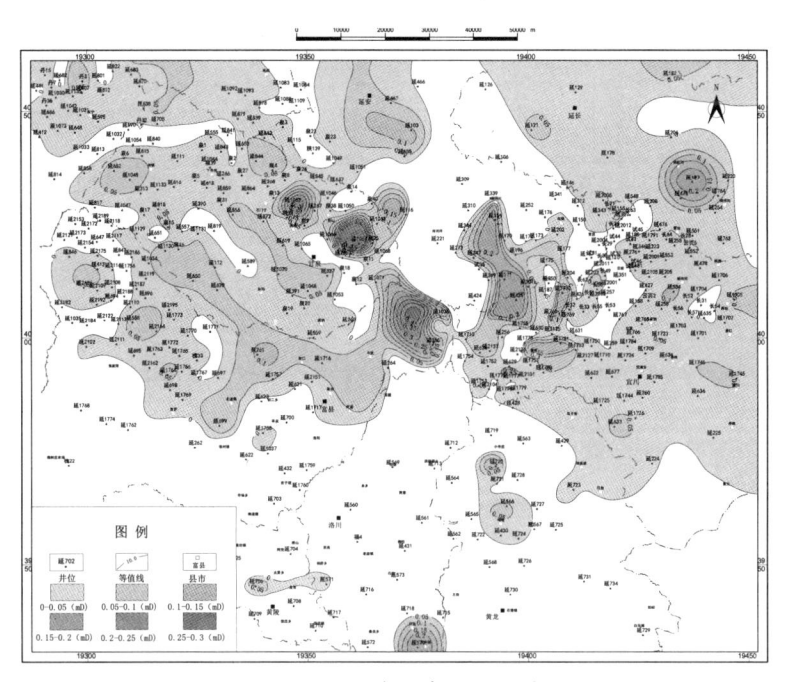

第六章 储层特征

F. 马五$_2^2$储层渗透率平面分布图

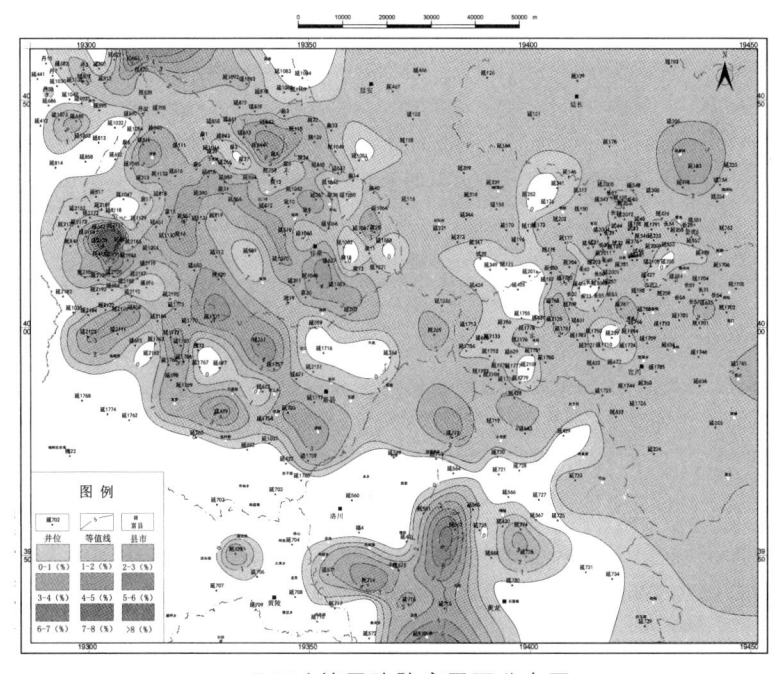

G. 马五$_4^1$储层孔隙度平面分布图

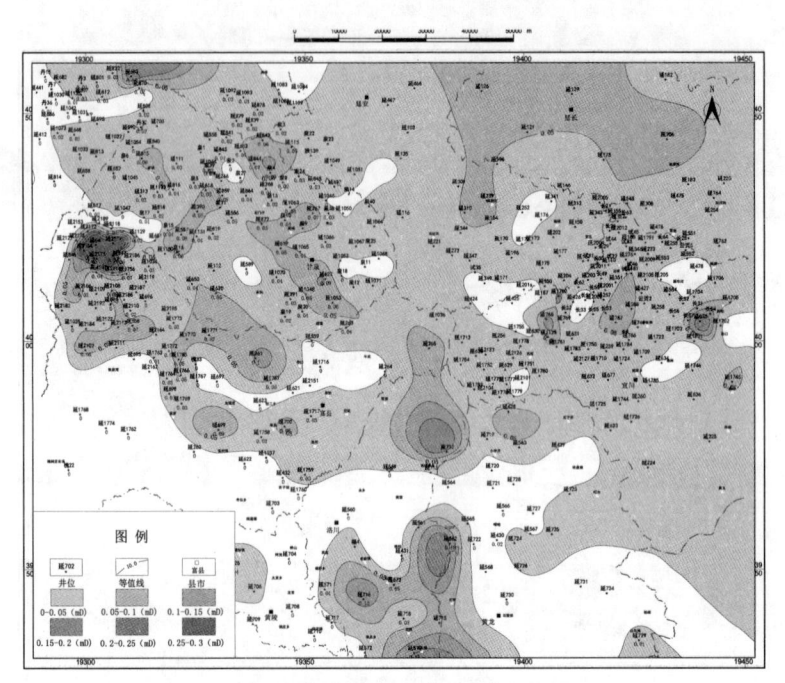

H. 马五$_4^1$储层渗透率平面分布图

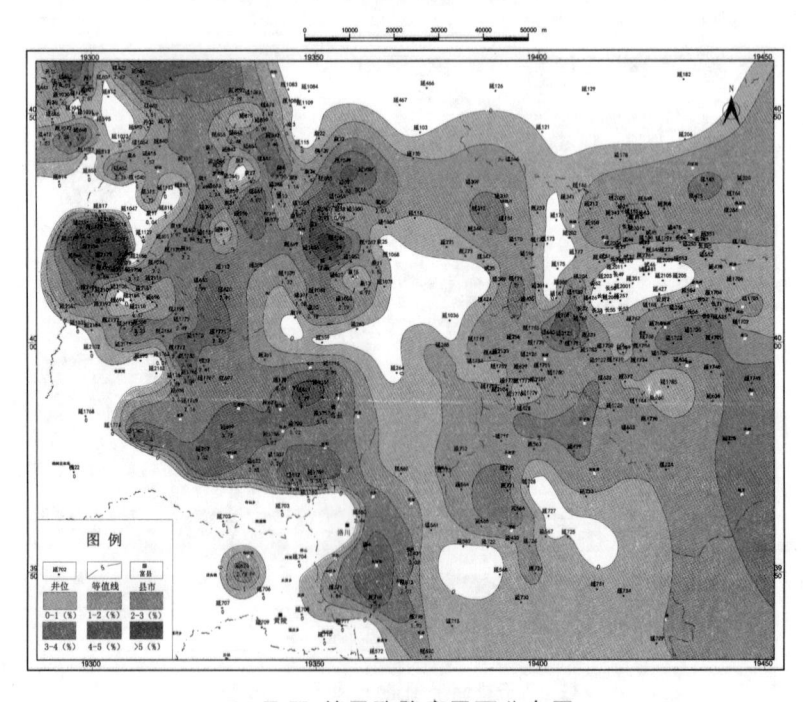

I. 马五$_5$储层孔隙度平面分布图

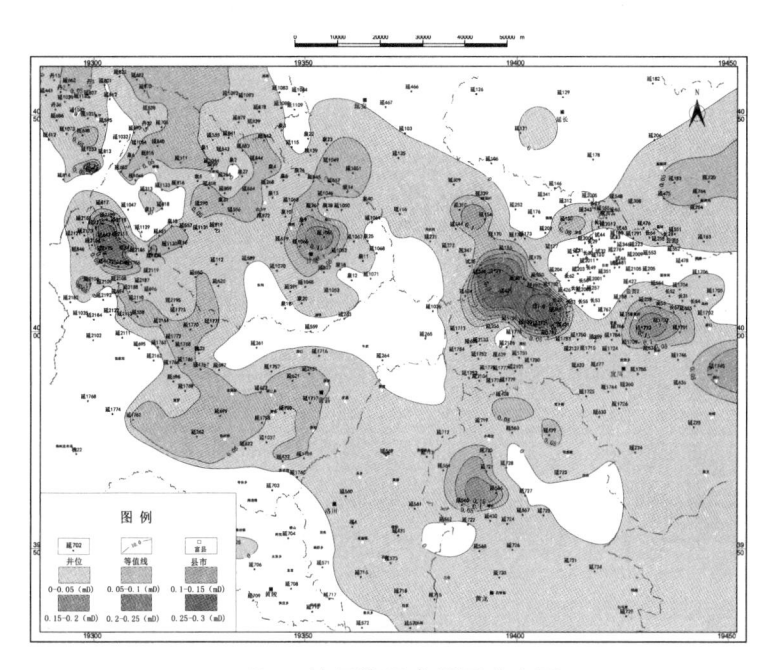

J. 马五₅储层渗透率平面分布图

图 6-53 研究区储层孔隙度、渗透率平面分布图

四、储层储集性能

储层的储集系数和渗流系数决定了储集和生产油气的能力。具体气井的产能高低受孔隙度、渗透率、储层厚度等多因素控制，本次研究借鉴了在实际生产开发中计算储层物性下限的经验统计法，该方法已经被各大油田所采用（彭勃，2008；戚厚发，1989；郭睿，2004；王成，邵红梅，2007），而本文选择其中计算孔隙度储气能力和渗透率产气能力的方法，分别计算研究区内储层的储集系数和渗流系数，其计算公式如下：

$$\phi_i = \varphi_i \times H_i$$

$$K_i = k_i \times H_i$$

式中 ϕ_i——储集系数，无量纲；
K_i——渗流系数，无量纲；
φ_i——i 井某层位平均储层孔隙度（%）；
H_i——i 井某层位平均储层厚度（m）；

k_i——i 井某层位平均储层渗透率（$\times 10^{-3}$ μm^2）。

本次研究计算了研究区内各井位"上组合"各层位的储集系数和渗流系数，将其与实际探井试气产能进行投点拟合，拟合优度分别达到 0.875 和 0.643，整体拟合效果较好，可以看出无阻流量与储集系数、无阻流量与渗流系数之间的确有一定关联度（见图 6-54、图 6-55）。

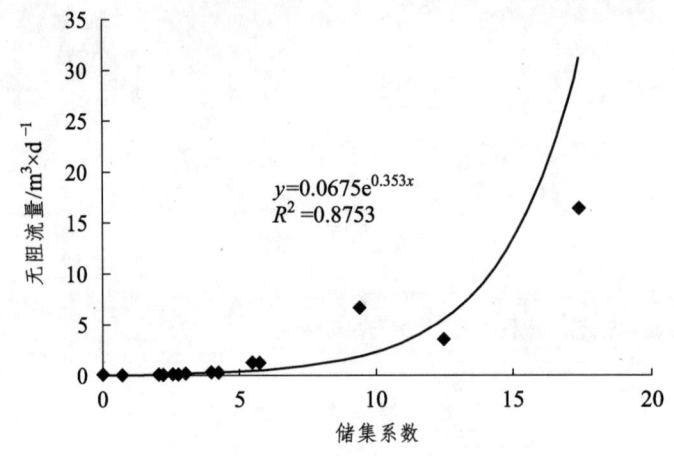

图 6-54 储集系数-无流量指数拟合图

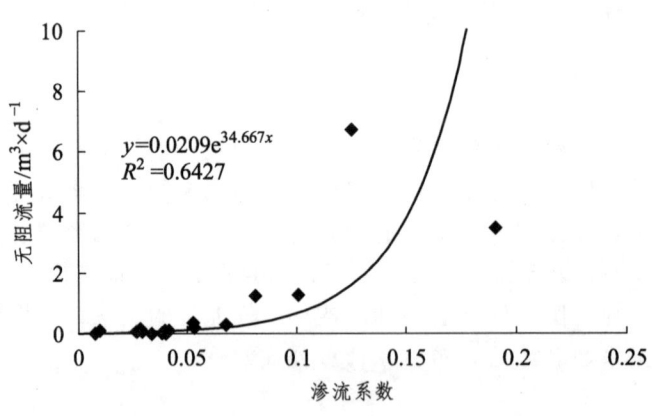

图 6-55 渗流系数-无流量指数拟合图

由储集系数和渗流系数的平面展布图（见图 6-56、图 6-57），可以看出普遍储集系数较高的地区无阻流量较高，渗流系数也有同样的相关特征。这都说明了储集系数和渗流系数两个参数在油气成藏的过程中，起到了重要的控制作用。

第六章 储层特征

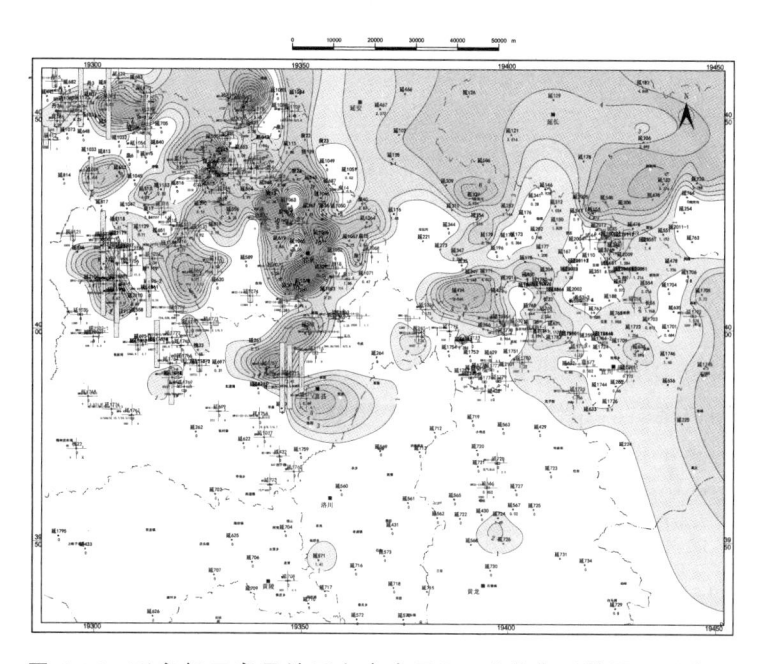

图 6-56 延安气田富县地区上古生界马五$_1^3$储集系数平面展布图

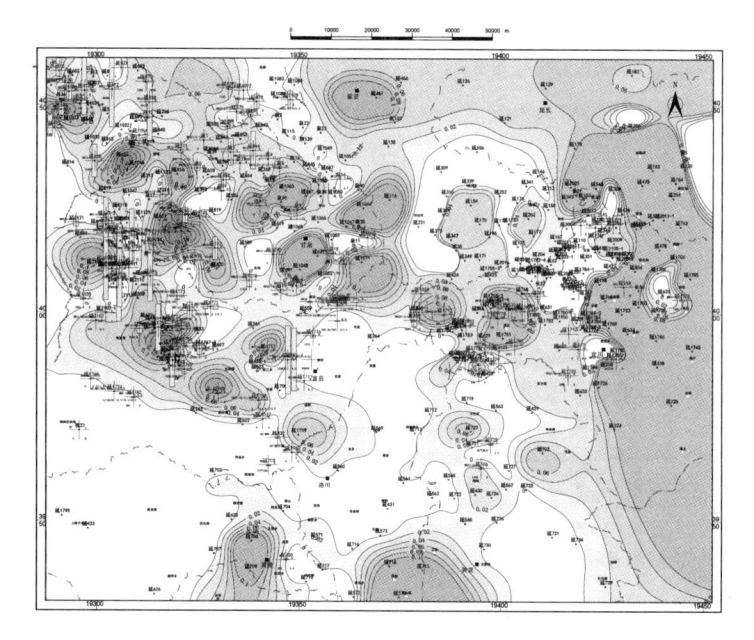

图 6-57 延安气田富县地区上古生界马五$_2^2$渗流系数平面展布图

第六节 储层影响因素分析

一、岩 性

因白云化过程中固相体积会缩小，而灰质组分在成岩作用各阶段即可以发生溶蚀，也可以形成孔隙内的胶结物，造成不同岩性的样品孔渗分布范围较大，灰岩、灰云岩、云灰岩和云岩都可以形成孔隙度大于 3% 的岩层，但是渗透率大于 0.1×10^{-3} μm² 样品中以白云岩样品居多，占 50%。同时白云石含量对渗透率有一定影响，渗透率大于 0.1×10^{-3} μm² 样品中有 86.7% 的样品白云石含量大于 50%（见图 6-58、图 6-59）。

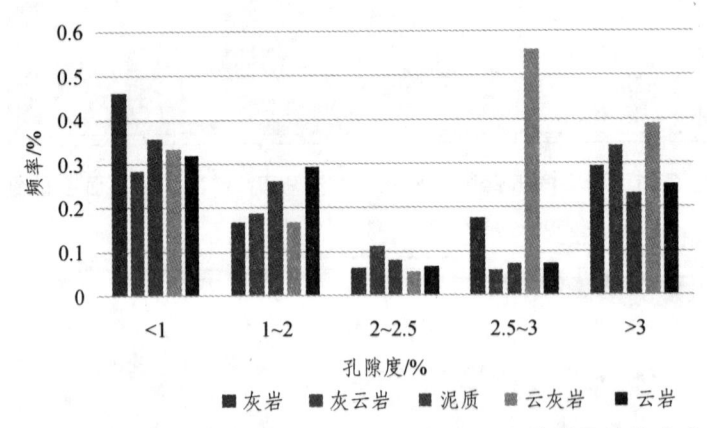

图 6-58 延安气田富县地区下古生界马家沟组不同岩性样品孔隙度分布频率

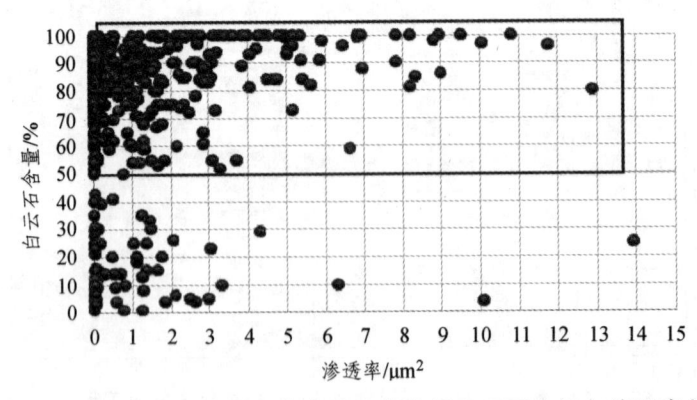

图 6-59 延安气田富县地区下古生界马家沟组白云石含量与渗透率相关性

第六章 储层特征

膏盐数致密岩层，但白云岩中含有一定量石膏时对储层物性提高有一定帮助，因石膏溶解形成的酸性液体可促进溶蚀作用发生。研究区多数样品薄片鉴定中观察到石膏，部分样品检测出一定量的石膏，白云岩样品中石膏含量最高可达45%。但是通过石膏含量与白云岩样品物性之间的关系可以看出，少量的石膏有利于改善储层物性，当含量太高时对物性没有明显改善作用（见图6-60）。

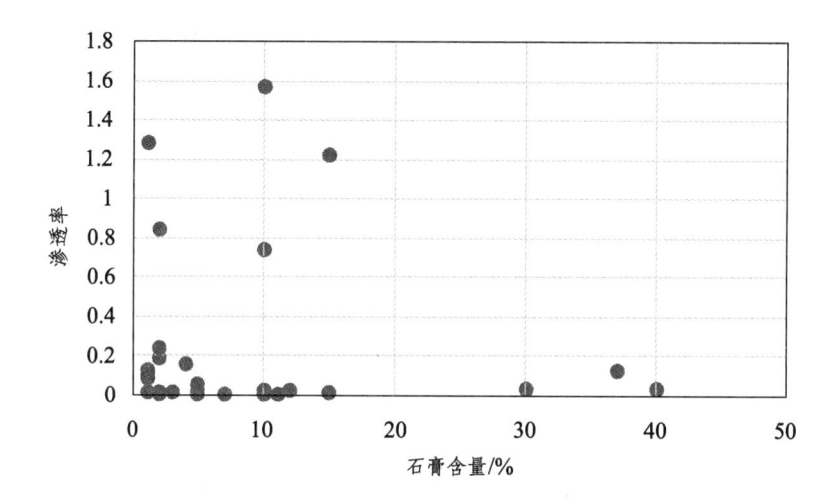

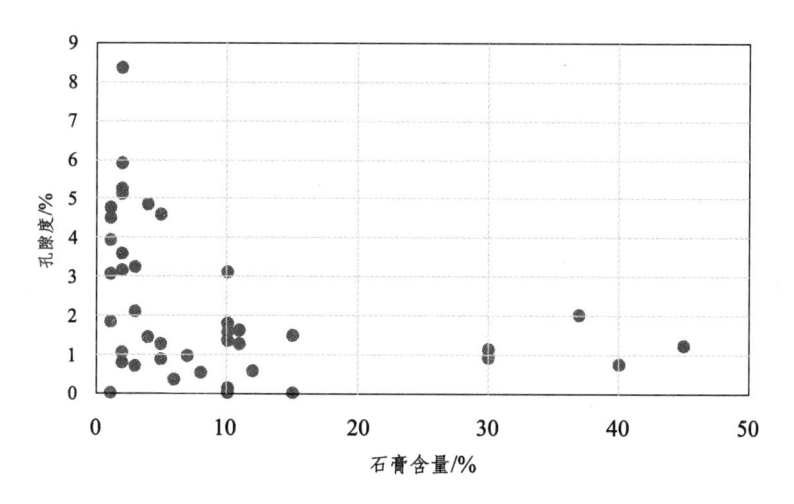

图 6-60 石膏含量与白云岩物性的关系

同时晶粒大小，以及含碎屑或角砾不同的白云岩储层物性差异也较大。如图 6-61 所示，样品中泥晶白云岩类和粉晶白云岩类孔渗条件较好，孔隙度大于 3%，渗透率超过 1×10^{-3} μm^2 的储层 100%来自泥晶和粉晶白云岩类，其中以泥晶云岩类为主。但同时大量的泥晶、粉晶云岩类孔隙度低于 2%，渗透率高于 1×10^{-3} μm^2，典型地受到微裂缝或裂缝影响，最大渗透率达到 30.46×10^{-3} μm^2。

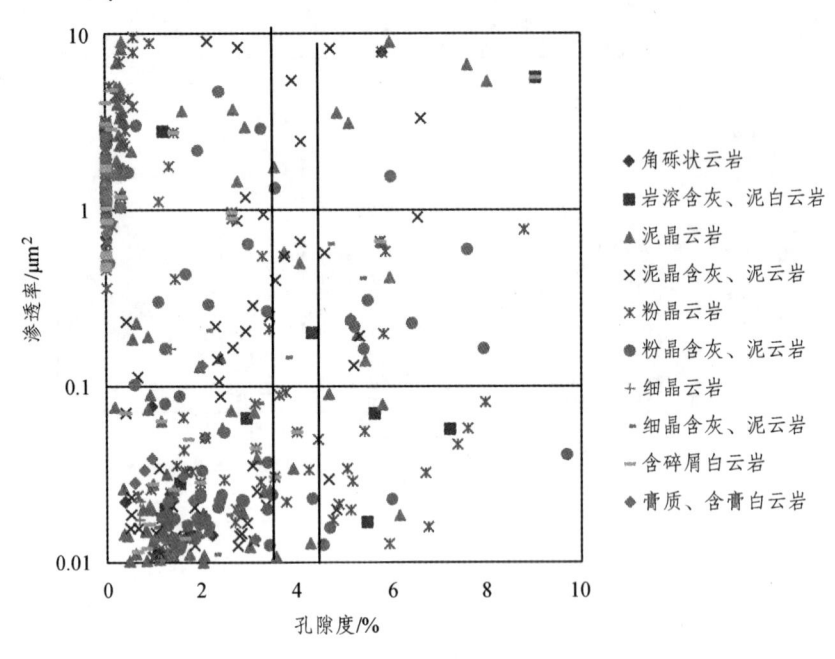

图 6-61 延安气田富县地区下古生界马家沟组不同岩性岩样的孔隙度和渗透率分布

二、沉积环境

不同的沉积环境白云岩占比差别大，研究区内白云岩类储层主要位于各时期发育的云坪和灰云坪内以及靠近风化壳的灰云坪、灰坪，这些云坪和灰云坪内白云石含量高于其他区域，物性也优于其他区域，孔隙度大于 4%、渗透率大于 0.05×10^{-3} μm^2 的储层主要位于这些区域内，在混合过渡坪中也有分布（见图 6-62～图 6-65）。同时在云坪内孔渗的差异也较大，说明沉积相不是控制储层物性的关键因素。

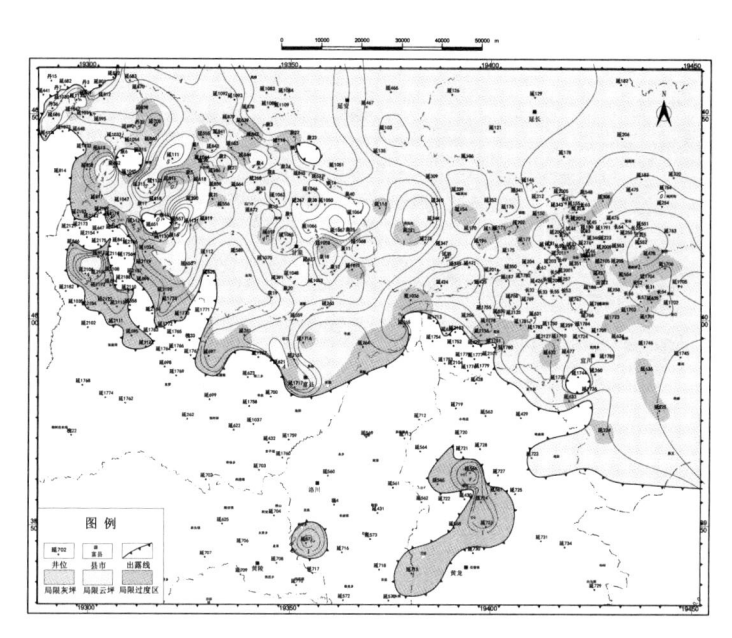

图 6-62 延安气田富县地区下古生界马家沟组马五$_1^3$沉积相与孔隙度分布叠合图

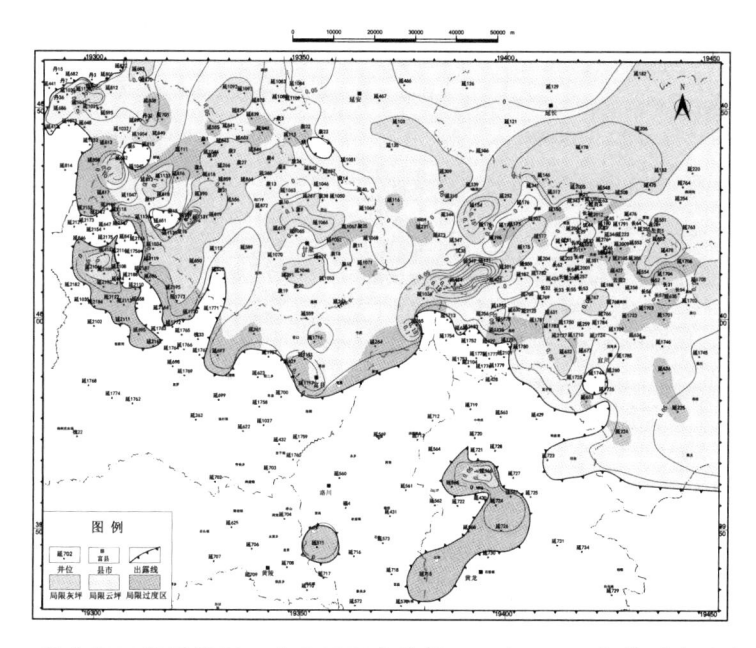

图 6-63 延安气田富县地区下古生界马家沟组马五$_1^3$沉积相与渗透率分布叠合图

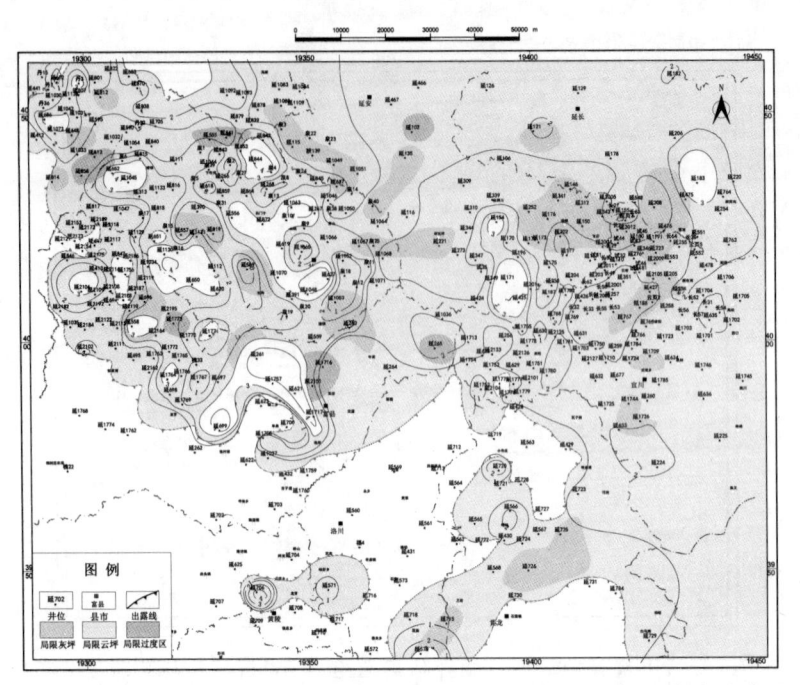

图 6-64　延安气田富县地区下古生界马家沟组马五$_2^2$沉积相与孔隙度分布叠合图

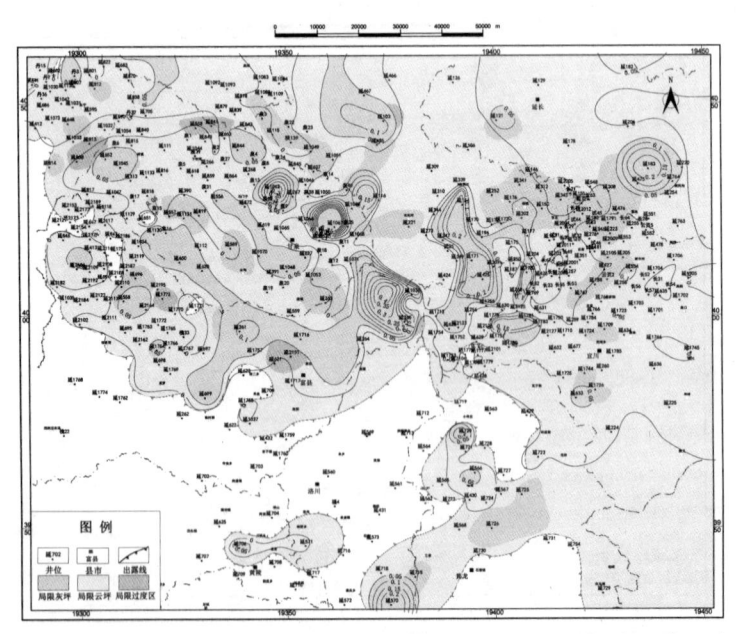

图 6-65　延安气田富县地区下古生界马家沟组马五$_2^2$沉积相与渗透率分布叠合图

三、古地貌

同在云岩分布区内，处于不同地貌单元内早期形成的白云岩会有不同程度的改造，由于岩溶盆地整体以储层的填充作用为主，物性相对较差，在这里主要分析岩溶斜坡带和岩溶高地边缘带储层的特征。

1. 岩溶斜坡单元与储层物性

斜坡地带处在古地貌水流能量较强的单元区域，由于接受地表径流溶蚀较强，同时一定的水流速度又使得其成岩作用主要以岩溶作用等建设性成岩作用为主，交代沉积等破坏性成岩作用较少（碳酸盐成岩作用，黄思静，2010），所以物性相对岩溶高地、岩溶盆地较好。本节将以岩溶斜坡为主要研究对象，介绍其三级构造单元——侵蚀沟谷、溶丘、浅洼和物性之间的关系。

以马五 1 层位为例（见图 6-66），将研究区内岩溶斜坡上的各井位按三级地貌单元进行分类，将其物性数据（孔隙度和渗透率）分别进行数据拟合，根据拟合散点图得出以下结论：

① 孔隙度和渗透率等物性数据线性关系较好。分别对溶丘、侵蚀沟谷、洼地等三部分拟合后，得出三条线性拟合的拟合优度 R^2 分别为 0.73、0.68、0.93，整体拟合效果较好。

② 溶丘的孔渗线性拟合曲线的斜率较洼地和侵蚀沟谷的斜率更大，这说明在相同孔隙条件下，溶丘上储层的渗透率更高，溶丘主体位于海平面之上，接受淡水淋滤作用强，地表水下渗到一定范围后才会发生胶结，但溶丘顶部易被碎屑充填，在溶丘环状边缘由于处于溶丘泄水方向，水动力强，碎屑充填程度低，较其他地貌单元相比，更有利于形成良好物性条件的天然气储层。

③ 洼地和侵蚀沟谷斜率差别不大，这可能是由于鄂尔多斯盆地属于华北克拉通稳定沉积条件，虽然斜坡上有洼地单元存在，但是地势起伏不会特别大，所以洼地对胶结沉积作用的影响区别不大。

④ 从图 6-66 中可以看出，洼地里井位储层物性投点相对集中，拟合程度较高，而侵蚀沟谷在图上的投点相对离散，拟合程度较低，这从侧面说明侵蚀沟谷在相同的孔隙条件下更容易形成渗透率较高的储层。由于斜坡局部陡缓变化，在主要泄水方向，流体动能较大，侧向侵蚀作用强，在沟谷两侧形成物性较好储层，从而出现物性突变。

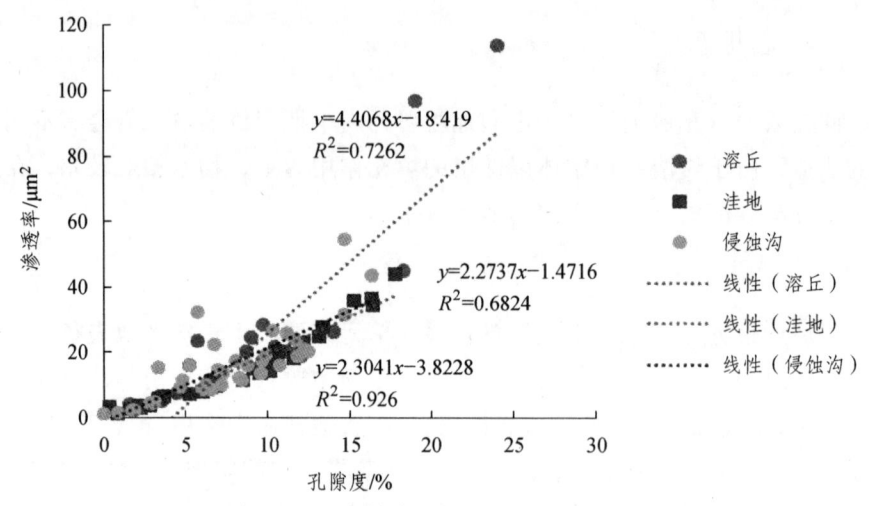

图 6-66　研究区内岩溶斜坡三级地貌单元与物性之间关系图

2. 岩溶高地单元与储层物性

侵蚀沟谷直接将岩溶高地与岩溶斜坡呈镶嵌状接触，造成岩溶高地边界呈凹状，由于此处为岩溶高地的主要泄水区，水流较急，水动力方式开始由岩溶高地强烈岩溶作用形成的垂直渗流作用转化为岩溶斜坡的水平径流作用，所以岩溶作用较强，易形成有利储层。

延长气田在研究区内对多口探井进行试气，通过试气后的产能，在研究区岩溶古地貌上进行气水柱子的投点，并总结了侵蚀沟和高产井位的位置对应关系。从图 6-66 可以看出以下特点：

① 在侵蚀沟两侧井位的产气量较高，如延*井位在马五$_4^1$层位进行试气，无阻流量达到#m³/d，这口井位置处在志丹与富县的交接处，在古地貌图上的位置位于延 2108-延 650-泉 20-延 273 侵蚀沟一线的两侧（见图 6-68）。如图 6-67A 所示，延 647 DEN 曲线较低，说明物性较好。

② 侵蚀沟底的井位的产气量较差，如处于沟底的延 847 和延 1756 等井位，分别在马五$_4^1$和马五 6~10 等层位试气，无阻流量为 0 m³/d。如图 6-67 所示，将延 647 与延 847 的马五$_4^1$测井曲线进行对比可以发现 DEN 密度测井曲线区别比较明显，延 847 相对延 647 储层密度较大，这说明前者物性较差。

综上所述，侵蚀沟作为岩溶高地上沿岩溶斜坡泄水通道形成的相对低洼带，一方面在其起源地带地势较高（岩溶高地），淋滤较强，物性基础较好；二是水流速度较快，其侧翼填充较弱，为有利储层提供良好的条件。

第六章 储层特征

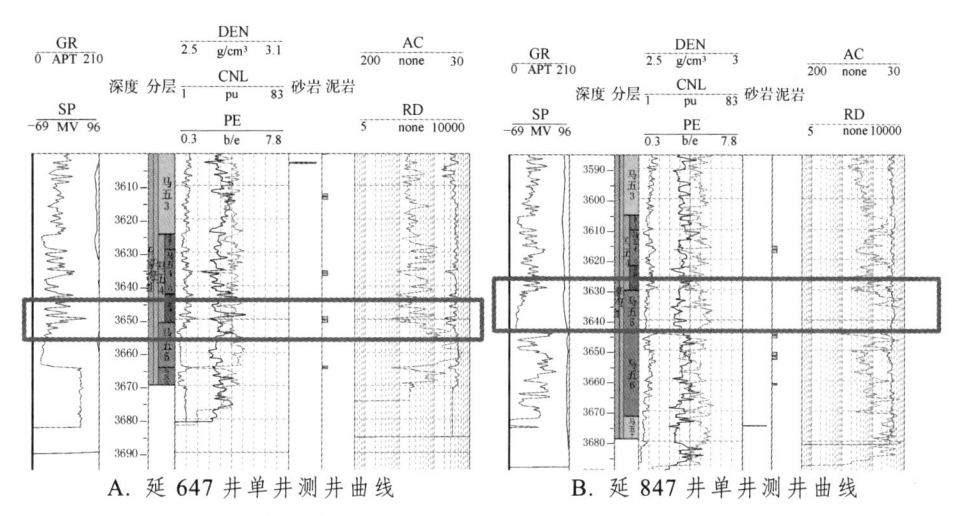

A. 延647井单井测井曲线　　B. 延847井单井测井曲线

图 6-67　延安气田富县地区下古生界马家沟组延 647、延 847 井测井曲线对比

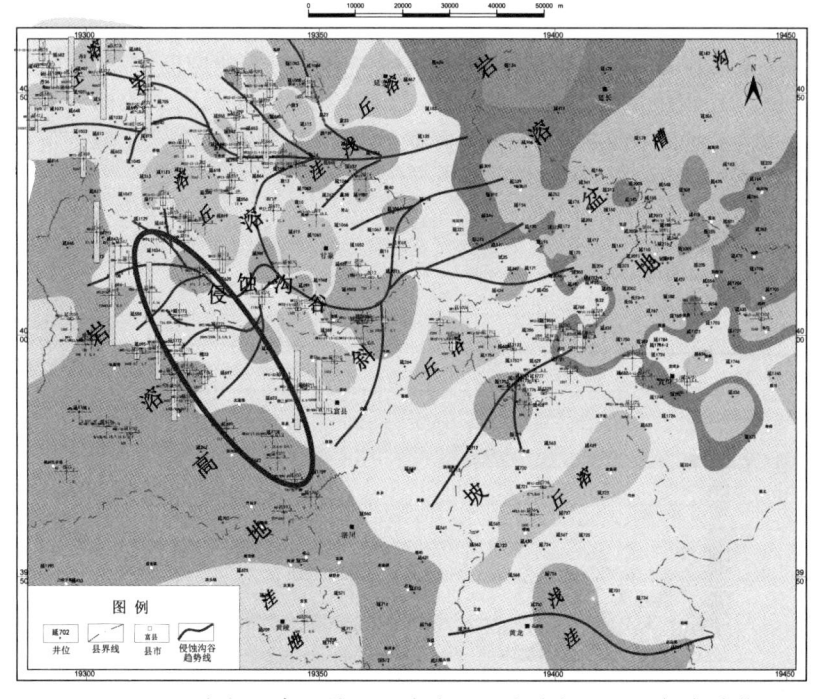

图 6-68　延安气田富县地区下古生界马家沟组顶面局部古地貌

四、成岩作用

不同成岩阶段的成岩作用存在差异，造成孔隙类型不同，孔隙度也发生相应变化。成岩作用主要分为两大类：建设性成岩作用和破坏性成岩作用。前者指在成岩过程中对于储层孔隙度、渗透率等物性起到正向作用的成岩作用，通过对研究区内铸体薄片样品的分析，可以发现主要的建设性成岩作用有白云岩化作用、岩溶作用；后者则指成岩过程中储层物性起到负向作用的成岩作用，而研究区内主要破坏性成岩作用有去白云化作用、压溶作用、胶结填充作用、重结晶作用。

1. 建设性成岩作用

（1）白云岩化作用。

白云岩化作用对于储层的改善作用主要是由于白云岩化过程中，岩石体积减小，导致孔隙出现，从而提高了面孔率，同时这种形成的孔隙多为晶间孔，一方面晶间孔连通性相对溶孔较好，另一方面这种孔隙也为溶蚀性流体进行进一步溶蚀扩大作用打下了基础（见图 6-70A）。研究区内，白云岩化作用形成的晶间孔隙较多，而且多种类型白云岩，如泥晶白云岩、细晶白云岩、粉晶白云岩中都有分布（见图 6-70B），白云岩化过程造成多数白云岩相比灰岩物性更好（见图 6-69），个别灰岩样品物性优于白云岩，孔隙度可以超过 10%，因其靠近风化壳，如延 1769 井马五$_2^2$段、延 1710 井马五$_1^4$段和延 1053 井马六段灰岩，当有裂缝存在时渗透率可超过 $10 \times 10^{-3}\ \mu m^2$。

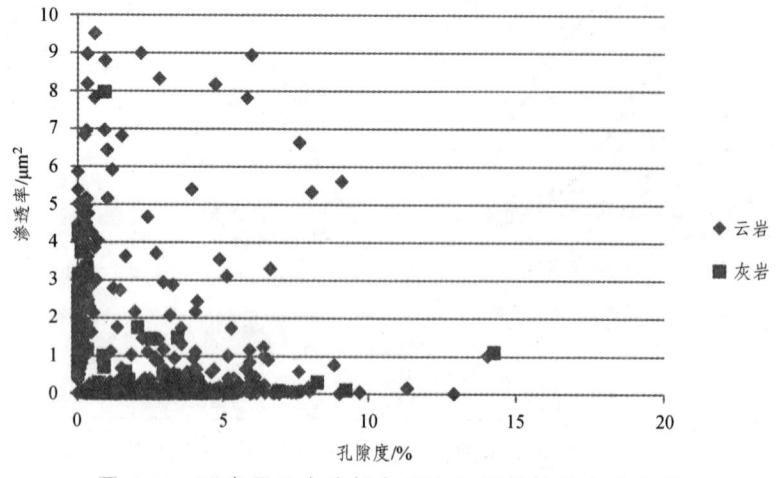

图 6-69　研究区马家沟组灰岩和云岩物性散点分布图

（2）岩溶作用。

岩溶孔隙是碳酸盐岩储层的一个重要改善物性方式，这些溶蚀流体的来源既可以是地表淋滤的淡水，也可以是中-深埋藏条件下热液作用，还有可能是生烃增压释放的酸性流体，在这种情况下，会形成溶孔、溶缝等多种储集空间，但是在研究区内，岩溶作用生成的储集空间，填充现象普遍较严重，尤其是对于在岩溶高地和岩溶盆地的储层。研究区内的溶蚀孔洞以铸膜孔和晶间溶孔为主，偶尔也可以见到溶洞等较大孔隙（见图6-70C、D）。

A. 延*，3 604.87 m，马五$_1^1$，晶间孔和晶间溶孔

B. 延*，3 154.19 m，马五$_1^3$，晶间孔

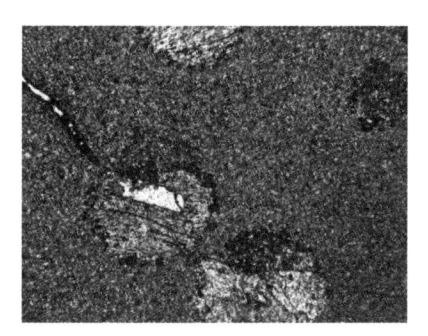

C. 延*，3 719.35 m，马五$_1^3$，铸膜孔

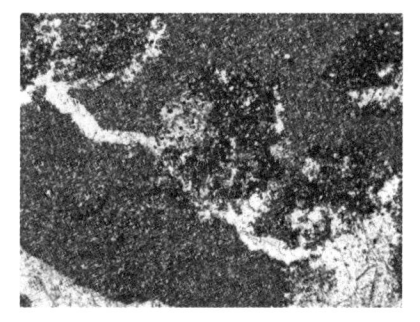

D. 延*，3 649.99 m，马五$_3$，铸膜孔

图6-70　延安气田富县地区下古生界马家沟组建设性成岩作用铸体薄片照片

2. 破坏性成岩作用

（1）去白云化作用。

去白云化作用出现在表生成岩时期，与淡水淋滤作用有关，在此过程中白云岩被方解石交代，是白云岩化作用的逆变化。原先在白云岩化过程中生

成的晶间孔隙在去白云化后，被填充交代，孔隙不发育，物性变差（见图 6-71A）。

A. 延*，2 398.5 m，马五$_4$²，
去白云岩化

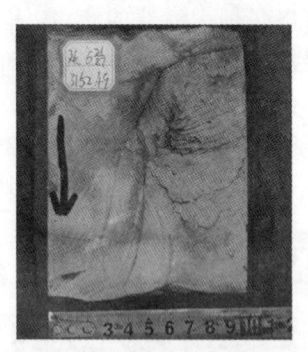

B. 延*，3 152.49 m，马五$_1$³，
压溶作用

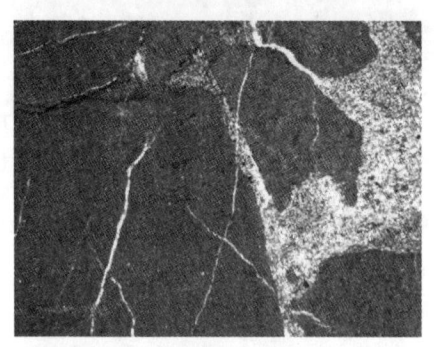

C. 延*，2 478.6 m，马五$_4$¹，
裂缝填充

D. 延*，3 309.5 m，马五$_2$¹，
方解石重结晶

图 6-71　延安气田富县地区下古生界马家沟组破坏性成岩作用铸体薄片照片

（2）压溶作用。

岩溶作用是指在压力的作用下，沉积岩中的高压区颗粒发生溶解，在流体牵引、携带下，在应力较低区沉淀的过程，经常产生塑性形变，主要发生在埋藏成岩期。由于有运移沉淀的过程，所以应力作用产生的裂缝孔隙经常在迁移过程中造成储集空间的充填，从而降低了储层的物性情况。研究区内压溶作用最直接的体现就是大量的缝合线，岩心观察中经常看到，但是在后期胶结作用下，基本上已经没有了储集价值（见图 6-71B）。

（3）胶结填充作用。

是盆地中常见的成岩作用，研究区内大量储集空间被亮晶方解石胶结，使得孔喉或裂缝被完全或半充填（见图 6-71C），影响储层物性。

（4）重结晶作用。

重结晶作用是碳酸盐岩储层在中-深埋藏的沉积环境中主要的成岩作用，它主要是指沉积岩由非晶质向隐晶质、晶质体变化的过程，其中经常伴随着颗粒由小变大的过程，所以在这个过程中，经常有孔隙被增大后的晶粒填充，再加上重结晶过程中有流体参与，其中的溶解物经常沉积在储集空间内，对储层造成破坏。研究区内重结晶作用也十分普遍，在铸体薄片和岩心观察中都经常见到（见图 6-71 D）。

五、凝灰岩对储层产生影响

已有的研究表明，凝灰质在许多情况下有助于改善砂岩储集空间。在凝灰质沉积岩层系中，凝灰质为储层溶蚀提供了"易溶组分"，为油气储集空间的形成提供良好的基础（李军，2004；杨华，2007；李向博，007；王宏宇，2010）。鄂尔多斯盆地上古生界部分砂岩储层、酒泉盆地青西油田下沟组都得益于凝灰质填隙物的广泛存在，它促进溶蚀作用，扩大孔喉半径。本次研究中，通过野外露头观察，在凝灰质岩层附近可见溶蚀孔洞（见图 6-72）。同时结合岩心、测井解释结果、试气成果分析了凝灰质条带和优质气层间的关系。

图 6-72　鄂尔多斯盆地山西省河津剖面马家沟组凝灰质控制储层特征

凝灰质条带在埋藏条件下发生脱水收缩作用而发育大量的裂缝，为后期生烃过程中释放的酸性流体、表生环境下淡水淋滤的流体等流通溶蚀作用提供了通道。并使流体流通通道在高应力状态下得以保存，降低了在深埋藏条件下压溶作用对于碳酸盐储层的破坏。

如图 6-74 中延 129-延 433 的气藏剖面所示，根据奥陶纪不整合面顶面古地貌高度值将剖面中不整合面恢复到古地貌，测井曲线特征显示在马五$_1$底部、马五$_2$底部、马五$_{41}$底部有多段凝灰质岩层，根据气水的解释结论可以看出，在岩溶斜坡带，因泄水动力充分，凝灰质条带上下相邻层位普遍发育较好气层，这应该与凝灰质对储层的建设性贡献有一定关系。如延*井在其马五$_1^3$、马五$_1^4$、马五$_5$等层位试气获#m^3/d高产，岩心观察发现马五$_1^3$有被凝灰质填充的缝网，并且断面发现大量方解石填充物（见图6-73）。

A. 延*，3 147.94 m，马四，溶孔被泥质、方解石半～全充填

B. 延*，3 150.25 m，马四，凝灰质泥岩

C. 延*，3 154.49 m，马五$_1^3$，层理缝被凝灰质填充

D. 延*，3 154.89 m，马五$_1^3$，发育3条层理缝，层理缝未充填

E. 延*，3 155.09 m，马五$_1^4$，层理面见凝灰质泥岩及方解石

F. 延*，3 093.35 m，马五$_2^2$，溶蚀孔洞被方解石填充

图6-73 延安气田富县地区凝灰质控制储层岩心照片

第六章 储层特征

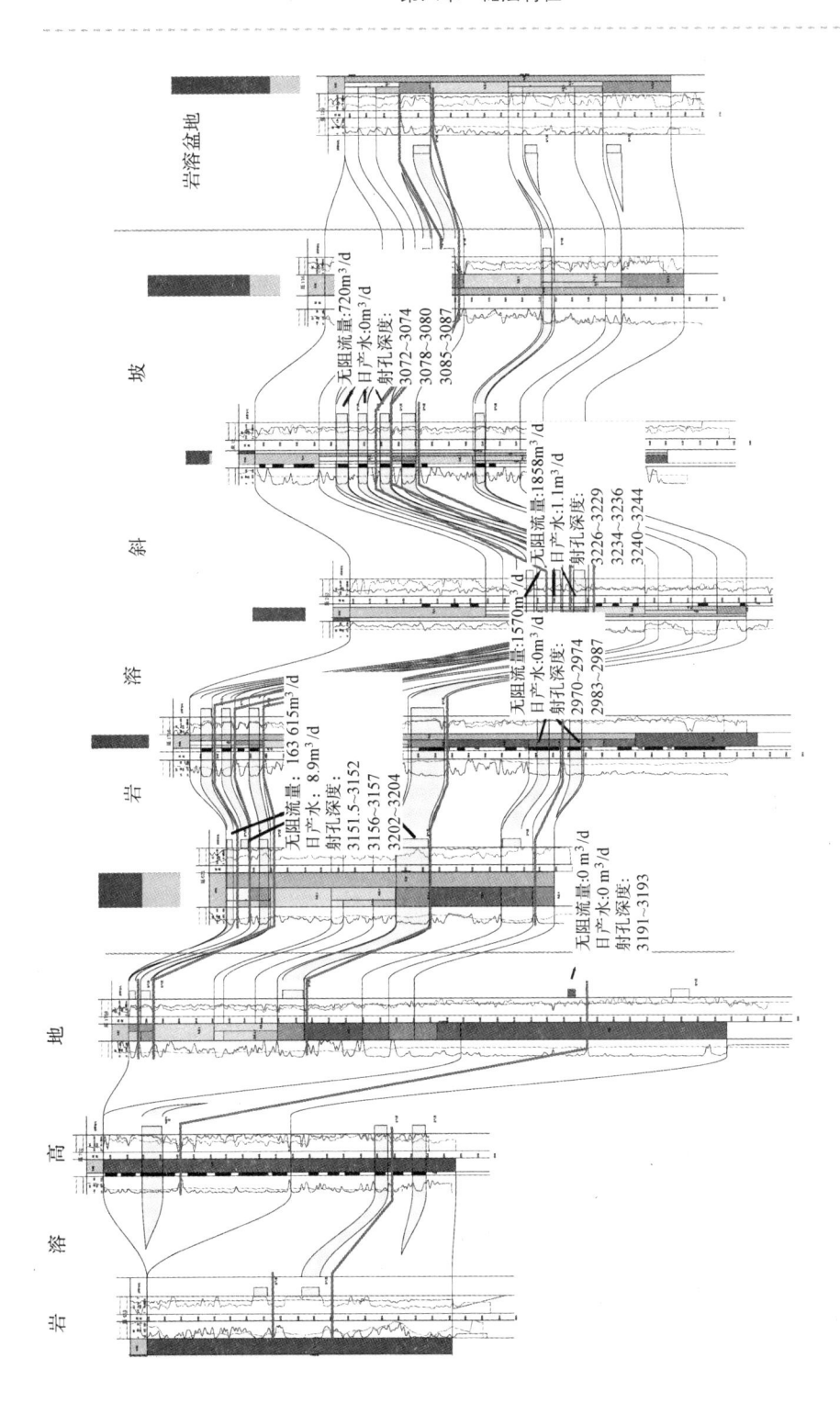

图 6-74 延安气田富县地区下古生界马家沟组延*-延*-凝灰质条带与气藏空间分布剖面图

第七节 储层分类评价

一、储层分类

根据研究区各类样品获取的孔喉特征、物性、压汞曲线及评价参数制定储层分类标准,划分出四大类,其中Ⅰ类为好储层,Ⅱ类为中等储层,Ⅲ类为差储层,Ⅳ类为非储层(见表6-13)。图6-75所示为延安气田富县地区下古生界马家沟组各小层孔渗分布散点图。

表6-13 延安气田富县地区下古生界马家沟组碳酸盐岩储层分类标准

类型		Ⅰ	Ⅱ		Ⅲ		Ⅳ
			Ⅱ₁	Ⅱ₂	Ⅲ₁	Ⅲ₂	
评价结果		好	中等		差		非
物性	孔隙度/%	>2.3	>1.5	>1.5	>1.5	<1.5	<1.5
	平均	3.49	2.85	2.04	2.27	1.26	1.36
	渗透率/×10^{-3} μm²	>0.1	>0.05	0.01~0.05	<0.01	>0.01	<0.01
	平均	0.15	0.13	0.07	0.008	0.1	0.007
毛管压力曲线特征	排驱压力/MPa	<0.5	0.5~17		>10		<0.5 或 >20
	微观非均质性	强、中等非均质性	弱、中等非均质性		弱、中等、强非均质性		中等、弱非均质性
	S_o/%	60~80	40~60	30~50	20~50	20~50	<20
	形态	中等、粗歪度,多平台	中等歪度,多平台		中等、细歪度,多平台		曲线贴边
孔隙结构类型		孔-洞-缝	孔隙-微裂缝型,孔-洞型		孔-洞型,裂缝型		致密型或含解理缝、微缝(孔隙不发育)

第六章 储层特征

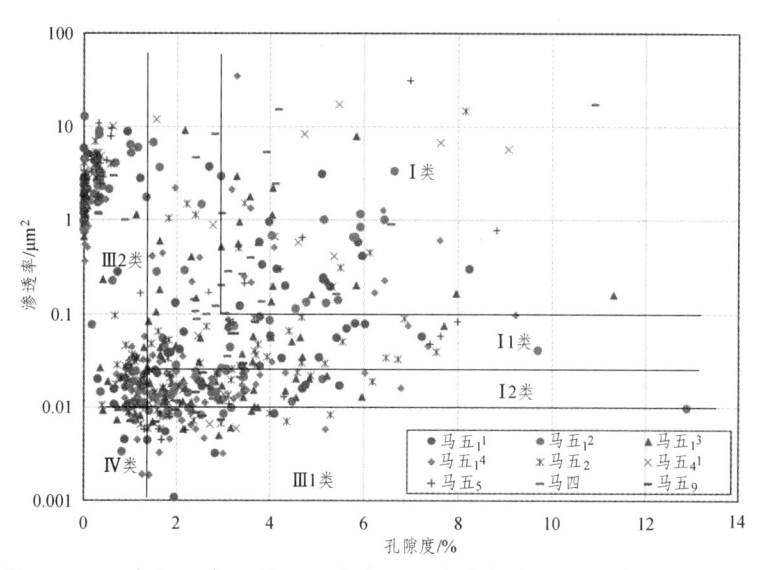

图 6-75 延安气田富县地区下古生界马家沟组各小层孔渗分布散点图

Ⅰ类储层典型特征为中、高饱，中低排驱，储层储集能力高、渗透率强，是马家沟组中最好的储层类型。孔喉分选性多样，以裂缝-溶蚀孔洞-晶间孔复合型以及溶蚀孔缝组合型为最好，该类储层孔隙度大于 2.3%，渗透率大于 0.1×10^{-3} μm^2，岩石类型主要为裂缝、晶间孔及晶间溶孔发育的泥晶云岩及泥晶灰质云岩、粉细晶云岩。图 6-76 所示为延 2188 井马五$_{41}$ 样品（3 577.73 m）压汞曲线图（Ⅰ类储层）。

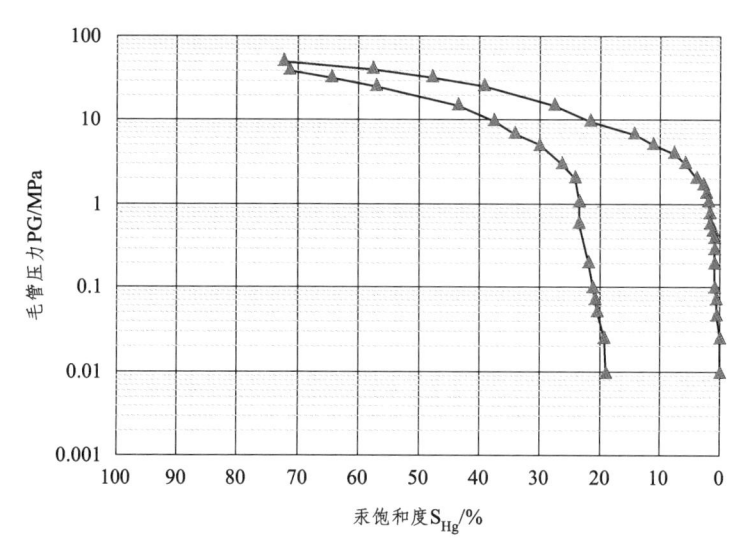

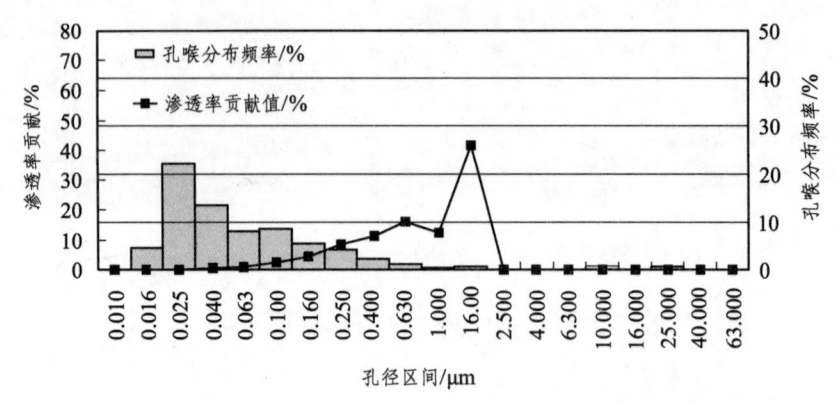

图 6-76　延 2188 井马五$_4^1$样品（3 577.73 m）压汞曲线图（Ⅰ类储层）

Ⅱ类为中等储层，储层孔隙结构以孔隙发育为主，裂缝发育程度明显降低，且其充填程度增加，主要为中低排驱-中饱储层，样品中该类储层平均孔喉半径普遍大于 0.266 μm。图 6-77 所示为延 1757 井马五$_6$样品（3 321.65 m）压汞曲线图（Ⅱ类储层）。

其中Ⅱ$_1$类为中等偏好储层，储层孔隙度大于 1.5%，渗透率大于 0.05×10^{-3} μm^2。岩石类型主要为晶间孔隙发育的粉细晶云岩及含灰云岩，主要分布于研究目的层的马五$_1$和马四亚段。在该类中也包括发育各类微裂缝，以晶间缝较为发育的结晶次生灰岩为主的储层。

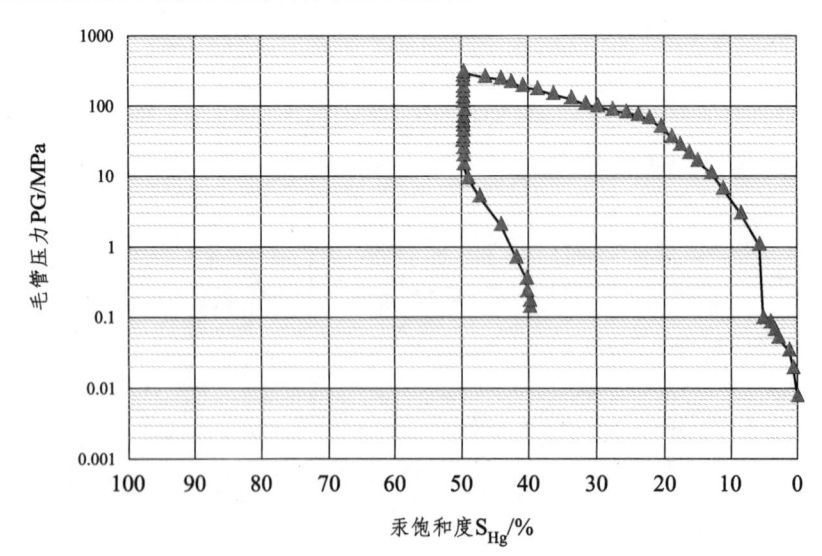

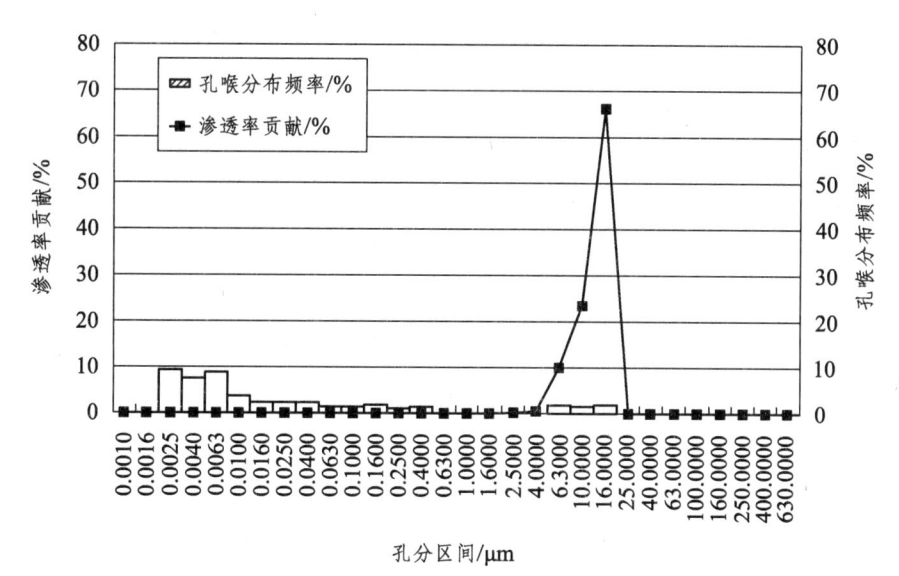

图 6-77 延 1757 井马五$_6$样品（3 321.65 m）压汞曲线图（II$_2$类储层）

II$_2$类储层为中等偏差储层，主要以低饱和中排驱为主，孔隙度也大于 1.5%，但是渗透率较前两类明显降低，介于 $0.01 \sim 0.05 \times 10^{-3}$ μm^2，平均孔喉半径介于 $0.02 \sim 1$ μm。岩性主要是胶结作用较强的溶蚀角砾云岩、孔喉半径较小的粉细晶云岩和灰质云岩等。研究目的层中，此类储层分布最为普遍，主要位于马五$_1$、马五$_2$亚段。

III 类储层差异较大，普遍存在孔渗此消彼长的特征，故认为该类储层质量差异非常大。III$_1$类储层孔隙度差别很大，渗透率普遍小于 0.01×10^{-3} μm^2，油气渗流能力很低，由于溶洞的存在可形成孔隙度超过 10% 的储层，但是由于孔洞连通性差，渗透率非常低，虽经后期储层改造可以改变其连通性，但低渗会影响油气充注；III$_2$类储层渗透率分布介于 $0.01 \sim 12 \times 10^{-3}$ μm^2，但是孔隙度都小于 1.5%，储层的储集能力有限，在渗透率大于 1×10^{-3} μm^2 的时候为典型的受裂缝影响造成，可成为非常重要的油气运移通道。图 6-78 所示为延 2188 井马五$_{41}$样品（3 578.6 m）压汞曲线图（III$_1$类储层）。

IV 类为非储层，以微饱、低排或高排为主，孔隙度低于 1.5%，渗透率普遍低于 0.01×10^{-3} μm^2，平均孔喉半径小于 0.03 μm，在遇微缝时可增加。岩性以各类致密云岩及灰岩为主，在研究目的层中均有分布。

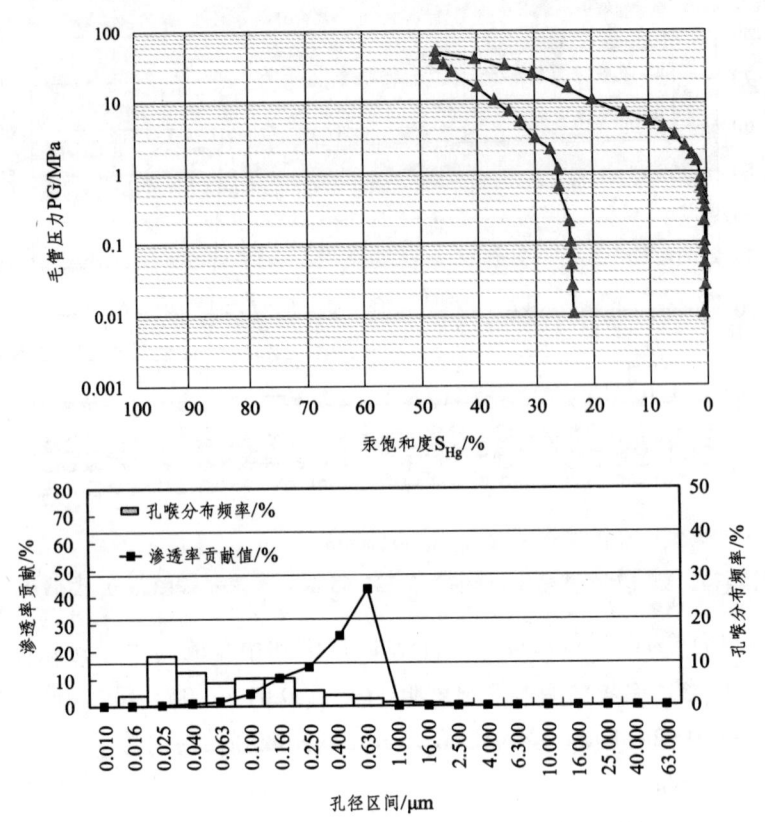

图 6-78　延 2188 井马五$_4^1$样品（3 578.6 m）压汞曲线图（Ⅲ$_1$类储层）

按此分类方案，在孔隙度、渗透率基础上，用饱和度约束，保证储层含气性，研究区内 22 块压汞样品的符合率超过 95.4%，分类方案可行。根据样品匹配储层类型发现，马家沟组内开启程度较高的裂缝及其复合型的Ⅰ类储层在样品中不常见，可见平均孔径 0.232 μm，均值 0.168 μm，孔隙度 2.33%，渗透率 4.1×10^{-3} μm^2，以晶间孔为主，孔喉分选性为中等的Ⅰ类储层，马四也具备形成Ⅰ类好储层的条件；马家沟组有利储层主要为Ⅰ类和Ⅱ类，但最常见的是Ⅱ类储层，主要为分选较差的微裂缝和晶间孔隙组合型、分选中等的溶蚀孔和晶间孔组合型储层。

二、储层评价

石油工业行业标准确定了碳酸盐岩储层评价的标准。国内现行石油行业标准（SY/T6285-1997）将碳酸盐岩储层分为四类（见表 6-14）。

表 6-14　碳酸盐岩含气储层物性分类标准（SY/T6285—1997）

储层厚度 h/m		孔隙度 Φ/%		渗透率 k/(10×10^{-3} μm^2)	
特厚层	$h\geq10$	高孔	$\Phi\geq25$	高渗	$k\geq500$
厚层	$5\leq h<10$	中孔	$15\leq\Phi<25$	中渗	$10\leq k<500$
中厚层	$2\leq h<5$	低孔	$10\leq\Phi<15$	低渗	$0.1<k\leq10$
薄层	$1\leq h<2$	特低孔	$\Phi<10$	特低渗	$k\leq0.1$
特薄层	$h<1$	—	—	—	—

　　研究区马家沟组马五$_1$、马五$_2$、马五$_{41}$、马五$_5$、马五$_9$、马四储层平均孔隙度都低于 4%，平均渗透率小于 1（×10^{-3} μm^2），主要都为特低孔低渗储层和特低孔特低渗储层（见表 6-14）。

　　根据储层影响因素分析认为研究区有利储层分布在岩溶作用发育的云坪、灰云坪内厚层云岩分布区，如岩溶斜坡溶丘、侵蚀沟谷两翼的云岩发育区。这些区域储层储集能力、渗流系数较高，产能也较好。

　　在以储层孔喉结构为依据建立的分类基础上，选取储层厚度、孔隙度、渗透率、含气饱和度和储集系数应用聚类分析，并结合试气结果建立工区内与产能相关的储层分类标准（见表 6-15），由此在研究区圈定了下古生界马家沟组马五$_1$、马五$_2$、马五$_4$、马五$_5$ 主要含气层段中 I、II 类有利储层的分布区域[见图 6-79（A～F）]。根据该分类标准，聚类分析及平面图都表明研究区有利储层主要为 II 类储层，占比超过 50%。马五$_1$～马五$_5$ 有利 I、II 类储层叠加区域面积达到 2 956.09 km^2。在储量丰度#m^3/km^2 情况下，储量约为 #m^3，按照采气速度 1.5%，可建产# m^3。

表 6-15　研究区下古储层分类评价标准

储层类型		厚度 h	孔隙度 Φ/%	渗透率 k /(10×10^{-3} μm^2)	储集系数 Φ_k	含气饱和度 S_g/%
I		$h\geq3$	$\Phi>2.3$	$k>0.1$	>7	60～80
II	II$_1$	$h>1$	$\Phi>1.5$	$k>0.05$	>1.5	40～60
	II$_2$			0.01～0.05		30～50
III	III$_1$	$h<1$	$\Phi>1.5$	$k<0.01$	<1.5	20～50
	III$_2$		$\Phi<1.5$	$k<0.01$		

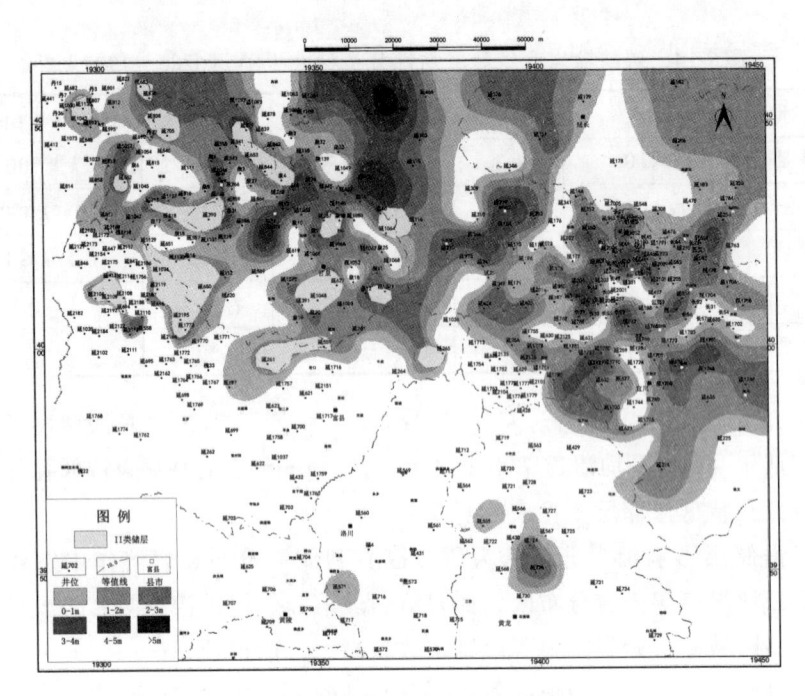

A. 马五$_1^2$有利储层分布区域

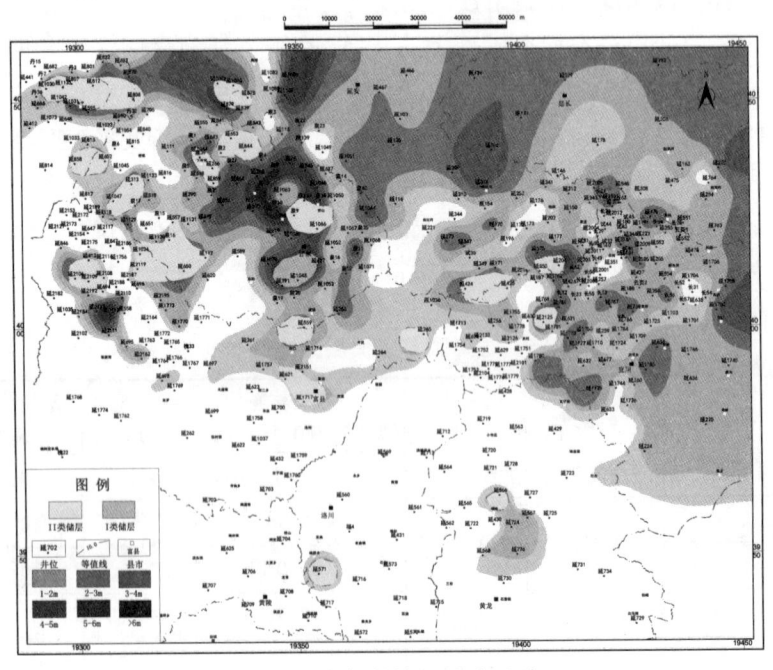

B. 马五$_1^3$有利储层分布区域

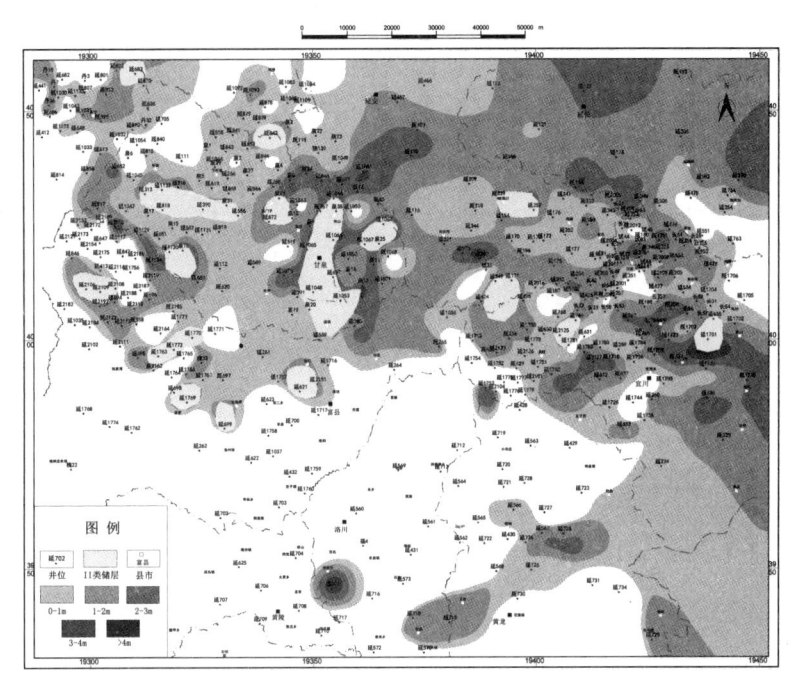

第六章 储层特征

C. 马五$_1^4$有利储层分布区域

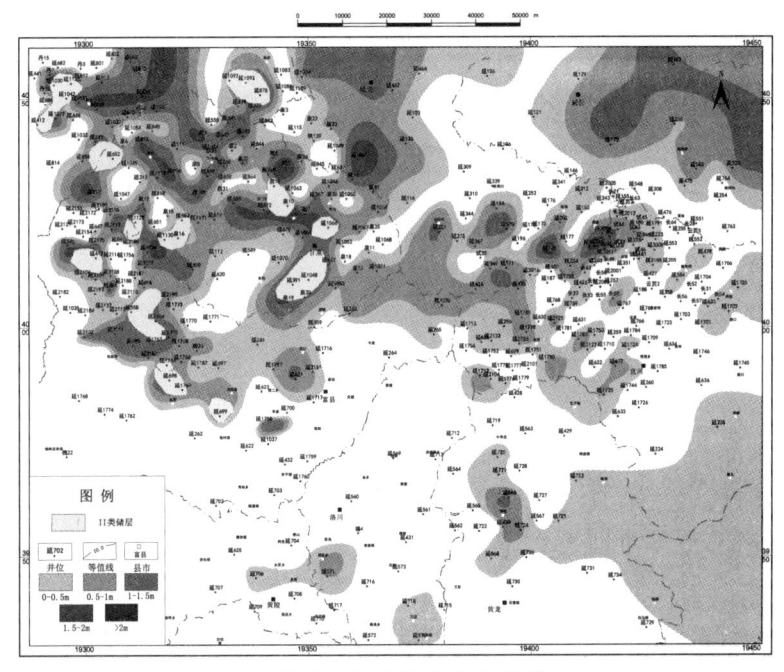

D. 马五$_2^1$有利储层分布区域

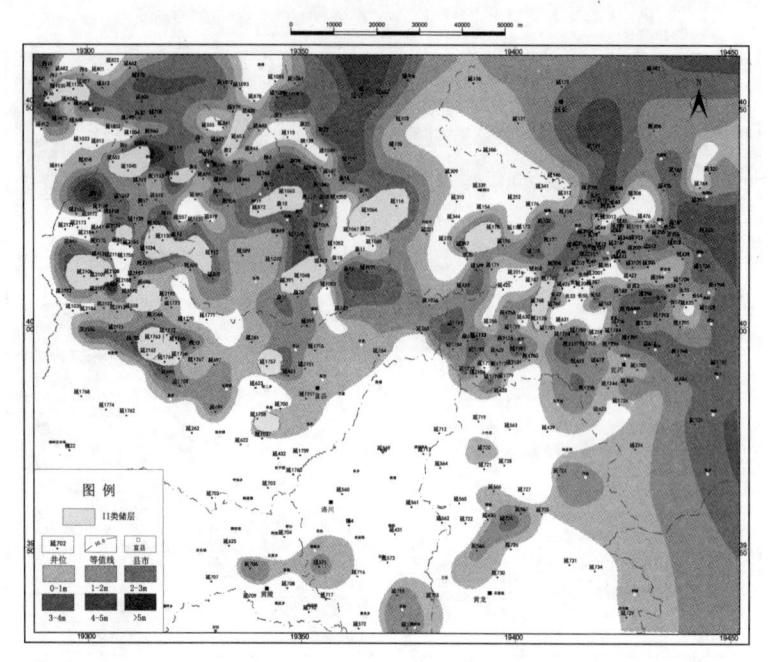

E. 马五$_2^2$有利储层分布区域

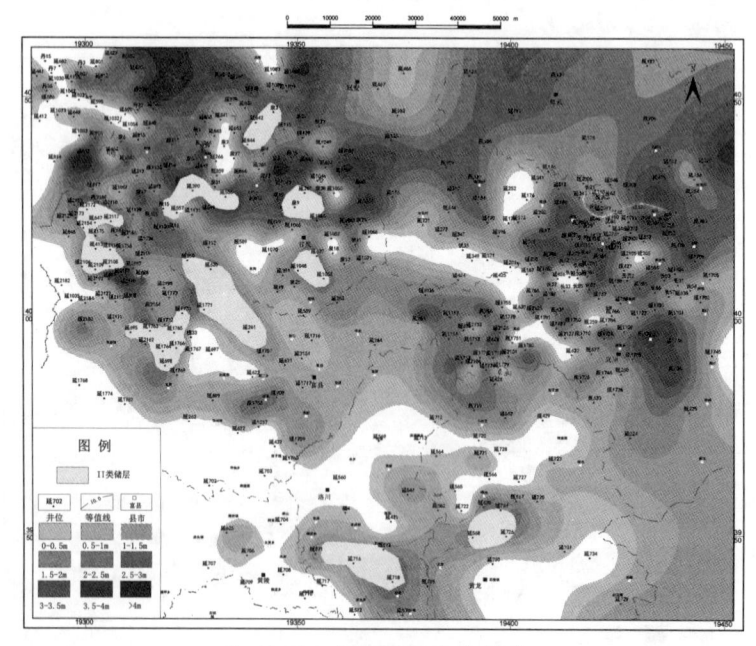

F. 马五$_4^1$有利储层分布区域

图 6-79　延安气田富县地区下古生界马家沟组马五$_1^2$至马五$_4^1$有利储层分布图

第七章 气藏形成演化与成藏模式分析

第一节 气源分析

鄂尔多斯盆地奥陶系马家沟组天然气成因及来源的研究相对薄弱,目前主要认为上古生界煤成气和下古生界油型气为马家沟组气藏的主要来源。一般认为上组合主要为上古生界煤成气,然而近年来研究发现的油型气的存在,因此对于马家沟组气藏特别是中下组合存在主要以煤成气和油型气为主的 2 种争论。目前有更多学者认为下古生界油型气对中组合特别是马家沟组五段 6 亚段盐下气藏具有重要贡献,并对以往认为生烃潜力不高的下古生界奥陶系碳酸盐岩烃源岩的生烃潜力也进一步做了论证,更有学者认为鄂尔多斯盆地奥陶系马家沟组存在大量有机碳含量大于 1% 的优质碳酸盐岩烃源岩。而且鄂尔多斯盆地奥陶系中组合天然气部分样品也存在甲烷、乙烷碳同位素偏轻,具有油型气的特征。

一、天然气特征

研究区奥陶系马家沟组高演化天然气具有甲烷含量高、重烃组分含量低的特征,干燥系数普遍超过 99%,属典型的干气(见表 7-1)。烃类气中甲烷值分布范围为 88.94% ~ 99.23%,非烃气体含量普遍较少,但普遍比靖边地区古生界天然气中非烃组分含量高。相比北部长庆区块内部分探井 H_2S 含量较高,达 9.2%,本区 H_2S 含量较低,低于 1%,研究区相比靖边地区远离膏盐湖区域,石膏热化学作用形成的 H_2S 含量较少;非烃气体中以 CO_2 含量最高,分布介于 2.8 ~ 9.3;部分样品 N_2 含量较高,可能是由于少数样品在取样时受到了一定的空气污染(见表 7-2)。

二、天然气碳同位素分析

研究区内马家沟组天然气甲烷碳同位素普遍为 -30‰,上古天然气甲烷碳同位素偏高,可达 -28.7‰,盆地中部地区中组合天然气甲烷碳同位素最低可达 -39.5‰,从上古生界至马家沟中组合甲烷碳同位素逐渐变轻,这与盆地中部马家沟组中组合其他天然气样品测试特征一致(见图7-1)。盆地中部上古生界天然气 $\delta^{13}C_2$ 最重,分布范围为 -30‰~-22‰,主要区间是 -30‰~-26‰;下古生界奥陶系马家沟组上组合较重,分布范围为 -34‰~-28‰,主要区间是 -34‰~-32‰;下古生界奥陶系马家沟组中组合最轻,分布范围为 -40‰~-32‰,主要区间是 -36‰~-32‰(见图7-2)。从上古生界至下古生界上组合变轻,再至中组合盐下气藏逐步加重,此种发展趋势不仅不符合天然气运移分馏效应,而且也不契合成熟度差异理论去解释(随运移距离增加,分馏作用会导致甲烷碳同位素变轻),可能为多气源或经历过改造的气藏。

表 7-1 不同区域天然气成分对照

地区	井名	层位	C_1	C_2	C_3	iC_4	nC_4	iC_5	nC_5	CO_2	N_2	H_2S	$C_1/(C_1-C_5)$
研究区	延686	马五₁	94.2	0.21	0.03	0.01	0.005	0.003	0.002	2.8	2.25	0.1	99.72
	富古4	马五	88.94	0.23	0.01	—	—	—	—	9.3	0.76	0.71	99.7
	富探1	马五	91.59	0.39	0.06	—	—	—	—	5.59	2.38	—	99.5
靖边	龙探1井	马五₇	96.871	1.794	0.28	0.146	0.07	—	—	0.067	0.665	—	97.6
	陕102	马五₁³	95.942	0.46	0.039	—	—	—	—	1.02	2.45	—	99.5

表 7-2 鄂尔多斯盆地中下组合天然气成分(据长庆资料)

层位	\multicolumn{9}{c}{天然气组分‰}	烃类含量/%	干燥系数	\multicolumn{3}{c}{$\delta^{13}C/PDB$, %}
	C_1	C_2	C_3	iC_4	nC_4	CO_2	H_2	N_2	H_2S			C_1	C_2	C_3
马五₇、马五₉	87.8	0.01	—	—	—	—	—	—	12.1			-36.62	-23	—
马五₇	94.4	0.32	0.28	0	0	2.93	0	3.33	—	93.74	0.993	-35.06	-28.68	—
马五₇	85.1	0.74	0.03	0	0	4.45	0	5.11	—	84.44	0.997	-32.62	-30.45	-30.78
马五₆	91.3	0.65	0.06	0	0	3.85	0	3.95	—	92.2	0.996	-34.62	-30.71	-29.98
马五₅	94.7	0.19	0.01	0	0	3.58	0	1.5	—	94.92	0.998	-35.15	-34.3	-27.89

续表

层位	天然气组分‰									烃类含量/%	干燥系数	δ^{13}C/PDB, %		
	C_1	C_2	C_3	iC_4	nC_4	CO_2	H_2	N_2	H_2S			C_1	C_2	C_3
马五$_7$	93.29	0.25	0.02	0	0	6.44	0	0	—	93.56	0.997	-34.41	-36.31	-31.27
马五$_7$	99.1	0.25	0.12	—	—	—	—	—	—			-36.31		
马五$_7$	86.5	0.24	0.04	0.02	0	7.16	0	0	—	86.84	0.996	-35.74	-26.95	-26.14
马五$_8$	97.3	0.45	0.02	0	0	2.11	0	0.12	—	97.75	0.995	—	—	—
马五$_8$	98.3	0.82	0.02	0	0	—	—	—	—			-33.56	-26.46	—
马五$_7$、马五$_8$	98.6	1.87	0.04	0.25	0.3	0.05	0	0.39	—	99.01	0.975	-35.95	-34.51	-30.47
马五$_8$	91.79	0.89	0.08	0.1	0	4.31	0	4.06	—	87.63	0.995	-35.68	-30.45	-26.81
马五$_7$、马五$_9$	85.2	0.21	0.21	—	—	—	—	—	9.21	85.65	0.987	-35.75	-26.5	—
马五$_7$	93.2	0.39	0.07	0.02	0	—	—	—	—	99.78	0.999	-39.5	-29.89	-21.6
马五$_7$、马五$_8$	98	1.07	0.15	0	0	—	—	—	—	99.33	0.985	-32.52	-22.78	-22.43

表 7-3　不同区域天然气成分对照

地区	井名	层位	$\delta^{13}C_1$	$\delta^{13}C_2$	$\delta^{13}C_3$
研究区	延 1755-3	上古	-28.7	—	—
	延 2012	上古	-31.3	—	—
	富古 4	马五	-32.61	-36.95	-30.37
	富探 1	马五	-33.74	-37.49	-18.2
靖边	陕参 1	马五风化壳	-34.26	-27.22	—
	陕 383	山 1	-27.5	-32.3	-29.8
	陕 102	马五 13	-32.63	-33.91	-24.28
	陕 273	马五 1	-31.2	-36.8	-29.9
苏里格	陕 430	马五 4^1	-31.2	-32.7	-26.2
	苏 398	太原组	-32.4	-24.9	-26.4

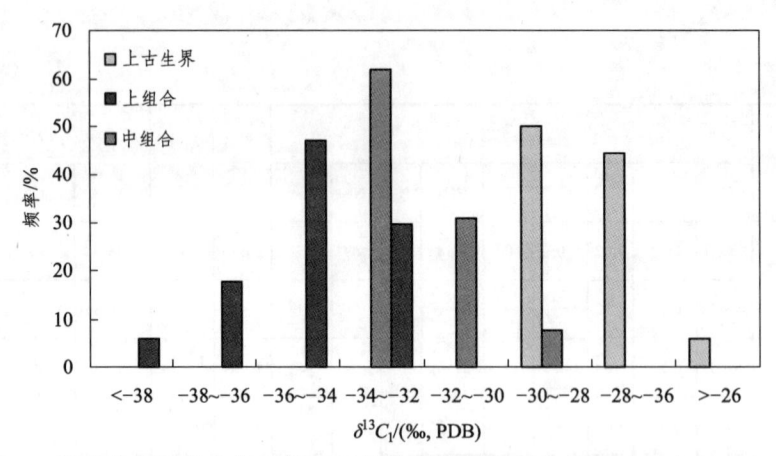

图 7-1 鄂尔多斯盆地中部天然气甲烷碳同位素含量统计图（据李军，2016）

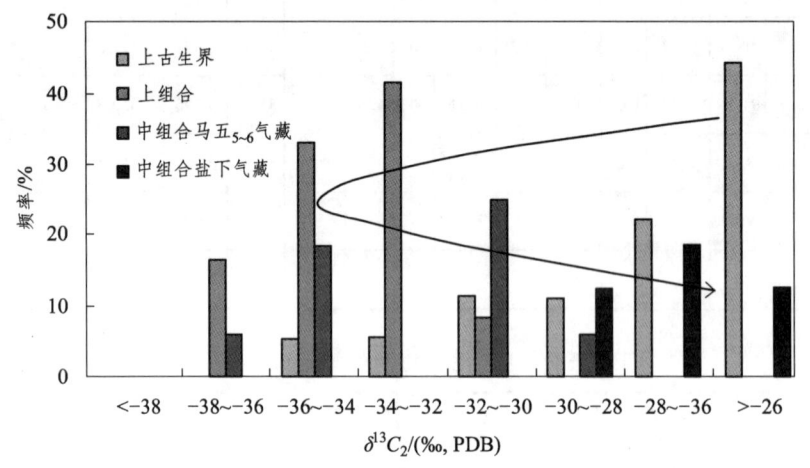

图 7-2 鄂尔多斯盆地中部天然气乙烷碳同位素含量统计图（据李军，2016）

三、气源分析

气源分析目前常用的就是气样的碳同位素分析，利用天然气成因判别图版来识别天然气的来源，已有的文献资料显示鄂尔多斯盆地奥陶系上、中组合天然气为上古生界煤系烃源岩生成的煤成气与下古生界碳酸盐岩烃源岩生成的油型气的混合气，以上古生界煤成气为主。

由样品分析及文献统计天然气碳同位素资料可以看出，研究区出现了较多碳同位素倒转（$\delta^{13}C_1 > \delta^{13}C_2$）的天然气样。戴金星等认为出现这种现象的原因包括有机烷烃气和无机烷烃气的混合、煤成气和油型气的混合、同型不

第七章 气藏形成演化与成藏模式分析

同源气的混合和细菌氧化作用。

由于上古生界煤成气与奥陶系油型气在奥陶系储层中混合时，源自上古生界高成熟煤成气的甲烷由于运移分馏作用得到了一定程度变轻，但变轻的程度还不至轻于成熟度略高的油型气中的乙烷。由于运移过程中组分分馏作用，源自上古生界煤成气的乙烷及重烃减少，奥陶系原油裂解气的混入对奥陶系天然气乙烷及重烃碳同位素影响较大。但同时由于奥陶系烃源岩不发育，其生成的天然气量有限，这种混入对甲烷碳同位素的影响较小。前人研究也表明，煤成气与油型气混合对乙烷碳同位素的影响远大于甲烷碳同位素，两者若以 8:1 混合，混合气的乙烷碳同位素即可表现为油型气特征（乙烷碳同位素变重）。因此，奥陶系上组合天然气碳同位素序列总体表现为 $\delta^{13}C_1 > \delta^{13}C_2 < \delta^{13}C_3$ 倒转型。随着运移距离的增加，中组合天然气甲烷碳同位素进一步变轻，盐上气藏天然气表现为 $\delta^{13}C_1 > \delta^{13}C_2 < \delta^{13}C_3$ 倒转型和 $\delta^{13}C_1 < \delta^{13}C_2 < \delta^{13}C_3$ 正序共存。运移分馏效应和混源作用造成碳同位素倒转。

因富县境内天然气气样都为合层同采气样，无法单独分析马家沟组的气源，故选取在此区域内的富古 4 井的研究资料。根据资料，该井马家沟组气样的碳同位素投入图版显示为油型气特征（见图 7-3），且以油型气计算的 R_O 平均值为 3.50%，明显高于二叠系煤系烃源岩的成熟度，与富县地区马家沟组、石炭系底部 R_O 相吻合，不仅指示其处于过成熟阶段，在认可混源气的基础上，认为该气藏是石炭系灰岩和奥陶系马家沟组灰岩在过成熟阶段的过成熟产物。

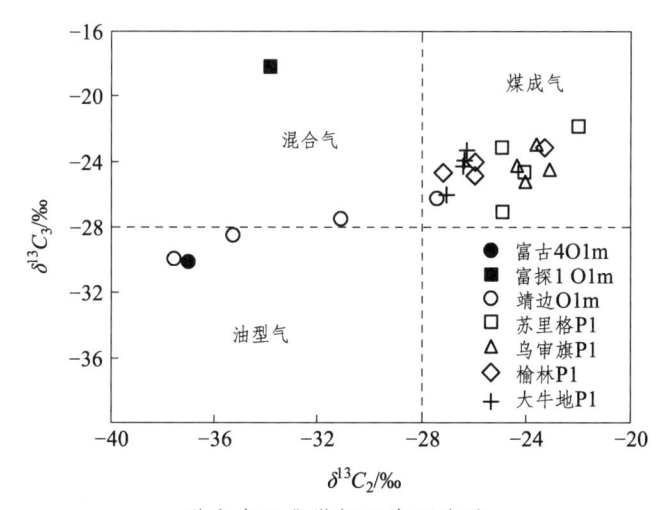

引自中石化勘探开发研究院

图 7-3 鄂尔多斯盆地中部、富县地区天然气的 $\delta^{13}C_2$-$\delta^{13}C_3$ 关系图

同时，在研究区内富探 1 井和陕 139 井的马五段内都发现厚度超过 10 m 的含沥青层，延 1758 井岩心中可见沥青质，延 430 井马五$_2^2$，延 427 井距马六顶面 0.2 m 的灰岩样品中见沥青充填裂缝，指示马家沟组风化壳储层曾有原油充注，经历了油层向气层的转化，也为油型气来源提供了佐证（见图 7-4）。奥陶系油型烃源岩先进入生油阶段，并运移至马家沟组储层，随着埋深逐渐增加，当 Ro 达到 0.5%时开始大量生成煤成气，煤成气与已有油型气以及奥陶系新生成的油型气混合成藏。

A. 延*取样-马五$_5$、3107.3～3107.5、粉晶白云岩，顺层白云化，发育层理构造，发育缝合线，其中有沥青质

B. 延*取样-马五$_5$、3107.9～3108.1、泥云岩，发育缝合线，其中有沥青质夹层，层理发育

图 7-4 延安气田富县地区储层缝合面中沥青

根据郝石生（1996）、程付启（2007）针对风化壳气藏的研究表明，马家沟组风化壳储层内部并不连通，风化壳气藏是由多个相互不连通的小气藏组成，造成奥陶系风化壳气藏混源比例差异很大（见表 7-4），整体呈现在侵蚀沟两侧的气层煤成气占比更大，显示煤成气经历两次充注。在圈闭形成的早期煤成气在已有油型气基础上呈现整体式下渗，随着压实增强，盖层致密性增加，煤成气沿侵蚀沟谷侧向侵入储层，增加煤层气占比。

表 7-4 奥陶系风化壳煤成气与油型气混合比例估算结果（据程付启，2007）

井号	混源气碳同位素组成 /‰		估算结果	
	$\delta^{13}C_1^*$	$\delta^{13}C_2^*$	煤成气/油型气	R_{o1} /%
陕 5	−33.84	−31.33	0/100	2.40
陕参 1	−34.26	−27.22	32/68	1.76

续表

井号	混源气碳同位素组成/‰		估算结果	
	$\delta^{13}C_1^*$	$\delta^{13}C_2^*$	煤成气/油型气	R_{o1}/%
林1	-34.31	-28.32	22/78	1.89
陕2	-35.87	-26.49	40/60	1.35
林2	-35.62	-25.85	50/50	1.29
陕21	-36.01	-24.48	100/0	0.92
榆3	-30.94	-27.52	40/60	2.35
麒参1	-32.30	-24.48	65/35	1.64
洲1	-32.17	-25.20	55/45	1.85
米2	-31.86	-23.75	84/16	1.50
铺1	-32.56	-26.23	42/58	1.94
鱼1	-40.55	-28.90	24/76	0.88

在鄂尔多斯盆地中部区域，以奥陶系马家沟组上组合的天然气作为转折区域，从上组合至中组合的盐下，天然气乙烷碳同位素随着甲烷碳同位素的减轻而增重的特点印证了研究区奥陶系自身烃源岩产生的油气混合比慢慢下降，同时这也符合实际的成藏地质背景（见图7-5）。

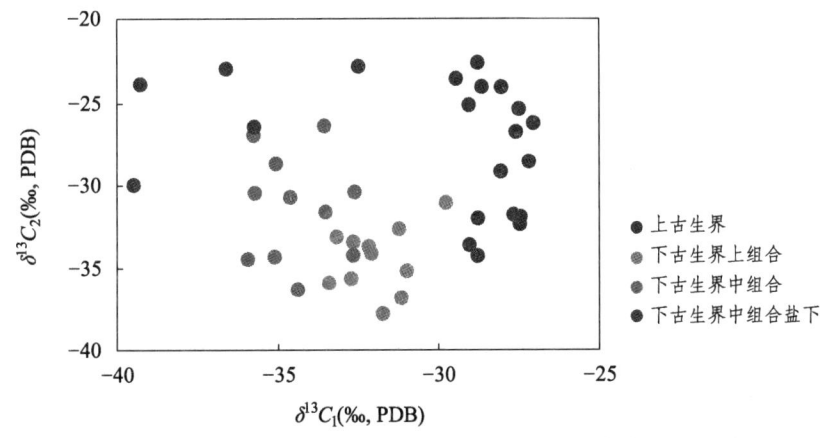

图7-5 天然气甲烷碳同位素与天然气乙烷碳同位素含量统计图

表 7-5　鄂尔多斯盆地奥陶系马家沟组中组合甲烷碳同位素 $\delta^{13}C$ 分析
（据黄正良，2014）

样品来源	井号	层位	井深/m	甲烷 $\delta^{13}C$ (‰) 测定值	平均值	气源
上古生界（煤系） （对比样品：153 个）	苏 7	D_2sh	3320~3328	-33.08	-32.9	上古生界 （已知）
	苏 28	D_2sh	3457~3463	-30.29		
	桃 1	D_2sh	3240~3242	-27.72		
	苏 2	D_2sh	3399~3404	-31.81		
	苏 9	D_2sh	3336~3346	-32.56		
下古生界（海相） （对比样品：各井 1 个）	余探 1	O_1k	4083~4085	-38.92	-39.09	下古生界 （已知）
	余探 2	O_1k	3975~4148	-39.09		
	龙探 1	O_1m 五	2832~2837	-39.25		
下古生界 马家沟组中组合中下段	桃 16	O_1m 五6	3775~3777	-37.03	-35.52	（上古生界+下古生界） 混源（推断）
	苏 381	O_1m 五6	4035~4038	-35.95		
	莲 12	O_1m 五6	4175~4178	-35.06		
	莲 30	O_1m 五6	4030~4035	-34.96		
	陕 373	O_1m 五6	4117~4121	-34.35		
	桃 38	O_1m 五6	3610~3611	-35.75		

注：D_2sh——石盒子组；O_1k——克里摩里组；O_1m——马家沟组。

同时，黄正良（2014）针对盆地中部马家沟组中组合中下段的天然气来源进行粗略估算，通过以下公式进行了粗略计算：

$$A \cdot x + B(1-x) = C \tag{7-1}$$

式中　A——下古生界海相烃源气甲烷碳同位素值，‰；

x——下古生界海相烃源气所占比例，%；

B——上古生界煤成气甲烷碳同位素值，‰；

C——中组合中下段天然气甲烷碳同位素值，‰。

将表 7-5 中测定的天然气甲烷碳同位素平均值代入式（7-1），得

$$-39.09‰x + [-32.9‰(1-x)] = -35.52‰ \tag{7-2}$$

解得　　　　　　　　$x = 42.3\%$ 　　　　　　　　　　　　　　　　（7-3）

上述计算表明马家沟中组合中下段的烃源仍然以上古生界煤系烃源为主，但是下古生界海相烃源的贡献也较大，为 42.3%。

综合认为研究区古生界马家沟组气藏为混源气，由于不同来源天然气，且多期次充注，造成不同区域马家沟天然气碳同位素的差异。

第二节 成藏期次分析

一、烃源岩特征

根据气源分析及第五章的烃源岩评价可以看出研究区有效的烃源岩既包括二叠系的煤系泥岩、石炭系的海相暗色泥岩、灰岩，也包括马家沟组的灰岩、泥灰岩、暗色泥岩。煤系烃源岩 TOC 最大达 69.07%，煤层平均 TOC 为 15.32%，暗色泥岩平均 TOC 为 0.80%，碳酸盐岩烃源岩 TOC 最大达 10.79%，平均为 0.50%。煤系烃源岩以Ⅲ型干酪根为主，为腐殖质生气母质，马家沟组样品也显示同样的特征，但文献资料显示马家沟组有效烃源岩的生油母质为腐泥质。上下古烃源岩的镜质体反射率 Ro>2%，目前已进入高成熟-过成熟阶段，普遍生成干气，为马家沟组储层提供气源。

二、热演化分析

依据研究区延 621 井的天然气充注历史模拟结果，上古生界烃源岩和奥陶系自身的烃源岩有机质受热演化史影响。研究区其生烃过程可划分为以下 3 个阶段：

（1）在晚三叠世时期（印支运动），下古烃源岩 Ro 逐渐超过 0.5%，马家沟组烃源岩因埋藏较上古生界烃源岩更深，先进入了生烃门限，液态烃开始生成，下古烃源岩在此阶段形成天然气量很少，但液态烃往奥陶系储层中充注，在延 621 井马五$_1^4$中形成组分为沥青的包裹体（见图 7-6）。上古生界煤系烃源岩也逐渐进入生气阶段，但气量有限，整体往下古供烃量较少，形成气藏规模小。

（2）燕山期，马家沟组烃源岩逐渐进入高成熟阶段，开始下古烃源岩生天然气阶段，此时上古烃源岩由低成熟阶段广泛地进入成熟阶段，烃源岩生成油气的总量也在持续地增加，进入中-晚侏罗世时期，圈闭业已形成，盖层封闭性增强，天然气开始沿供烃窗口向下古运移。

（3）在晚侏罗世到早白垩世时期，由于受鄂尔多斯盆地异常热事件和快速沉降的影响，地层层段的温度急剧增加，烃源岩进入了多量生排烃时期，且在早白垩世末上、下古烃源岩抵达了生、排烃高峰期，大量天然气实现从供烃窗口向下的运移，在圈闭内可形成大规模气藏。

在早白垩世时期，上古生界本溪组、太原组烃源岩进入生排烃高峰期，在早白垩世末是研究区油气成藏期，上覆的本溪组、太原组煤系烃源岩排烃垂向运移至上组合风化壳溶孔型储层形成气藏。在邻近中央古隆起的东侧区域，马家沟组中组合、下组合地层与石炭系本溪组直接接触，可沟通上覆烃源岩气源下灌至马家沟组中组合、下组合白云岩储层形成气藏。同时马家沟组内部泥灰岩、含泥灰岩等碳酸盐岩烃源岩也向邻近的储层供烃。而马家沟组内部马五$_6$段所沉积的膏盐、泥灰质白云岩或者泥岩等盖层又有效地阻碍下伏白云岩储层聚集的天然气向上逸散。

燕山期大烃源岩虽仍处于过成熟阶段，但大规模生烃已经结束，燕山期鄂尔多斯盆地发生构造反转，形成东高西低的构造格局，使该时期成为气藏调整时期，盆地东部马家沟组岩性相变所形成的上倾方向岩性圈闭等都是良好的天然气聚集保存的地质条件。

根据烃源岩的热演化模式可以看出，研究区多气源的天然气大规模充填主要发生在早白垩世，但气藏不是一次形成，存在多期充注现象，早白垩世末期之后研究区经历构造抬升，天然气进入调整阶段。

三、成藏期次

基于包裹体的均一温度，综合盆地古地温史、推算的包裹体捕获形成深度和埋藏史，恢复单井的古地温演化曲线，确定其形成时间，图7-6为延621井包裹体组分分析。根据研究区延621井的埋藏史和热演化史（见图7-7），结合流体包裹体组合的类型和温度特征，综合分析研究区奥陶系马家沟组烃类运聚成藏期次。

编号：91-1-1，3 155.87 m，马五$_1^4$，组分：甲烷、沥青

图7-6　延621井包裹体组分分析

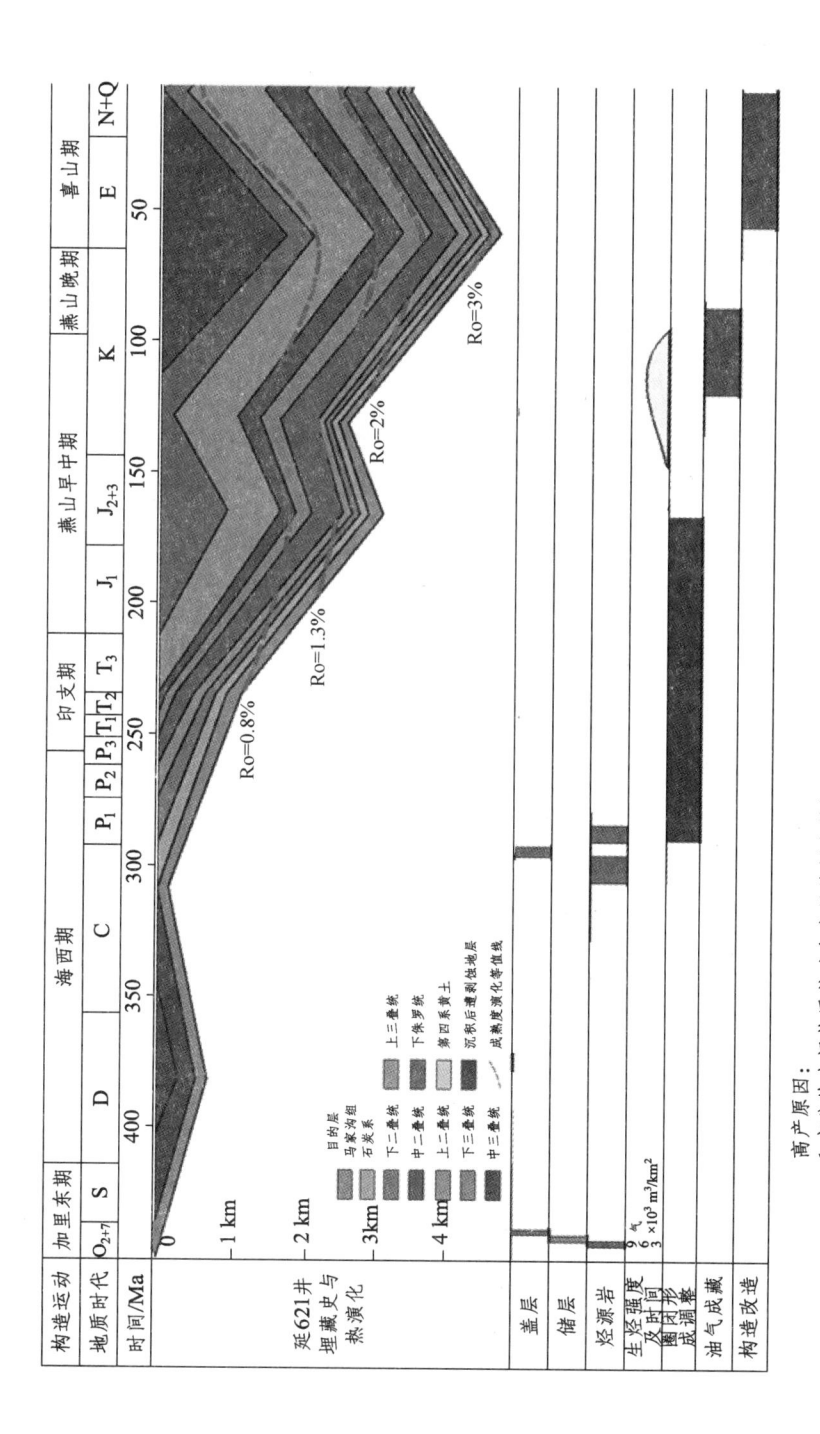

第七章 气藏形成演化与成藏模式分析

图 7-7 延 621 井埋藏史与热演化史

高产原因：
1. 充分的生烃物质基础和充足的侧向供烃；
2. 物性相对较好、厚度大且裂缝发育的储层；
3. 有大规模裂缝及岩溶古岩溶被作为良好的疏导体系；
4. 大段致密灰岩为直接盖层，且本2段厚且连片分布的铝土层及其他泥岩为区域盖层；
5. 多含气层平行层状分布，宽缓的鼻隆构造，上倾为岩性封闭。

按流体包裹体的物理状态（相态、成分）进行划分，将古生界包裹体分为盐水包裹体和烃类包裹体两大类。盐水包裹体包括液相盐水包裹体、气-液两相包裹体。液相包裹体在透射光下呈无色，室温下包裹体呈单一水溶液相，不具有荧光性；气-液两相包裹体在透射光下是无色透明的，室温下多以两相形式存在，气液比为 10%～15%，包裹体拉曼分析部分含有甲烷、沥青等，包裹体形状以长条形、椭圆形、菱形、不规则形状居多。包裹体呈现无色，以沿裂缝分布为主，其次为孤立分布。包裹体大小主要为 2～10 μm，可见 15～20 μm（见图 7-8）。

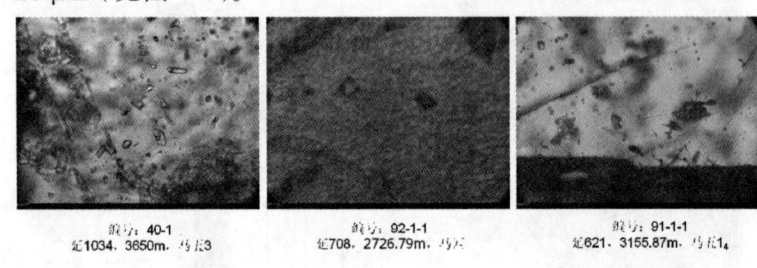

图 7-8　延安气田富县地区马家沟组储层包裹体显微图相

通过对研究区马家沟组方解石脉体的流体包裹体进行分析，而下古生界马家沟组至少存在两期流体活动，第一期流体活动主峰温度分布在 100～140 ℃，第二期流体活动主峰温度分布在 160～200 ℃。结合前人对上、下古生界成藏期次的研究，表明尽管上、下古生界因埋深有别，埋藏温度会有一定差异，但仍能看出马家沟组内的两期流体活动，与山西组两期流体充注存在均一温度方面的相似性，指示为侏罗纪至白垩纪的两期幕式连续充注过程（见图 7-9）。对于 200 ℃ 以上的高温盐水包裹体，推测与研究区深部循环热水、局部热液有关（郑聪斌，2001），这也符合研究区热液活动背景（详见第六章）。表 7-6 所示为研究区储层裂缝充填物流体包裹体测试结果。

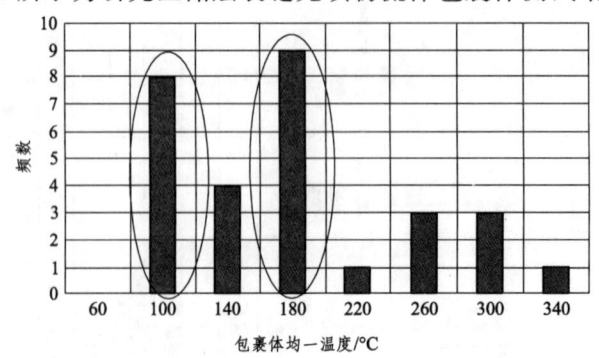

图 7-9　延安气田富县地区马家沟组储层裂缝充填物流体包裹体均—温度特征图

表 7-6 延安气田富县地区马家沟组储层裂缝充填物流体包裹体测试结果

井名	宿主矿物	包裹体分布	气液比/%	颜色	大小/μm	均一温度/°C	冰点/°C	盐度/W%	拉曼组分
延1014	方解石、白云石	孤立分布	10~15	无色	2~4	—	—	—	沥青
延2102	方解石	沿着裂缝分布	10~15	无色	2~3、8~10	88	-16	19.6	沥青
延1780	方解石	孤立分布	10~25	无色	7~8、18~20	160、155、62、75	-47、-39、-17	20.4 (-17 °C)	沥青
延1766	方解石	沿着裂缝分布	10~25	无色	5~8、15~25	253	-14	17.9	
延1750	方解石、石英	沿着裂缝分布	10~25	无色	1~2、3~5、7~10、15~25	223、75	-100		甲烷
延1036	方解石、石英	沿着裂缝分布	10~25	无色	1~3、7~8	120、280、250	-70、-108、-71		
延1034	方解石、石英	沿着裂缝分布	10~15、25~30	无色	1~2、8~10、15	176、156、144	-219、-114、-61		沥青、甲烷
延2118	方解石、石英	沿着裂缝分布、孤立分布	10~15	无色	3~5、8~10	144、151、326、154	-35、-56、-77		
延1710	石英	沿着裂缝分布	10~15	无色	2~3	—	—	—	沥青
延1774	方解石、石英	沿着裂缝分布	10~15	无色	2~3	—	—	—	甲烷、沥青
延1774	石英	孤立分布	10~15	无色	1~2、8~10	103	-15	18.8	
延2108	方解石、石英	沿着裂缝分布	10~15	无色	1~2、5~8	61、75	-7、-12.9	10.5 (-7 °C)、16.9 (-12.9 °C)	甲烷、沥青
延2108	方解石	孤立分布	10~25	无色	7~8	194	-59		甲烷
延621	方解石	沿着裂缝分布	10~15	无色	2~3、7~8	125	-23		甲烷
延708	方解石、石英	沿着裂缝分布	10~15	无色	2~5、7~8	123、80	-15、-34	18.8 (-15 °C)	
延493	方解石	沿着裂缝分布	10~15	无色	2~3、8~10	153	-23		沥青
延493	方解石、石英	孤立分布	10~15	无色	2~3				沥青
延696	方解石、石英	沿着裂缝分布	10~15	无色	3~5、15~20	65	-29		
延1757	方解石	沿着裂缝分布	10~15	无色	1~2				沥青

第三节 盖层特征

盖层在油气成藏中起到重要作用,盖层质量的好坏决定着油气富集数量,盖层空间分布范围控制着油气在空间的分布范围。然而,由于不同盖层形成的地质条件不同,其发育特征(厚度、空间展布面积)也就不同,使得它们具有不同的封盖油气的能力,在油气成藏中所起的作用也就不同。

一、盖层岩性特征

奥陶系顶部发育岩溶类储层,由于其顶面为一不整合面,上覆致密性岩层成为马家沟组顶面区域性的直接盖层,主要为铝土岩、铝土质泥岩、泥岩。往上太原组、山西组发育泥质岩盖层,是封盖古生界气藏的区域性盖层。马家沟组顶部由于风化的差异性,部分与马六灰岩残留,相比白云岩,在没有裂缝发育的情况下,致密性石灰岩也可成为重要盖层。马家沟组马五段横向岩性变化快,白云岩储层横向相变为石灰岩时,石灰岩充当紧邻的遮挡层。同时马家沟组马五段经历多期旋回,在马五$_6$、马五$_4$、马五$_3$都发育泥岩、泥质碳酸盐岩,这些成为马家沟组内部阻碍天然气穿层运移的盖层。

二、盖层发育特征

1. 泥岩及铝土质泥岩

泥岩是目前我国大中型气田主要盖层(胡国艺,2009)。鄂尔多斯盆地古生界泥质岩类既是重要的烃源岩,也是避免天然气向上逸散的重要区域性盖层。其中泥岩在山西组最发育,最厚超过 80 m(见图 7-10)。其次是本溪组和太原组,本溪组泥岩最厚可达 28 m,普遍都小于 10 m(见图 7-11);太原组泥岩发育程度最低,普遍低于 4 m。傅金华(1991 年)研究表明鄂尔多斯盆地古生界泥质岩在埋深超过 1 900 m 时,开始具有封盖能力,在 200~2 500 m 时,受蒙脱石的影响,岩石含水饱和度高,呈高塑性,封盖能力强。E.M.马斯认为,当埋深达 4 000~6 000 m 时,其塑性强度低,岩性脆,易产生裂缝,使封盖性变差。上古生界泥岩正处于强封盖能力阶段,且其厚度大,对古生界天然气起到很好的封盖作用。

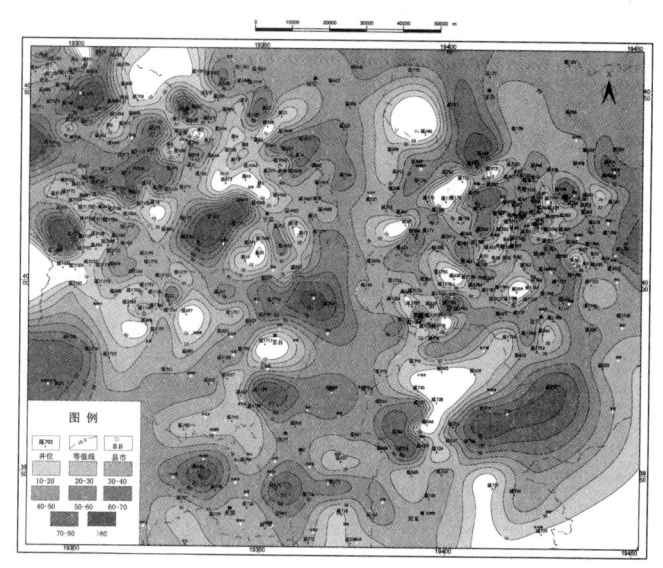

图 7-10 延长气田富县地区上古生界山西组泥岩厚度分布图

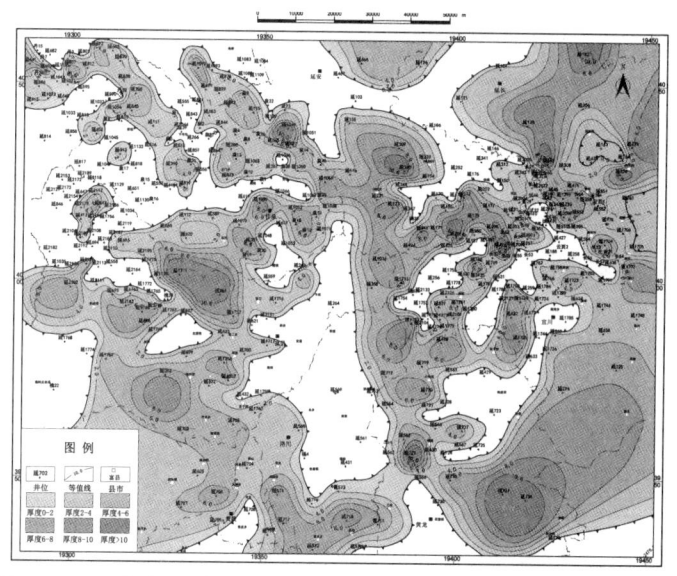

图 7-11 延长气田富县地区上古生界本溪组铝土岩厚度分布图

除此之外，还有铝土岩等作为封盖层。鄂尔多斯盆地古生界铝土岩主要发育在中石炭统底部，是奥陶系风化壳气藏的直接盖层，由于铝土岩具有较高膨胀性，并且常常与泥质岩共生，在成岩中不易产生裂缝，是气藏的理想盖层。研究区铝土岩厚度多低于 10 m，最厚 13.75 m，局部地方缺失，如富县境内西北部。因纯铝土岩的渗透率为 $1.45 \times 10^{-7} \sim 6.8 \times 10^{-8} \mu m^2$，突破压力为 0.6~5 MPa，铝土质泥岩的渗透率更低，介于 $6.4 \times 10^{-8} \sim 8.3 \times 10^{-9} \mu m^2$，突破压力大于 5 MPa，出现裂隙时，其渗透率仍有 $10^{-6} \mu m^2$，成了直接覆盖在奥陶系顶部的重要盖层。

我国大中型气田盖层的排替压力与压力系数之间有明显的相关性（胡国艺，2009）（见图 7-12），从 8 MPa 到 26 MPa，压力系数稍有增加，排替压力迅速增加，之后变化幅度很小。李仲东（2008）研究表明，在早中三叠式-中侏罗世末期，上古烃源岩经历"非均衡压实"逐渐增强的过程，到早白垩世末期，烃源岩出现超高压，压力系数为 1.35~1.79，瞬时可达 1.79 以上，为盆地非常重要的增压成藏过程；早白垩世后盆地抬升，砂岩降压，储层压力系数降至 1.20~1.30，非烃源岩压力系数仍保持在 1.35~1.79，成为卸载减压成藏过程；之后气藏进入稳定调整阶段。据此粗略估算上古泥质烃源岩盖层的排替压力介于 18~28 MPa；已有研究表明靖边气田铝土质泥岩的排替压力为 14 MPa，综合评价为封盖能力最好的 Ⅰ 类盖层。表 7-7 为盖层封盖能力评价表。

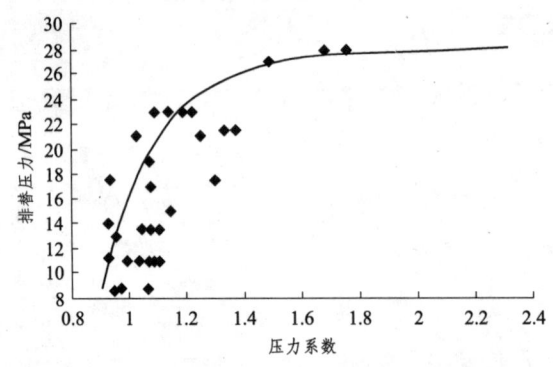

图 7-12 中国大中型气田盖层排替压力与压力系数关系（据胡国艺，2009）

表 7-7 盖层封盖能力评价（据李国平，1996；黄志龙，1994）

指标		类型
排替压力/MPa	突破压力/MPa	类型
大于 10	大于 15	Ⅰ 类
5~10	10~15	Ⅱ 类
1~5	5~10	Ⅲ 类
小于 1	小于 5	Ⅳ 类

第七章 气藏形成演化与成藏模式分析

突破压力是衡量毛细管封闭能力的尺度，鄂尔多斯盆地南部地区上古生界泥岩突破压力为西高东低，北高南低，且东西向突破压力降低速率要大于南北向（见图 7-13）。富县、黄陵、宜川境内突破压力整体低于周边，由于局部泥岩的"非均衡压实"产生超压，突破压力不按正常埋深规律变化。按突破压力划分，富县地区多为Ⅱ类和Ⅲ类盖层。

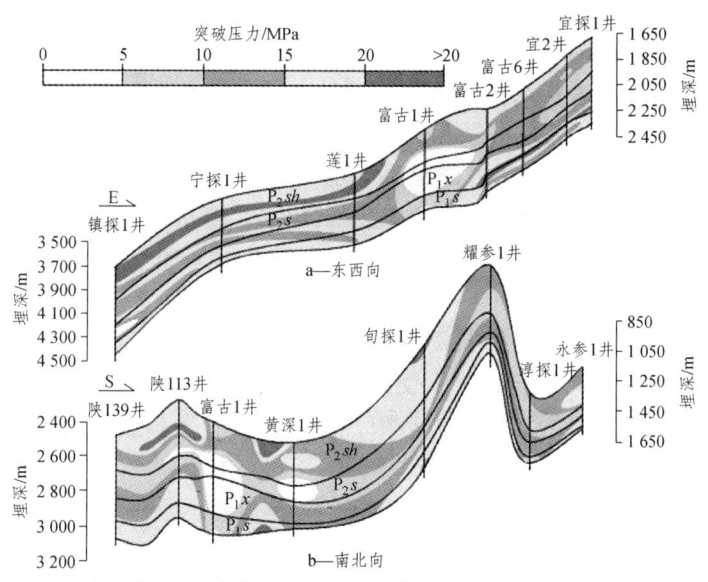

图 7-13 鄂尔多斯盆地南部泥岩突破压力垂向分布（据石鸿翠，2015）

2. 马六灰岩

国内外很多油气藏都以碳酸盐岩作为盖层，致密碳酸盐岩作为盖层有一定的普遍性。鄂尔多斯盆地奥陶系马家沟组顶面为一个剥蚀不整合面，致使马六灰岩在研究区分布范围较小，多地剥蚀殆尽，研究区的富县境内未有残留，超过 3 m 的灰岩主要分布在甘泉、宜川等东北部区域，最厚出现在宜川境内，超过 24 m。然而碳酸盐岩容易产生裂缝，这对其封闭性能的研究提出了严峻挑战，其中泥质含量是限制碳酸盐岩能否作为盖层的一个重要影响因素。灰岩的封盖性能变化多样，无裂缝发育的构造平缓区，且泥质含量变高时，灰岩具有封盖性。

岩石在抬升阶段会出现裂缝化，李建交（2018）用包裹体的均一温度去反推和估算岩石发生裂缝时的埋深，发现塔里木盆地西北部奥陶系蓬莱坝组灰岩在地层抬升幅度为 1 550 m 时，开始发生破裂。鄂尔多斯盆地奥陶系在燕山运动晚期达到最大埋深，喜山运动期间盆地抬升，演化为现今格局。根据延 621 井的演化史发现其抬升幅度较大，这对灰岩的封盖性能会产生一定影响。同时，马六灰岩也经历了长达 1.36 亿年的风化剥蚀，其封盖性能也会受到影响。延长探区下古生界延 283、延 157、延 103、H33 井马六段岩心中见到各种类型的裂缝，水平缝、斜交缝和近垂直缝。加之奥陶纪时期其地处岩溶盆地，岩溶作用缓慢，但在水体缓慢下渗过程中也可形成溶蚀孔洞，影响马六灰岩的封盖性能。

已有样品物性测试分析发现，延 1053 井残留 16.94 m 马六，其中灰岩厚度为 9.5 m，泥晶灰岩样品孔隙度最大可达 14.25%，渗透率为 1.11×10^{-3} μm^2，分析其原因，应该与风化剥蚀相关，延 1053 井靠近马六剥蚀线，加速岩石孔缝的形成（见图 7-14）。相似情况也出现在延 1051 井、延 1032、延 1706 等井，受孔洞缝充填程度影响，孔隙度差别较大，但这些井样品渗透率都超过 0.01×10^{-3} μm^2，其中 66.7% 样品渗透率超过 0.05×10^{-3} μm^2，如延 1706 井马六灰岩样品孔隙度普遍低于 0.1%，渗透率分布介于 $(0.57 \sim 3.73) \times 10^{-3}$ μm^2。延 427 井马六灰岩样品中还见沥青质充填缝合线，不管残余马六厚度多大，孔渗变化范围都较大，残余马六受到不同程度改造（见图 7-15）。综合分析认为研究区马六灰岩的封盖能力有限，裂缝在其中发挥重要的沟通上下古的作用。

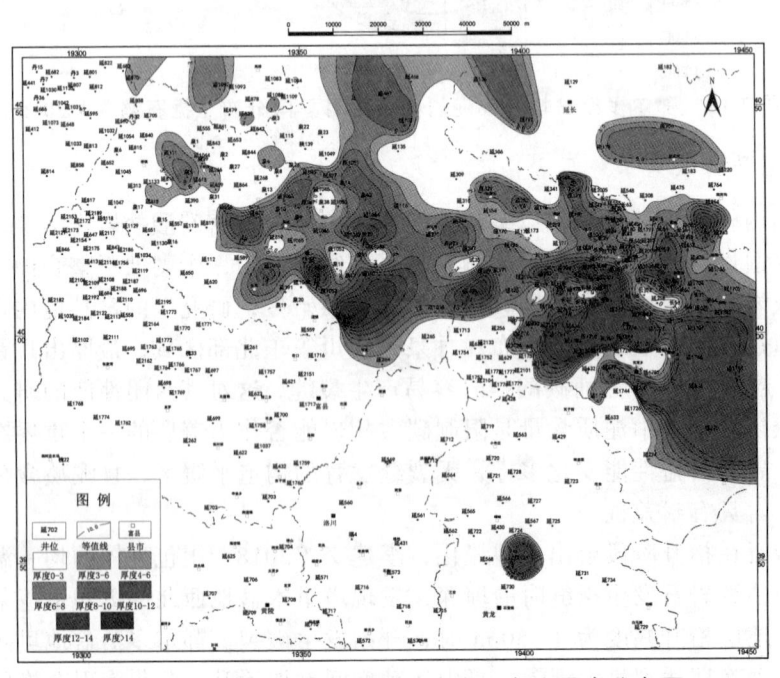

图 7-14　延安气田富县地区马六段石灰岩厚度分布图

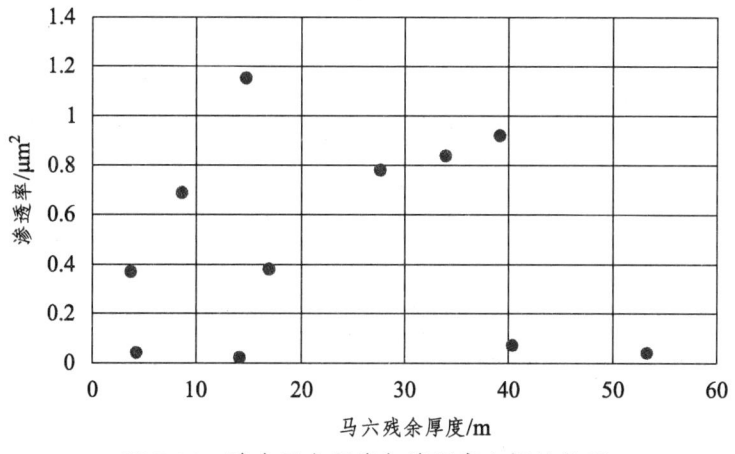

第七章 气藏形成演化与成藏模式分析

图 7-15 残余马六厚度与渗透率之间的关系

3. 膏 岩

鄂尔多斯盆地马家沟组沉积期在整体海退的背景下存在多期的次一级震荡性海进-海退。正是由于这种多期次的震荡性，造成中组合地层内部发育了膏盐岩-碳酸盐岩的互层状沉积，其旋回性极为明显。短期海退半旋回发育以马五$_6$、马五$_8$ 和马五$_{10}$亚段为代表的蒸发岩沉积，短期海侵半旋回发育以马五$_7$ 和马五$_9$亚段为代表的夹在蒸发岩层序中的碳酸盐岩沉积。据长庆油田的实验分析，鄂尔多斯盆地马五时期膏盐湖形成的膏盐岩含空气时的突破压力超过 10 MPa，最高可达 20 MPa，封盖性能非常好。早奥陶世马五期膏盐湖主要分布于中部气田及其以东地区，富县地区相对远离膏盐湖（李文厚，2012），造成研究区膏盐不发育，多形成含膏质云岩的有利储层。研究区仅在甘泉、志丹和宜川境内钻遇马家沟组中组合的井中识别出膏岩，但整体厚度都不大，这些膏岩主要出现在马五$_6$，单层最厚约 2 m（见图 7-16）。

马家沟上组合也存在阶段性海退，在上组合形成一定范围的膏岩层（见图 7-17），富县境内未分布，主要分布在宜川、延长、甘泉境内，均分布在马五$_3$、马五$_4$，单层膏岩厚度可达 3.4 m，成为上组合与中组合气藏的天然屏障。由于有这些膏岩层的存在，阻止中组合烃源岩向上供气，造成上组合马五$_1$、马五$_2$储层的气源以上古生界烃源岩为主。但富县境内缺乏这些膏岩，上中组合气藏气源多样。

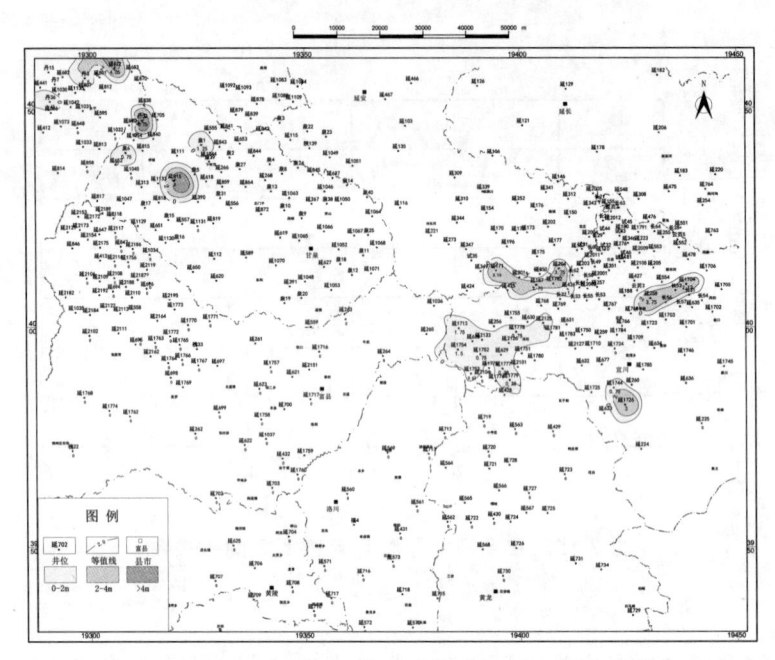

图 7-16　延安气田富县地区马家沟中组合马五$_{6\sim10}$膏岩厚度分布图

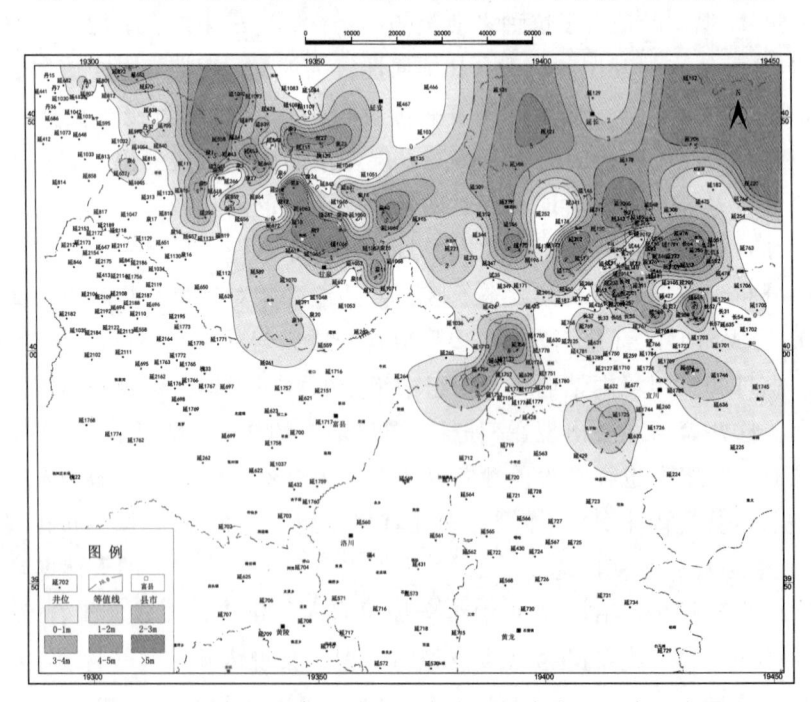

图 7-17　延安气田富县地区马家沟上组合膏岩厚度分布图

三、气藏遮挡条件

根据盖层分布及发育特征可以看出，盖层在马家沟组气藏形成过程中发挥着不同的作用。

1. 纵向封闭作用

马家沟组马五段上组合马五$_1$～马五$_4$纵向直接受铝土岩封盖，往上还有上古生界烃源岩形成的超压封闭。马六灰岩残留区，在没有裂缝的情况下还可起到一定遮挡作用。

马五$_7$、马五$_9$的盖层主要为泥灰质碳酸盐岩。受沉积环境的影响，膏盐岩在中组合马五$_6$、马五$_8$和马五$_{10}$均发育。马五$_6$膏盐岩主要发育在鄂尔多斯盆地的中东部，自西向东增厚，最厚在子北清涧一带，最厚可达 140 m，横向上连续分布，分布广泛，可成为封闭马五$_7$-马五$_{10}$气藏的优质盖层。

研究区膏岩不发育，马五$_6$亚段岩性中发育泥灰质白云岩或者泥岩，亦可以起到有效的封闭作用。在膏岩和泥质岩类作为储层上部封盖的同时，储层下方的底板条件也对无边底水岩性圈闭气藏的形成起着重要的封隔作用。

2. 侧向致密遮挡作用

马家沟组马五段各气层的侧向封闭多是由于岩性变化引起。靠近剥蚀面的碳酸盐岩溶蚀发生白云化作用形成白云岩，而远离剥蚀面则不容易发生白云石化作用，主要为泥晶灰岩，则可形成侧向封闭。白云岩储集层厚度越大，横向上连续性好，但不能形成侧向封闭，结果导致易产水，向东部白云岩储层厚度薄，与侧向的泥灰质岩类形成侧向封闭作用，反而只产气，不产水。图 7-18 所示为延安气田富县地区泉 15-延 819 气藏剖面。

3. 构造遮挡

构造遮挡在研究区不是非常发育，因鄂尔多斯盆地现今构造整体平缓，天然气在层内侧向运移时动力不足，加之横向致密层遮挡，运移距离相应也不会很远，故在马家沟上组合气藏中靠近上古供烃窗口的微鼻隆起成为天然气侧向运移后聚集成藏的有利区域。马家沟组中组合、下组合的气藏局部也会受此影响。

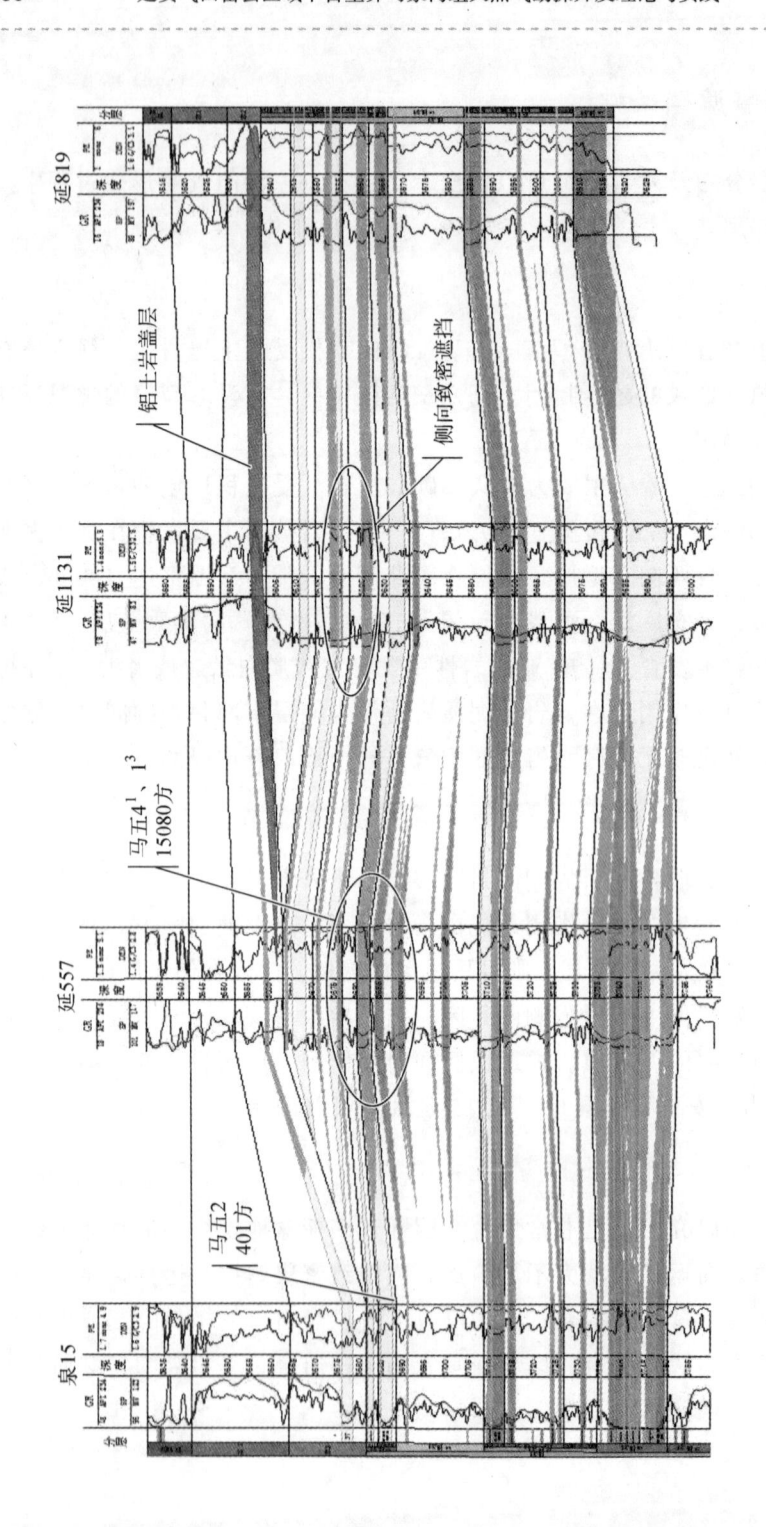

图 7-18 延安气田富县地区泉*-延*气藏剖面

第四节 天然气运移聚集特征

一、天然气运移动力

油气在运移成藏的过程中必然受到地层中多种应力的作用和影响,浮力、毛细管力、流体压力、构造应力与热力等都是直接或间接影响着油气运移成藏的动力与阻力。由前述可知,研究区上古生界烃源岩生成的天然气在向下运移成藏的过程中受到的阻力主要为浮力(由天然气与地层水的密度差所引起的)和储层的毛细管力,研究表明浮力和毛细管力较小。天然气运移成藏的动力主要为构造应力、热力与异常压力等。

鉴于鄂尔多斯盆地构造稳定,储层较为致密,输导体系主要为连通的白云岩储层、裂缝和断层等,热力与构造应力不能提供天然气运移成藏的足够动力,且平缓构造背景下,天然气运聚过程中,浮力作用有受限,因此异常压力,尤其是异常高压成为天然气成藏的主要动力。

鄂尔多斯盆地演化过程中压力系数在发生变化,烃源岩压力系数在埋深最大且"非均衡压实"最强时达到最大,之后变化很小,而储层压力系数受构造起伏影响大(李仲东,2008),延长气田东部上古生界储层现今压力系数主要分布介于 0.73~1.13,普遍为低压;与烃源岩的高压形成压力差,促进排烃。

王震亮对延安地区马家沟组气藏进行泥岩压实研究,利用等效深度法恢复出延安地区 90 口井在最大埋深时期的过剩压力。发现大致从延长组的中下部开始出现过剩压力,过剩压力的最大值出现在石千峰组或石盒子组,一般为 9~15 MPa,最大值高达 25 MPa,构成了稳定的区域型压力封闭盖层。山西组的过剩压力一般为 10 MPa,太原组一般为 7 MPa,本溪组一般为 5 MPa,储集层马家沟组过剩压力较小,均小于 3 MPa。从上古生界到下古生界,过剩压力随着深度的增加而降低,有利于山西组、太原组与本溪组烃源岩生成的油气向下运移到马家沟组。

二、天然气运移疏导体系

富县地区天然气成藏的输导体主要包括上古生界砂体、裂缝以及上、下古生界之间的不整合。鄂尔多斯盆地经历多次构造运动,上下古岩层中的裂缝受加里东运动、印支运动和燕山运动多次影响。下古裂缝主要由加里东运动和印支运动形成，上古生界裂缝受印支运动和燕山运动改造形成（方少仙，2009；曹红霞，2011），特别是燕山运动时期，刚好与下古大规模油气充填时期吻合，这些裂缝多未充填，对疏通上下古地层发挥重要作用。

上古生界的砂体输导体主要分布在山西组和本溪组，砂体主要呈 NS 向展布，EW 向上连续性较差，由于运移动力、砂体展布与砂体古物性的限制以及砂体在纵向上的不连续性，油气向下运移的通道主要为与烃源岩生、排烃高峰期相匹配的近垂直裂缝。因裂缝的延伸距离有限，砂体输导体起到了横向上的调节作用，使得在不同部位、不同深度的裂缝相互沟通，构成砂体与裂缝的有效配置，成为上古生界天然气向下运移的重要通道。

三、天然气运移方式和方向

在良好的疏导条件下，天然气在生烃高峰期依靠强大的生烃动力发生向下运移，马家沟组油型气在形成古油藏的基础上发生层内的运移。而储层的顶面构造形态控制着天然气的运移方向和运移路径。前人的研究已经证明，当储层相对发育时，天然气会更趋向于向构造高部位运移、聚集和成藏。古构造的恢复对于分析油气运移的方向具有重要意义。

石炭系、二叠系的高过剩压力为上古气源的向下运移提供动力，在整体气藏向下运移的格局下，天然气发生侧向的调整，特别是在生烃高峰期的古构造条件。天然气聚集区在构造低部位明显存在一处天然气充注窗口且存在多条构造脊，上古天然气通过充注口向周边构造高部位横向运移，最终在构造较高部位聚集成藏或继续沿着构造脊运移。

石炭系、二叠系山西组 5~10 MPa 的过剩压力为上古气源的向下运移提供动力（见图 7-19），上古生界烃源岩生成的天然气在过剩压力的作用下，沿上古生界砂体-裂缝输导体系运移到不整合面（风化壳）处，侵蚀沟谷处铝土岩缺失的部位应为上古生界天然气进入风化壳储层的有利途径。若铝土岩缺失处的古沟槽直接被烃源岩覆盖时，烃源岩生成的天然气可进入风化壳储层向古地貌高部位运移。研究区东部铝土岩缺失部位常被砂砾岩覆盖，天然气穿过砂体发生垂向运移进入风化壳储层，然后在储集砂岩和裂缝的沟通下，向古地貌高部位运移；而研究区西南部则处于古地貌的岩溶高地部位，铝土岩分布较薄甚至缺失，本溪组的暗色泥岩和砂岩直接覆盖于马家沟组岩溶储层之上，天然气可以向马家沟组运移，晚白垩世以来，盆地形成西低东高格局后，天然气高部位被铝土岩或古沟槽处充填的致密泥岩封盖，聚集气藏。

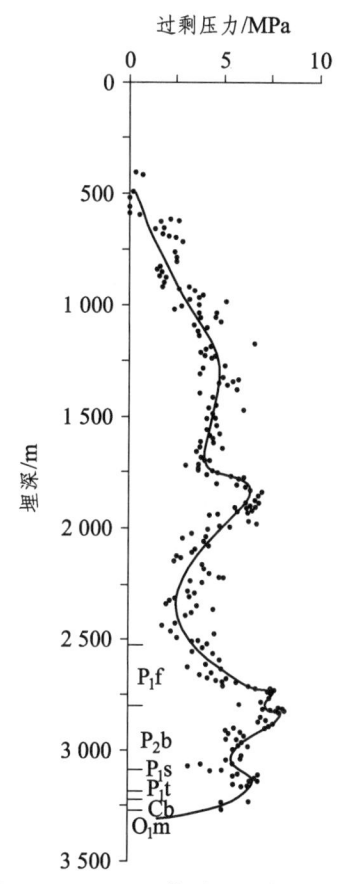

第七章　气藏形成演化与成藏模式分析

图 7-19　延 151 井过剩压力分布图

第五节　圈闭条件分析

　　圈闭是天然气聚集、保存的场所，也是天然气藏形成的地质基础。研究区奥陶系马家沟组中下组合储集层分布稳定，构造形态简单，基本为一平缓西倾单斜，在单斜背景上发育多排鼻隆构造对圈闭的影响不大。经多年来的综合勘探和对区域成藏条件的综合研究，已证实天然气的聚集成藏主要受岩溶古地貌和沉积-成岩作用控制，其次受局部鼻隆构造影响。研究区目的层位为奥陶系马家沟组上、中、下组合，位于奥陶系风化壳储层直至盐下储层，因此，研究区圈闭类型主要为岩性圈闭。

除此之外，研究区还主要存在 2 种圈闭类型：构造-岩性圈闭、地层-岩性圈闭，相应的气藏类型为构造-岩性气藏、地层-岩性气藏。

一、地层-岩性圈闭及地层-岩性气藏

这类气藏在研究区分布非常广泛，一种是气藏的某一部位直接与上古生界地层和下古生界地层之间的不整合面接触，尤其是以下倾方向与不整合面接触者居多，研究区从马五$_1$到马四均有出露，因此马家沟组上、中、下组合在出露区都与不整合面接触，有形成地层圈闭的条件。另一类型为奥陶系马家沟组内部白云岩，储层物性都明显好于周围的灰质、泥质白云岩或灰岩，形成了岩性圈闭。在天然气主充注成藏期，上古生界气藏与不整合面相连接处为气源的主要充注点，在主成藏期之后，上古生界煤系烃源岩、铝土岩以风化壳储层内气藏作为盖层，同时侧向岩相变化，沿上倾方向遇到致密层为其提供遮挡，形成地层-岩性气藏。

二、背斜-岩性圈闭及背斜-岩性气藏

此类气藏在研究区主要分布在奥陶系上部组合，发育一些低幅度隆起，局部构造对气水分布具有一定的控制作用，构造高部位是天然气运移的指向区，天然气相对富集，低部位产水较多，局部存在边底水。

第六节 源储配置关系及成藏模式

一、源储配置关系

鄂尔多斯盆地受加里东末期整体抬升的影响，下古生界被不同程度地剥蚀，特别是中央古隆起区位于古地貌相对较高的位置，剥蚀程度更为强烈，因遭受剥蚀造成研究区内奥陶系马家沟组上、中、下组合自东向西依次暴露地表，与上古生界接触的地层年代逐渐变老，在研究区西南部甚至出露马三地层。

晚石炭世，盆地开始整体沉降，开始接受上古生界的沉积，使得下古生界马家沟组上、中、下组合的白云岩储层直接与上古生界石炭系—二叠系煤

系烃源岩充分接触，形成一个有效供烃窗口，向马家沟组储层侧向供烃，因各层出露范围不同，且出露的马家沟白云岩储层之上还有与铝土岩直接接触的区域，导致不同层位与上组合烃源岩的接触范围不同（见图7-20）。全工区东北部宜川、延安、延长及志丹大部分地区为马六直接与上覆地层接触带，志丹东北部马家沟上组合能与上古生界石炭系—二叠系煤系烃源岩充分接触，且以马五$_{1\text{-}2}$及以上地层接触为主，局部地区有马五$_2$、马五$_3$地层与上覆烃源岩层接触；在富县境内马五段地层都有出露区，马五段与上覆石炭系底充分接触，但是受上覆铝土岩影响，仅马家沟组上组合马五$_1$、马五$_2$能与上覆石炭系—二叠系煤系烃源岩充分接触（见图7-21），部分铝土岩缺失区域马五$_1$、马五$_2$储层要通过砂岩疏导体系与上覆烃源岩形成间接源储配置（见图7-22）。这些区域构成了有利的上生下储的配置关系。马家沟组中组合出露区主要位于研究区西南部，该区成为中组合与上古烃源岩充分接触的区域，形成有利的上生下储组合。

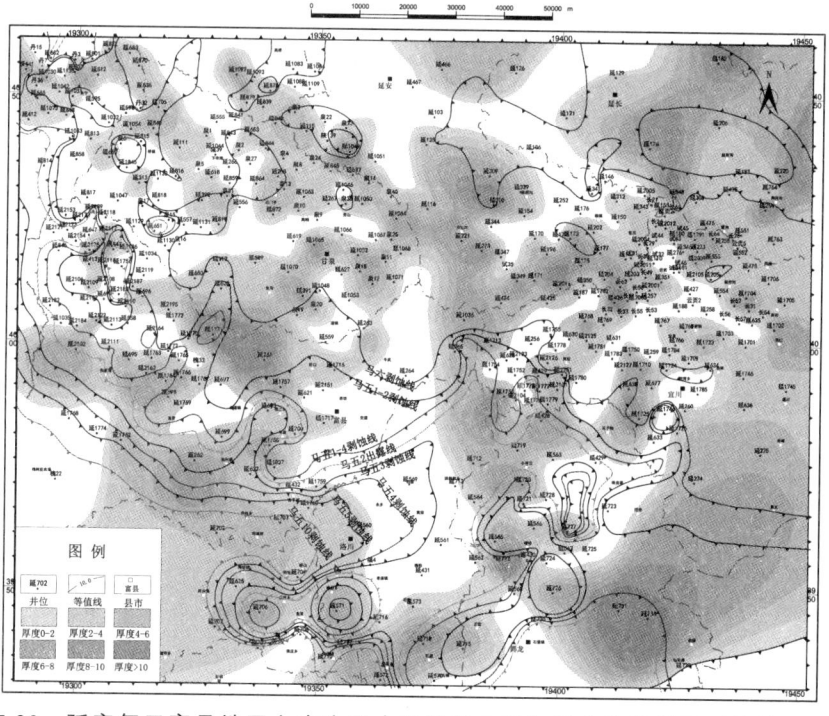

图7-20 延安气田富县地区上古生界本溪组铝土岩与马家沟组地层剥蚀线叠加图

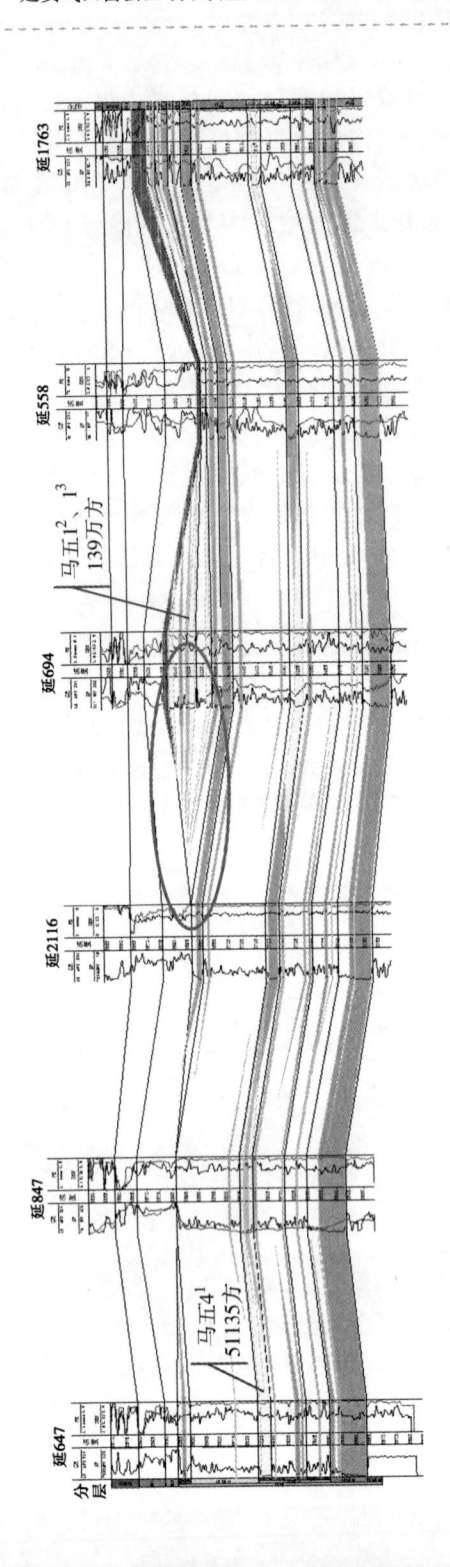

图 7-21 延安气田富县地区延*-延*气藏剖面（上组合源储直接接触）

第七章 气藏形成演化与成藏模式分析

图 7-22 延安气田富县地区延*-延*气藏剖面（上组合源储间接接触）

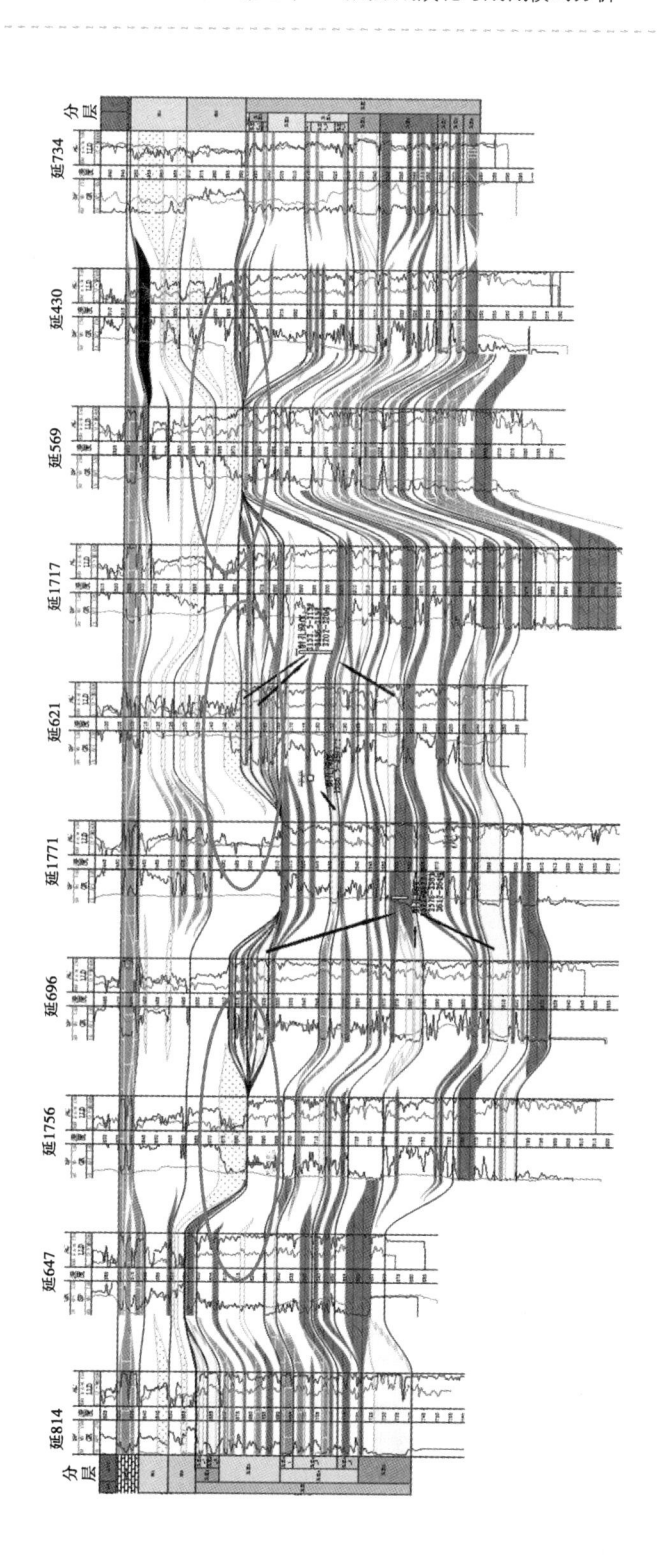

同时，不少研究者认为下古烃源岩具备一定生烃强度，第五章烃源岩评价已显示下古烃源岩也具有一定的生烃潜力，且薄片中多见沥青充填，显示油型气的存在。马家沟组内有利烃源岩位于马五、马三和马一，岩性主要为碳酸盐岩，其次为泥质烃源岩。碳酸盐岩以深灰色泥质灰岩、泥晶云灰岩、膏质云岩为主。泥质烃源岩主要分布于盆地西缘北部和古隆起东侧南缘。马五段有利烃源岩主要分布在马五$_3$、马五$_5$、马五$_6$，同时研究区内的陕139井、富探1井和宜6井等探井中的下组合发现了滨岸潟湖泥云坪与云泥坪中的泥质白云岩和云质泥岩烃源岩。岩心和成像测井都显示马五段存在高角度裂缝，且富县境内马五段缺乏膏岩，可以为上古烃源岩向下供气提供条件，研究区下古烃源岩在富县境内存在多个生烃潜力带，根据已钻遇或钻穿中组合的井资料显示，研究区马家沟组中组合储层累积厚度可超过20 m（见图7-23），为中组合烃源岩就近成藏创造条件。

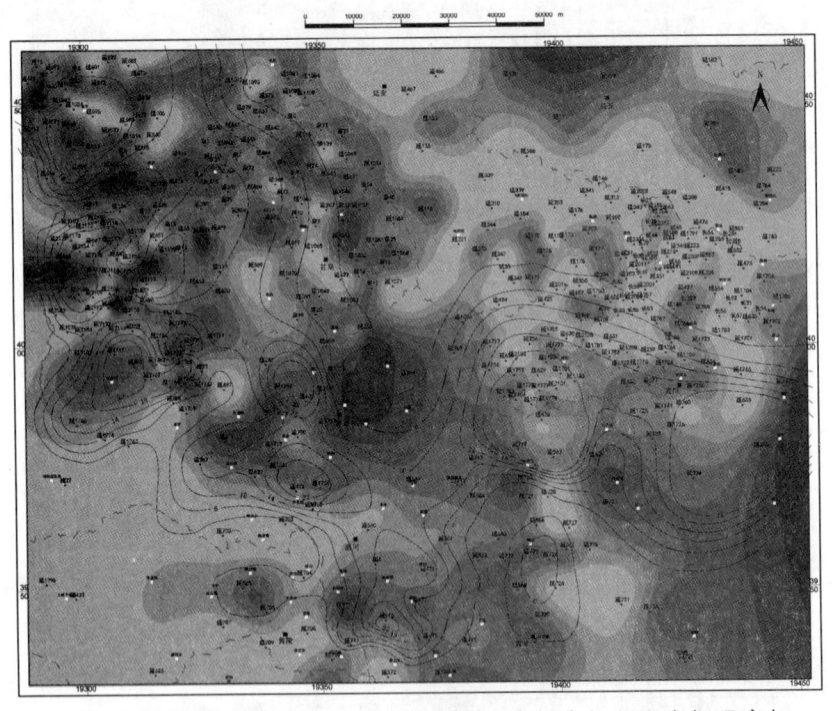

图7-23 延安气田富县地区马家沟组上、中组合烃源岩生烃强度与中组合储层厚度等值线叠加图

因此，研究区马五上组合以上生下储为主，部分为自生自储的源储配置关系。靠近中组合出露区地层由于遭受风化剥蚀会破坏烃源岩的品质，所以

出露区的中组合白云岩储层以上生下储为主，往东埋深较大的中组合储层包含上生下储和自生自储两种源储配置类型。

二、成藏模式

综合上述研究，鄂尔多斯盆地延长气田奥陶系马家沟组碳酸盐岩气田成藏模式为上古生界煤系烃源岩及奥陶系马家沟组烃源岩双源供烃，古隆起控储，垂向及侧向运移成藏（不整合面、古沟槽、裂缝等）。

1. 马家沟组上组合成藏模式

富县境内马家沟组上组合都有出露，没有铝土岩覆盖区出露的主要是马五$_1^2$、马五$_1^3$、马五$_1^4$和马五$_2$，根据生储盖的配置关系认为马家沟组上组合储层在早白垩世成藏期包括了倒灌式、侧向式供烃的成藏模式，以及具一定埋深情况下的混源成藏模式。根据其源储配置关系进一步细分为4类（见图7-24）。

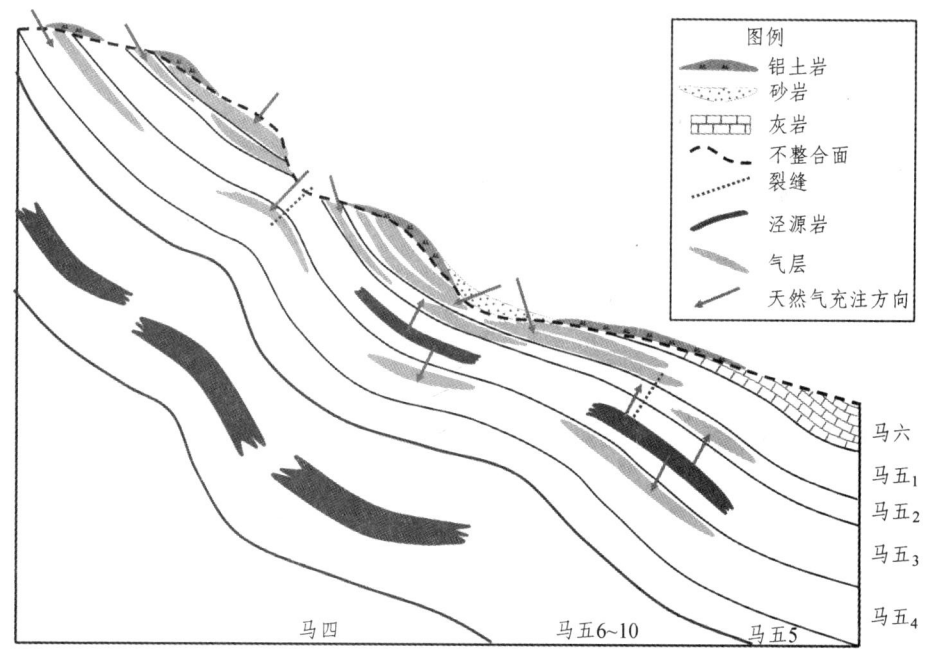

1—直接顶灌式成藏；2—砂岩疏导顶灌成藏；3—裂缝疏导成藏；4—直接侧向式成藏。

图7-24 延安气田富县地区马家沟组上组合成藏模式图

(1) 直接顶灌式成藏。

该模式主要发育在马五$_1{}^2$、马五$_1{}^3$、马五$_1{}^4$和马五$_2$的风化壳储层内,该区域由于剥蚀、侵蚀等作用,在不整合面之上无铝土岩和砂岩分布,风化壳储层直接与上古烃源岩接触,在超压驱动下天然气直接从储层顶部"灌入",该方式天然气充注高效,上覆层位直接盖层,形成气藏,产能高,如延*井,马五$_1{}^2$和马五$_1{}^3$合层试气无阻流量达到#m^3/天。

(2) 砂岩疏导顶灌式成藏。

马五$_1{}^2$、马五$_1{}^3$、马五$_1{}^4$和马五$_2$的风化壳储层之上有致密层遮挡,如铝土岩或上覆致密性碳酸盐岩,且后期剥蚀沟谷带沉积本溪组障壁岛砂岩,上覆上古烃源岩的天然气可通过这些渗透性砂岩后从顶部灌入下古风化壳储层。由于砂岩本身具有储集油气的能力,只有在该砂体天然气充注完全的情况下,才进行往下一步的运移,在上古气源、充注动力充足的情况下,该类成藏规模可观,如延*井马五$_2{}^2$、马五$_1{}^4$、马五$_1{}^3$合层试气达到#m^3/天产能。

(3) 裂缝疏导成藏。

该类成藏模式发育在距不整合面有一定距离,不整合面之上最好无致密性岩层遮挡,如铝土岩等,最典型的就是,当距侧向出露区和顶不整合面都较远时,马五$_4{}^1$储层中天然气的成藏,出露区侧向供烃横向运移会受横向岩相变化而终止,顶面因有其他层位将其与上古烃源岩层隔开,如果没有一定的疏导方式很难完成上下古混源的天然气成藏,故认为研究区高角度裂缝在其中发挥了作用。由于下古碳酸盐岩经历加里东运动,受东西向构造应力场影响,盆地下古地层形成 NNE 和 NNW 向构造裂缝;之后经历多次构造运动,盆地周缘裂缝数据显示,印支期在下古形成了第二期走向大致为 NW 和 NE、高角度的构造裂缝,这些裂缝促进上组合马五$_4{}^1$储层成藏。由于天然气在运移至马五$_4{}^1$之前,优先在上覆低势区聚集成藏,造成随埋深越大,成藏规模越小的特点,如延*马五$_4{}^1$之上仅有马五$_3$,但是该井周边井多有马五$_2$,少部分井还有马五$_1$残留,造成该井马五$_4{}^1$试气产能低,仅#m^3/天,而临井延*在马五$_1$、马五$_2$试气产能超过#m^3/天,延*井试气产能更超过#m^3/天。

(4) 直接侧向式成藏。

奥陶系马家沟组上组合马五$_1$至马五$_4$经受加里东运动长期的风化剥蚀以及大气淡水淋滤,形成孔隙较好的白云岩储层。往研究区西南部区域整体地貌较高,地层逐渐剥蚀尖灭,上组合各层依次出露。高地势区上覆本溪组砂岩不发育,受水流侵蚀铝土岩缺失的区域,上组合岩层与上古烃源岩形成直接侧向接触。由于岩溶作用首先沿层面、泥质岩层、裂缝薄弱带进行,并逐渐往深部延伸，野外露头可见沿岩层面上下的溶蚀孔洞，上古烃源岩沿这些优势通道可实现向马五$_1$、马五$_2$、马五$_4^1$储层的侧向供烃。

2. 中、下组合成藏模式

富县境内马家沟中组合位于风化壳之下，埋藏深，因隶属潮上白云岩坪、潮间含膏白云岩坪，中组合有利于形成晶间孔型白云岩、膏溶孔型白云岩储层，由于物性优于周围的白云岩体，在空间上形成了岩性圈闭、构造-岩性圈闭。马家沟组高角度裂缝的上下沟通，形成上古生界煤系烃源及下古生界海相烃源同时供烃的岩性圈闭混合气藏（见图 7-25），与在一定埋深下马五$_4^1$段的成藏相似，应属于远源裂缝疏导成藏。

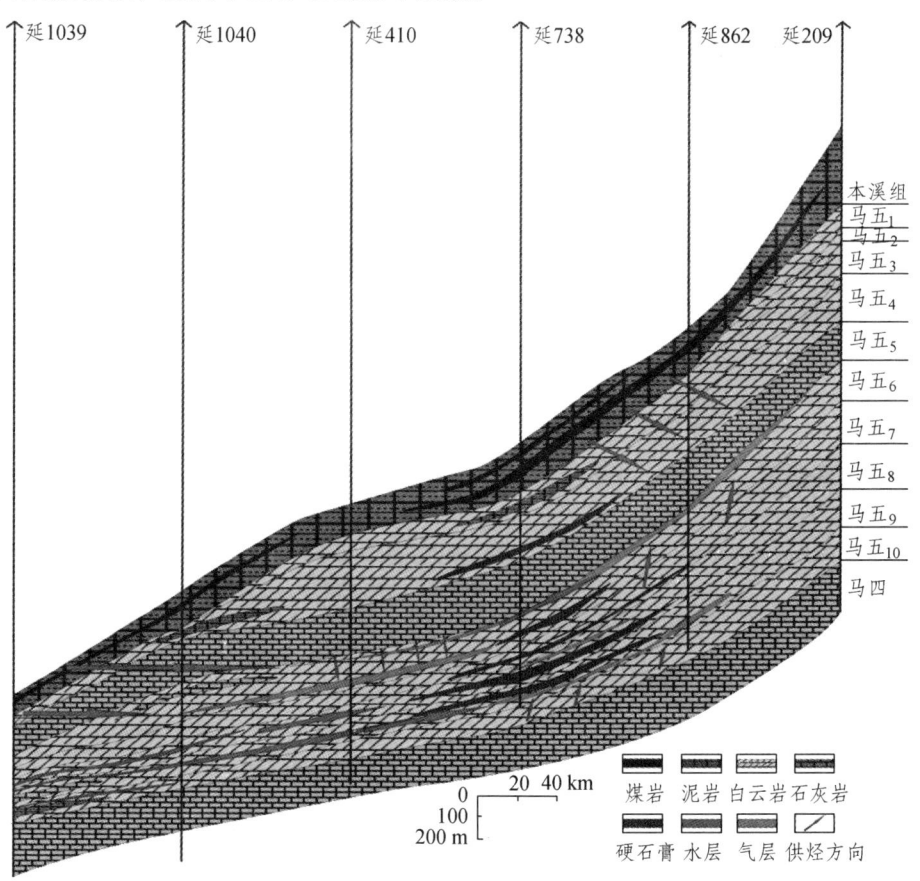

图 7-25　延安气田富县地区奥陶系马家沟组中下组合成藏模式

往西南方向中组合、下组合地层逐渐出露（见图 7-26），高地势区上覆本溪组砂岩不发育，但该区域铝土岩发育，影响上古整体供烃效率，部分区域受水流侵蚀影响，铝土岩缺失，上组合岩层与上古烃源岩形成直接侧向接触，这些区域可实现向马五$_5$、马五$_7$、马五$_9$、马四储层的侧向供烃成藏。研究区内中下组合的高埋深区存在裂缝疏导顶灌式成藏和自源式成藏，因上覆上组合储层的存在，此种模式下中下组合天然气规模较小，难形成大型气藏。

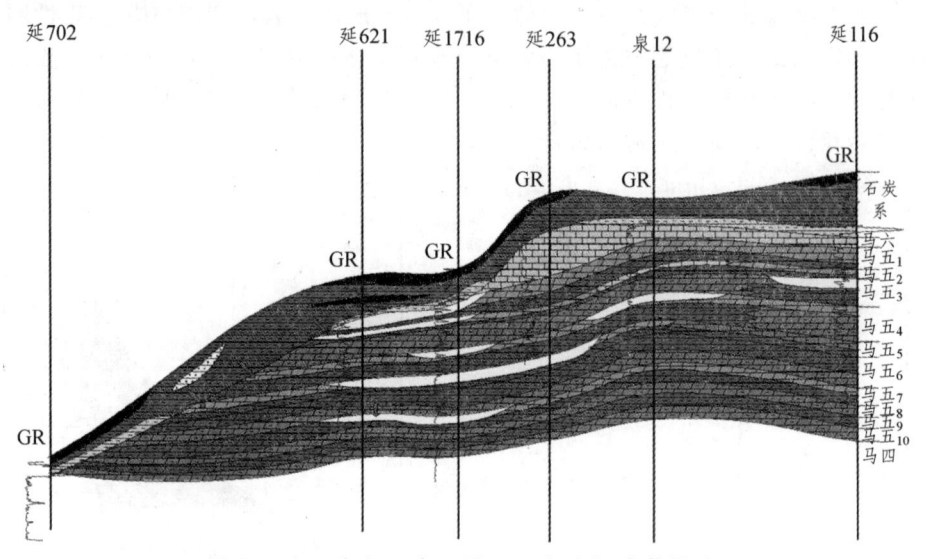

图 7-26　延安气田富县地区马家沟组成藏模式

　　综合来看，延安气田富县地区奥陶系马家沟组碳酸盐岩成藏模式为：侧向供烃，倒灌式模式，根据源储接触关系及疏导体系与源储间的关系细分出 4 种类型。研究区储层在加里东时期形成，此外由于风化作用在马家沟组顶部形成铝土岩，可以作为有效的封盖，在研究区铝土岩、马家沟组致密性灰岩、白云岩也能起到纵向和横向的封闭作用，借助裂缝、砂体、孔缝实现纵向和横向沟通，实现多源供烃、侧向运移调整成藏的过程。在早白垩世末期上、下古烃源岩抵达了生、排烃高峰期，古侵蚀沟谷、铝土岩缺失的区域由于岩溶储层与上古烃源岩之间直接接触或砂岩疏导，成为倒灌式供烃模式下形成的大规模气藏；同时期，距上古烃源岩纵向距离较远的储层借助孔洞缝的纵向疏导，能实现一定规模成藏；马家沟组烃源岩随热演化程度增加，在距上古烃源岩纵向距离较远的储层内也实现近源聚集。晚白垩世烃源岩生气潜力降低甚至衰竭，天然气整体进入运聚调整阶段。

第八章 气藏主控因素及有利区预测

第一节 气层分布特征

基于阿尔奇公式计算的含气饱和度,进而将含气层段进一步划分的气层与气水同层的基础上,分析各层的含气饱和度的分布特征。

受剥蚀影响,马五$_1^2$、马五$_1^3$气层在富县境内分布范围有限,仅在西北部发育气层,含气饱和度超过50%,在该区域延*马五$_1^2$、马五$_1^3$合层试气获无阻流量#m^3/天,产水9.5m^3/天(见图8-1、8-2)。马五$_1^4$气层在富县境内分布范围扩大,富县中部区域也成为主要含气区,该区延*、延*、延*马五$_1^4$层试气均获产,延*获产超过#m^3/天,产水8.9m^3/天(见图8-3)。多井马五$_1$气层试气显示,马五$_1$高产气层也产水,同时出现纯产水层,如延*无气,产水达21.6m^3/天。

马五$_2^1$、马五$_2^2$富县境内东北部及中部主要含气区仍存在,马五$_2^1$含气饱和度相对较低,普遍低于50%,至马五$_2^2$含气饱和度增加,多数井超过60%,马五$_1$和马五$_2^2$合层试气的井产能也有所提高,如延*井合层获产#m^3/天,产水15m^3/天,富县境内多井在该层试气时产水,产水量相对较少,多数少于5m^3/天(见图8-4、8-5)。

马五$_4^1$也是主要产气层,主要含气区在富县境内连片分布,主要含气区含气饱和度高于50%,富县境内东北部试气产能突出,延*、延*井马五$_4^1$试气产能都超过#m^3/天,延*马五$_4^1$单层试气产能达#m^3/天。往中部存在一个有利含气区,延*马五$_4^1$与马五$_1^4$和马五$_2$合层试气获#m^3/天产能,无产水。部分井产水明显,延*马五$_4^1$、马五$_7$合层试气,产水17.3m^3/天(见图8-6)。

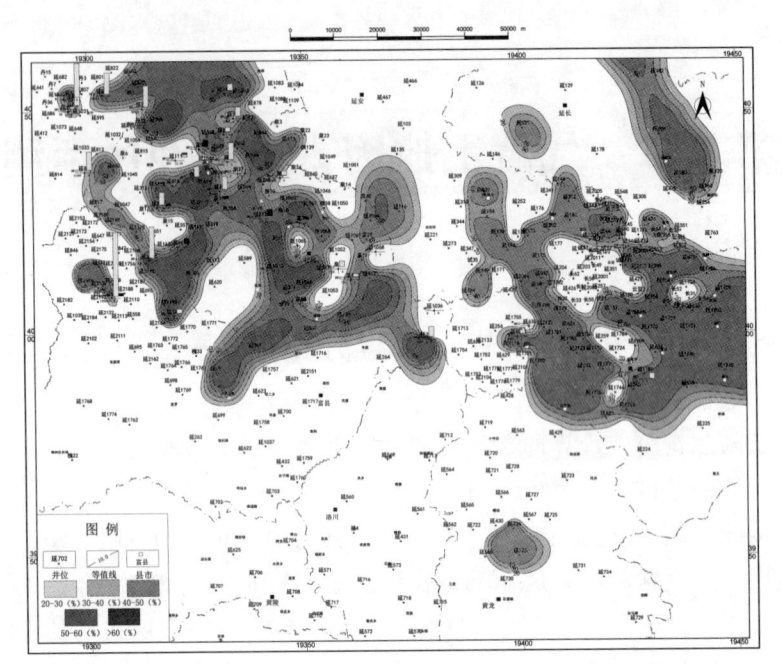

图 8-1 延安气田富县地区马五$_1^2$含气饱和度等值线图

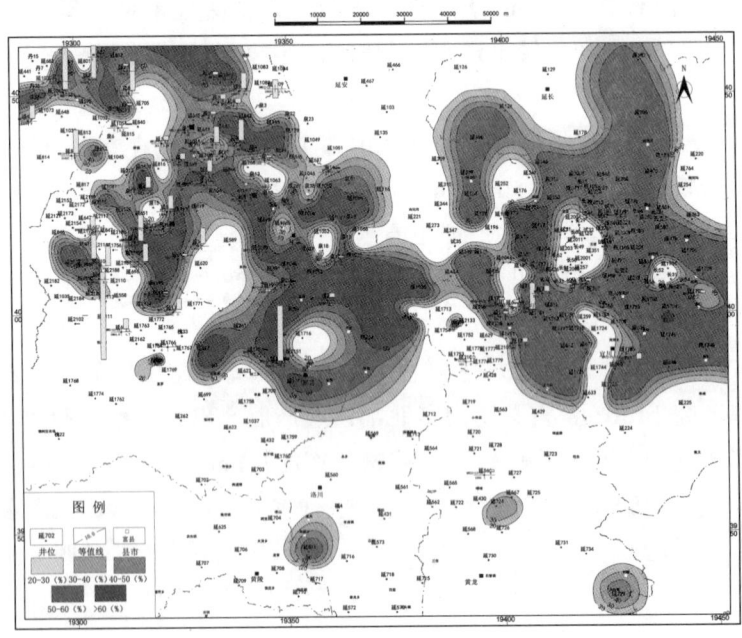

图 8-2 延安气田富县地区马五$_1^3$含气饱和度等值线图

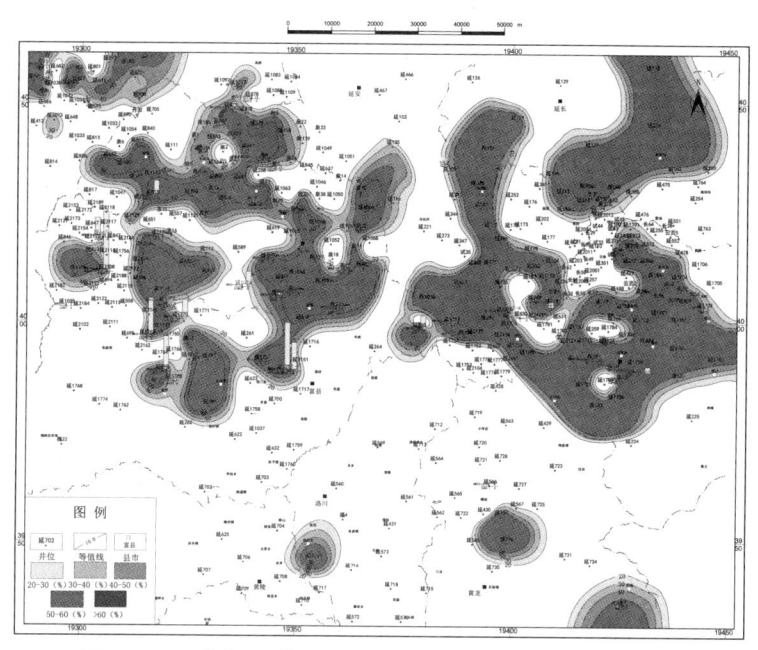

第八章　气藏主控因素及有利区预测

图 8-3　延安气田富县地区马五$_1^4$含气饱和度等值线图

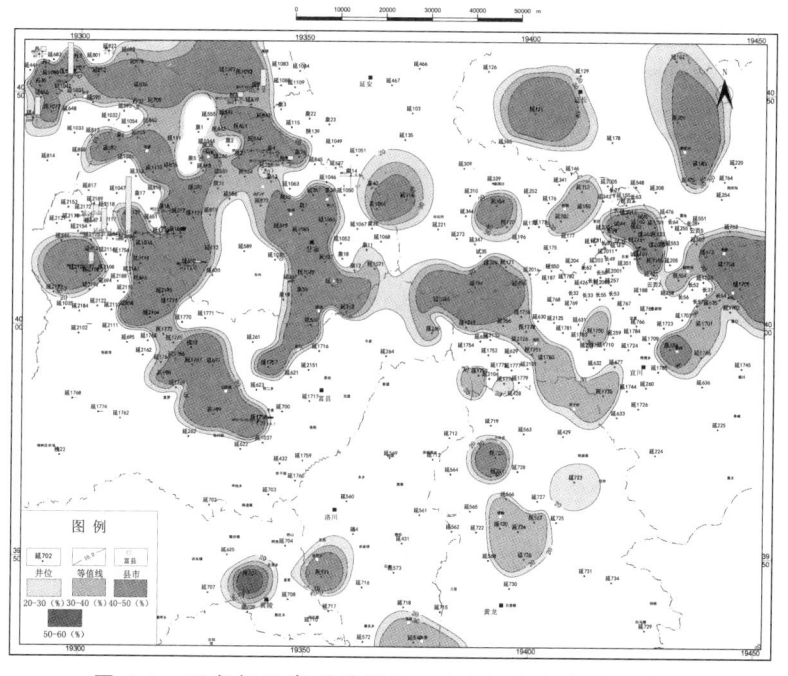

图 8-4　延安气田富县地区马五$_2^1$含气饱和度等值线图

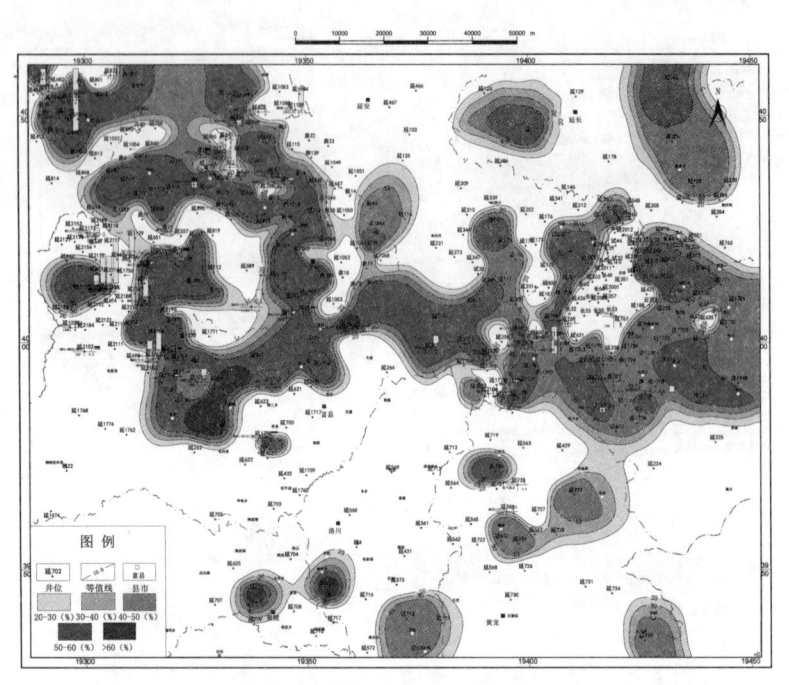

图 8-5　延安气田富县地区马五$_2^2$含气饱和度等值线图

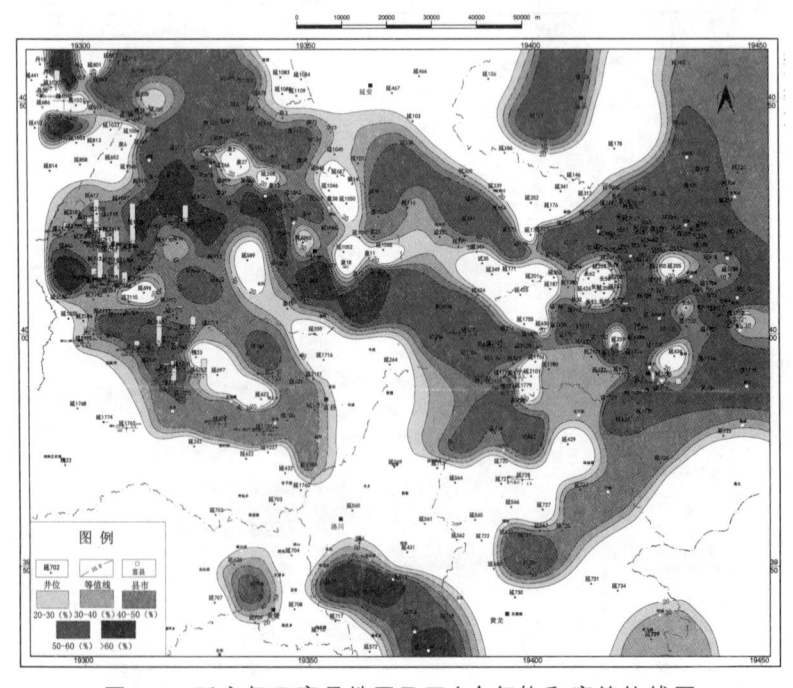

图 8-6　延安气田富县地区马五$_4^1$含气饱和度等值线图

第八章　气藏主控因素及有利区预测

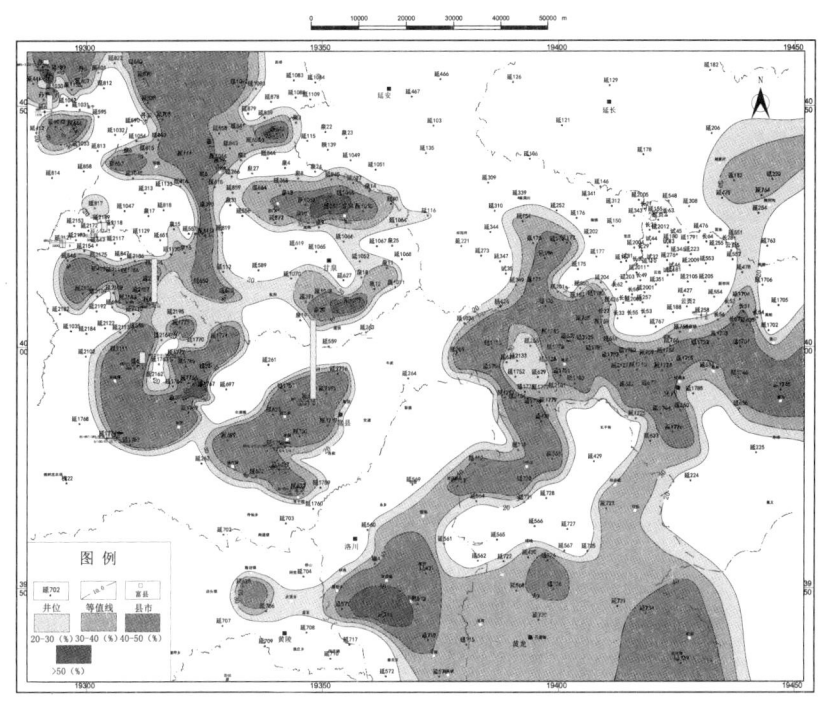

图 8-7　延安气田富县地区马五$_5$含气饱和度等值线图

至马五$_5$含气区及含气饱和度都明显减小（见图 8-7），含气饱和度主要分布介于 40%～50%，富县境内中部延＊马五$_5$和马五$_1^3$、马五$_1^4$合层试气产能达到#m^3/天，产水 8.9 m^3/天。

研究区气藏在纵向上具有多层叠加发育的特点，富县地区奥陶系马家沟组产气层位主要位于马五$_1$亚段、马五$_2$亚段地层，多纯气藏，部分气水同层，其中主要为马五$_1^2$、马五$_1^3$、马五$_1^4$，马五$_2^2$次之，马五$_4^1$气层次于马五$_1$、马五$_2$，多纯气藏，马五$_3$亚段较差，夹少量薄气层。往下马五$_5$～马五$_{10}$亚段较上覆地层，含气层较少，以气水同层为主，部分地层发育厚度较薄的纯气层，试气产能基本都低于#m^3/天。研究区钻遇马四、马三段地层主要分布在工区西南部，马四段地层相较马五段地层整体气藏不发育，马四段地层试气多产水。

根据奥陶系马家沟组 6 个储层样品的气水相对渗透率经标准化平均处理后发现，马家沟储层可动水饱和度为 33%，交点含水饱和度为 61%，含水饱和度大于 71%时，气相相对渗透率小于 0.05，说明当地层含水饱和度小于 33%时，储层产纯气；含水饱和度介于 33%～71%时为气水同层，研究区试气井产液基本符合该特征。图 8-8 所示为马家沟组气水相对渗透率曲线。

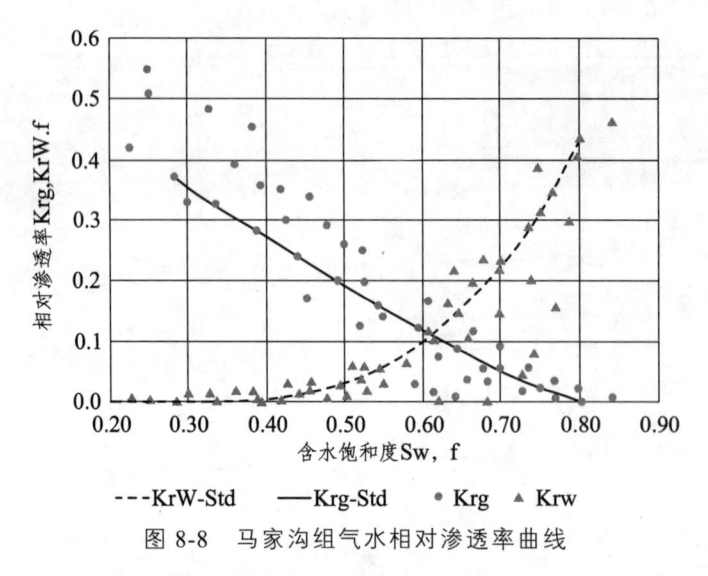

图 8-8 马家沟组气水相对渗透率曲线

  通过图 8-9、8-10、8-11 所示气藏剖面反映，研究区以风化壳顶部白云岩含气为主，主要风化壳储层 马五$_1$、马五$_2$ 形成的气层相互叠置，但气层横向稳定性较差，同层横向的快速变化，造成临井间产能差异大，马五$_5$、马五$_7$ 中组合气层分布范围明显减小，至研究区西南部马家沟组下组合出露区，下组合气层发育程度也较低。综合认为，研究区马家沟组形成以上组合为主的多层叠加、同层差异较大的整装气藏。

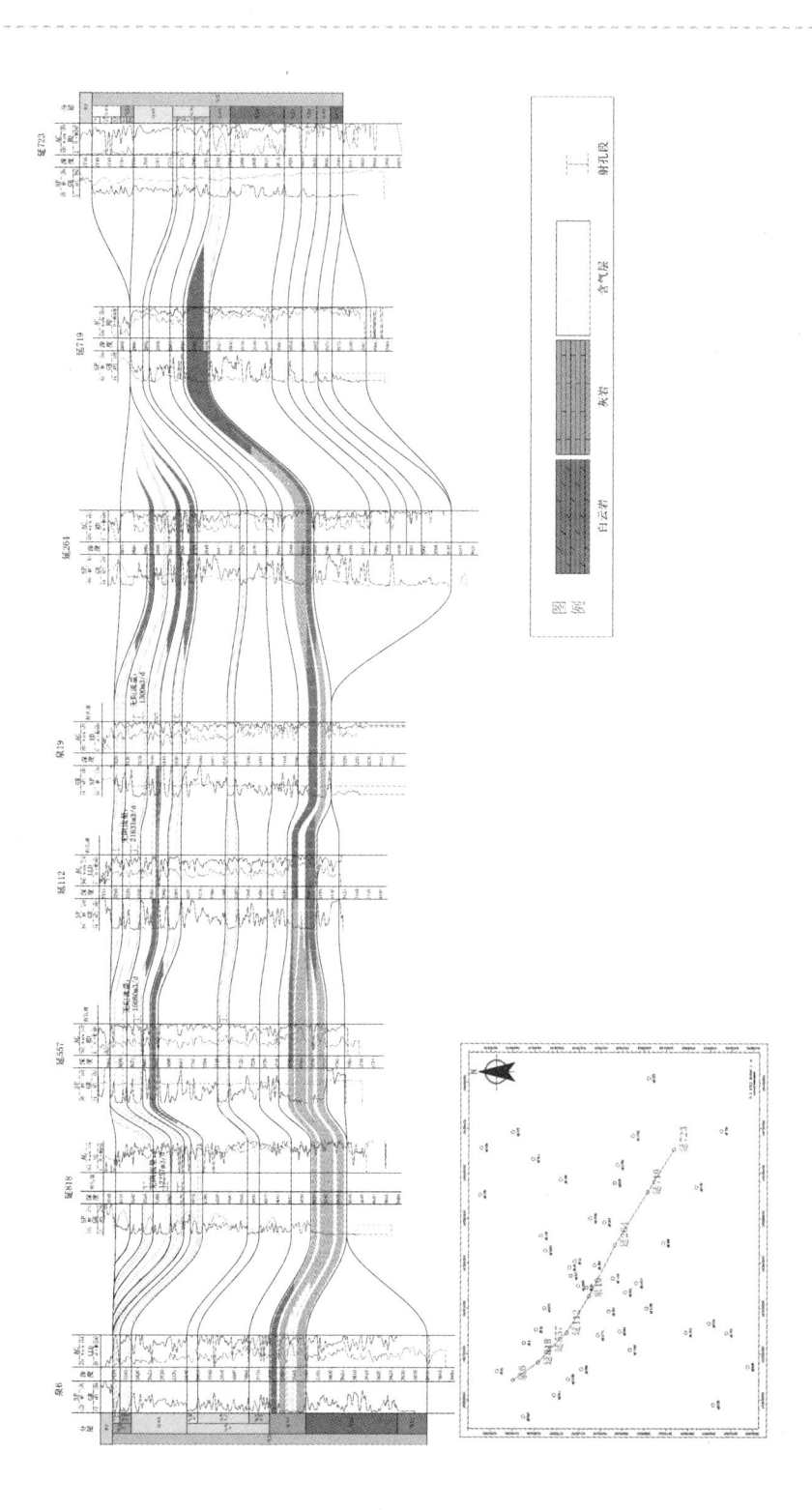

第八章　气藏主控因素及有利区预测

图 8-9　延安气田富县地区泉*-延*-马家沟组气藏剖面

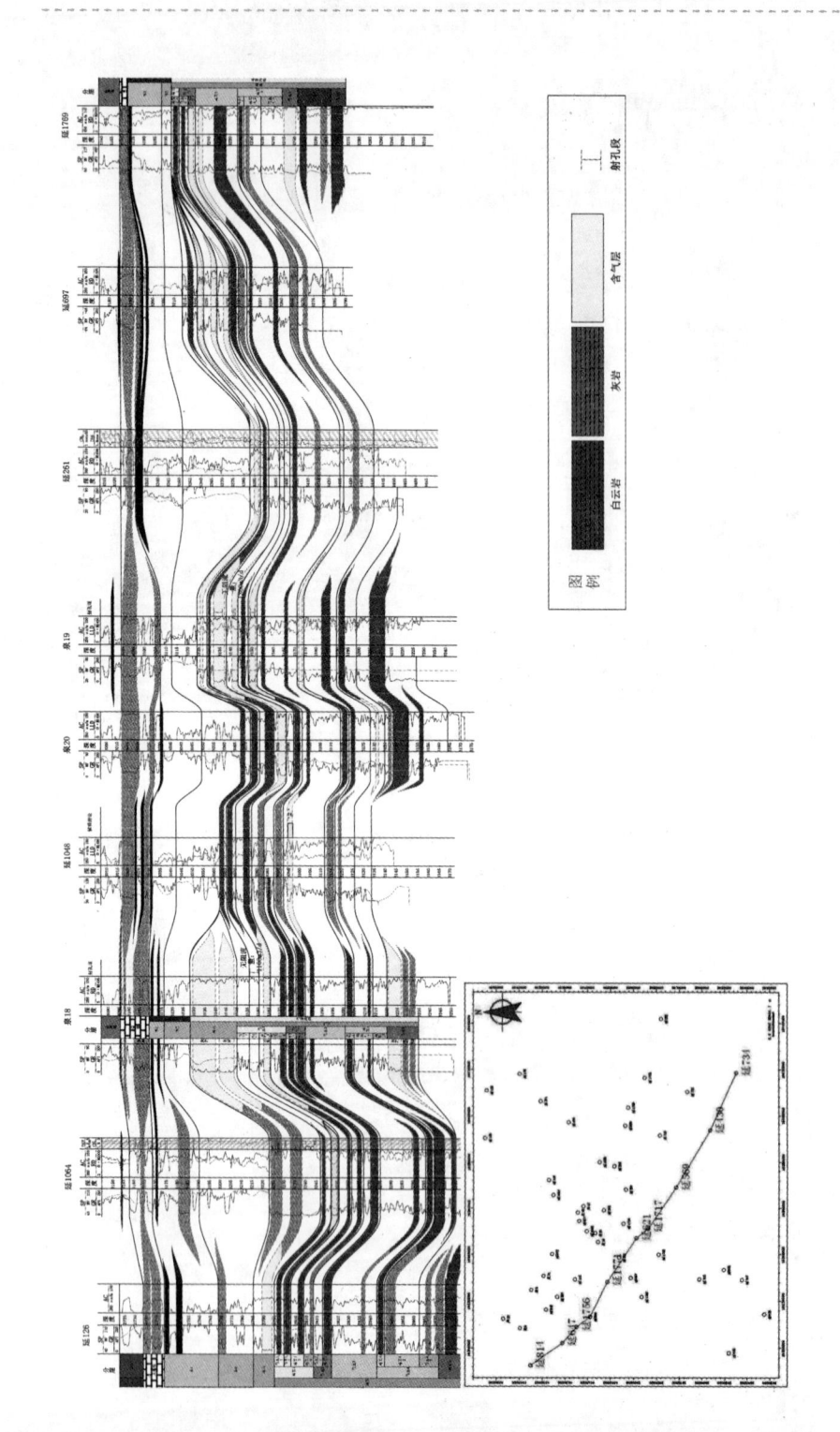

图 8-10 延安气田富县地区延*-延*马家沟组气藏剖面

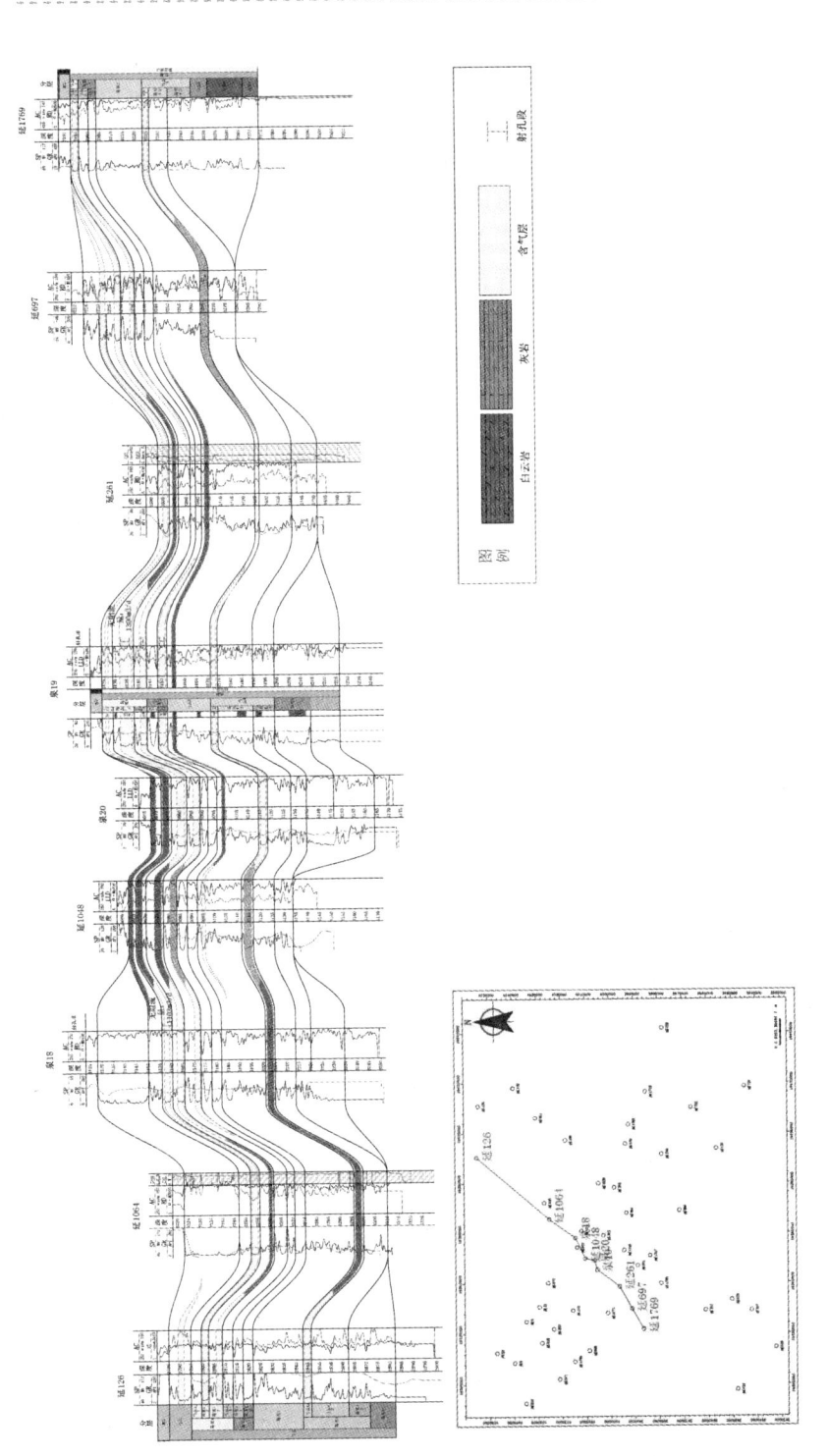

第八章 气藏主控因素及有利区预测

图 8-11 延安气田富县地区延*-延*马家沟组气藏剖面

第二节 气藏主控因素

延长气田奥陶系马家沟组马五段气藏分布主要受古构造、古地貌、沉积相、生烃强度、储层物性、上古直接非源岩的致密盖层等多因素共同控制。沉积相控制白云岩储层分布，以此为基础，古构造、古地貌、沉积相、生烃强度、储层物性等因素空间上的差异控制气藏分布。

一、盖　层

在加里东风化壳期，奥陶系地层自东向西依次剥露，在铝土岩缺失区域，使得中、上组合白云岩储层与上古生界煤系烃源岩或砂岩直接接触，利于形成上组合白云岩晶间孔型气藏。延安气田富县地区现主要针对马家沟上组合和中上组合展开试气，在富县境内取得较好效果，这些试气井基本都位于马五$_1$、马五$_2$出露区（见图8-12），试气层位主要位于马五$_1^2$、马五$_1^3$、马五$_1^4$、马五$_2^1$、马五$_2^2$，其次为马五$_4^1$、马五$_5$、马五$_7$，在铝土岩缺失区，由于古生界石炭系及二叠系烃源岩与风化壳储层直接接触，气源可沿不整合面、侵蚀沟槽及裂缝向下运移，试采成果显示靖边境内东北部在铝土岩缺失区域及其周边，马家沟上组合获产最高。富县境内东北部本溪组底部砂岩不发育，铝土岩缺失形成的"供烃窗口"，造成烃源岩与马五$_1$、马五$_2$风化壳储层直接接触，在储层发育且质量较好的区域即可形成气藏，由于气源充分，产能较高。图8-13所示为延安气田富县地区延647-延1763马家沟组气藏剖面图。

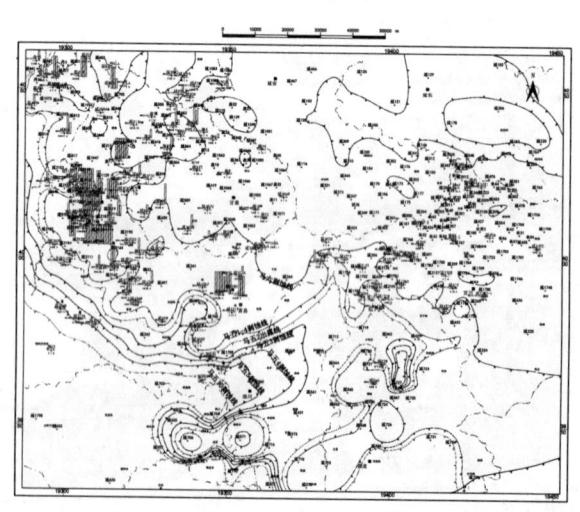

图8-12　延安气田富县地区铝土岩分布、地层剥蚀线和试气产能叠加图

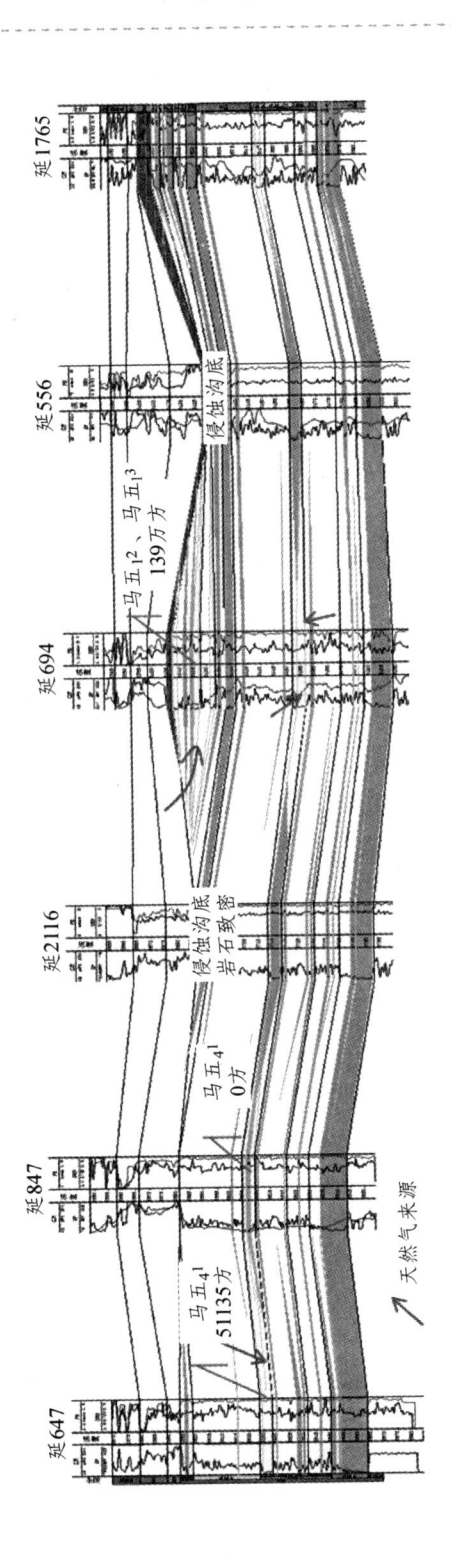

第八章　气藏主控因素及有利区预测

图 8-13　延安气田富县地区延*-延*马家沟组气藏剖面图

但盖层条件相似的区域也存在产能差异，这应该与储层条件等其他因素相关。同时，中组合马五$_5$、马五$_7$气层及下组合气层在出露线周边分布较少，规模明显低于上组合气层，指示研究区西南部及南部马家沟组中组合、下组合气层的分布主要受其他因素控制。

二、储层质量

沉积环境控制储层展布，云坪区成为储层的主要展布区域。但在岩性油气藏形成过程中，在油气运移方向上，储层的质量进一步控制了油气聚集带的形成，在近距离成藏的背景下，在物性高、储集系数大的储层内天然气集中聚集，在供烃窗口周边的井出现产能差异。

由于研究区单井多为合层试气，本次研究将安马五$_1$、马五$_2$各小层、马五$_{41}$小层的有利储层分别进行叠合，根据有利储层分布区域与试气无阻流量的叠合图（见图 8-14～图 8-16）可以看出，研究区分布最为有利的Ⅱ类较好储层产能贡献最大，单井获产万方以上的气井都位于有利储层分布区内，其他区域无阻流量普遍低于 5 000 m³/天。

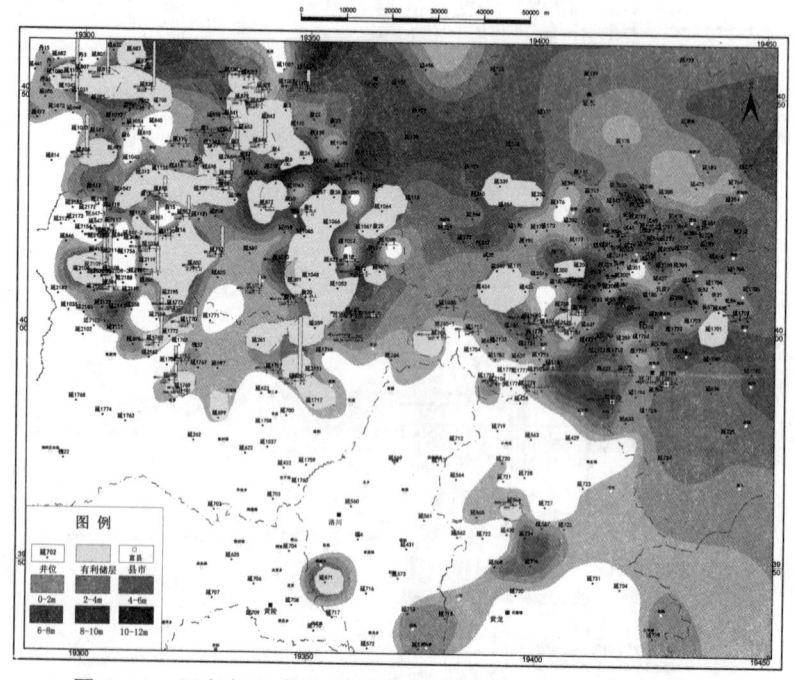

图 8-14 延安气田富县地区马家沟组马五$_1$有利储层分布图

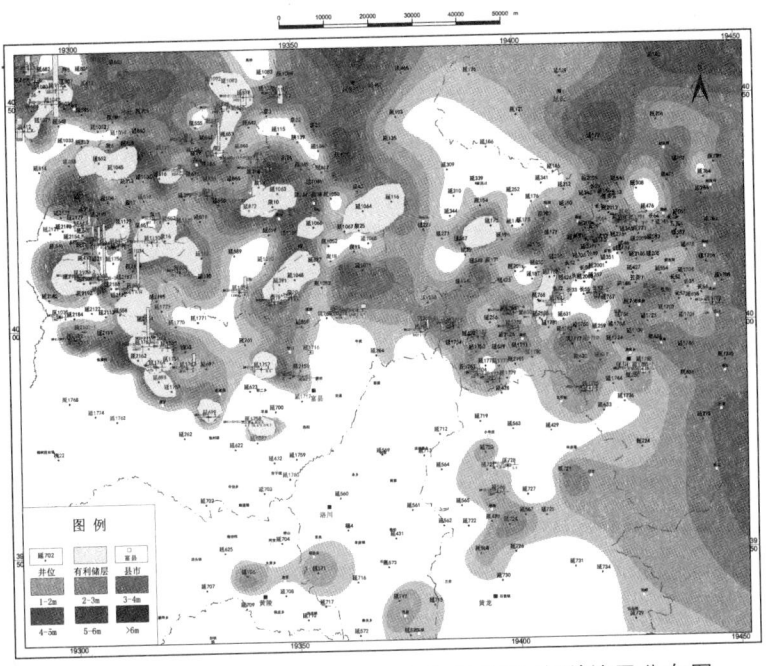

第八章　气藏主控因素及有利区预测

图 8-15　延安气田富县地区马家沟组马五$_2$有利储层分布图

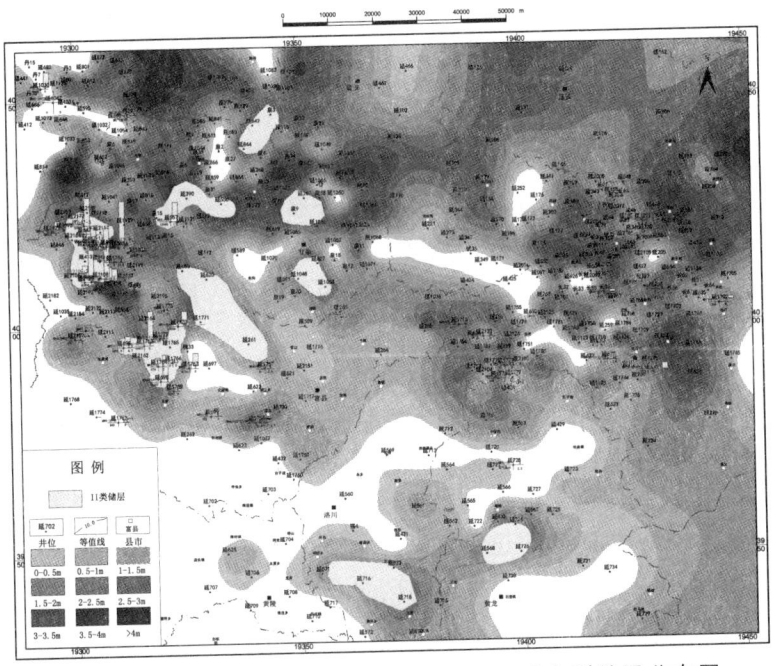

图 8-16　延安气田富县地区马家沟组马五$_4^1$有利储层分布图

三、古地貌特征

前人针对风化壳储层的研究已表明，古地貌单元对岩溶储层有重要控制作用，鄂尔多斯盆地马家沟组储层的物性差异与其在奥陶纪时期所处的古地貌息息相关。在地表雨水溶蚀淋滤作用下，岩溶高地由于地势高，雨水所携带的泥质等物质的快速堆积，充填了所形成的大量溶蚀孔隙，不利于储层的发育。相对而言，岩溶斜坡区域在表生期岩溶阶段受到较强的淋滤与溶蚀作用，发育大量的孔、洞、缝等储集空间。且在岩溶斜坡中相对较高的地貌区，储层物性更好，在未有非烃源岩的致密盖层覆盖下，利于天然气成藏。处于岩溶斜坡带阶地中马五$_1$~马五$_5$小层储层发育，但储层质量差别较大。

奥陶系顶部地层马五~马六段裸露风化期的古水文地质特点为：地层极度平缓，黄陵-韩城低幅度古隆起为南、北分水岭，以此为界雨水表现为地表水和地下水流分别呈面状、放射状向南、北两个方向运动。富县-宜川-延川斜坡带是地下面状、放射状水流最活跃的地区，风化壳储集层最发育。岩溶高地岩溶作用是以垂向渗滤作用为主，发育落水洞、岩溶管道等岩溶形态，储层非均质性强；岩溶盆地处于地势较低的区域，整体上地层保存得较为完整，风化淋滤深度较岩溶高地、岩溶斜坡浅，岩溶作用相对来说比较薄弱，岩溶储层的分布区域有限；而岩溶斜坡处于岩溶高地和岩溶盆地的过渡区域，岩溶水在该区域是以水平径流为主，排泄顺畅，以层状岩溶作用为主，较为容易形成孔隙、溶洞、裂缝以及水平岩溶通道，储层的物性好，分布也稳定，更利于发育风化壳储层，在马家沟组上组合形成形态多样的古岩溶地貌和古岩溶储层。岩溶斜坡具有较好的物性，通过渗流系数、储集系数分布研究也表明其具有较好的对应性。延川以北地区为地面水、地下水的排泄中心，风化储集层不发育。

古沟槽之间的溶丘带、侵蚀沟谷两翼及其周边的水流活跃区是气藏的主要富集区（见图 8-17）。古沟槽呈东西向发育分布，在南北处形成分支，这些古沟槽和溶洼、溶坑以及古构造低洼带都相互联系，构成了一个分割台地的复杂网格。这就使得在前石炭纪平缓东倾的古地貌背景上，形成了大小不一致、形态也各不相同的溶丘块体，这些溶丘块体周边水动力活跃，拥有聚集天然气良好的地质条件，成为该地区主要的天然气聚集区。

研究区岩溶地貌以岩溶台地及岩溶斜坡带为主，马家沟组有效储层主要发育在岩溶高地中的台地及岩溶斜坡带阶地中，表明古地貌对岩溶储层有重要控制作用。在地表雨水溶蚀淋滤作用下，岩溶高地由于地势高，雨水所携带的泥质等物质的快速堆积，充填了所形成的大量溶蚀空隙，不利于储层的发育。相对而言，岩溶台地区域在表生期岩溶阶段受到较强的淋滤与溶蚀作用，发育大量的孔、洞、缝等储集空间。

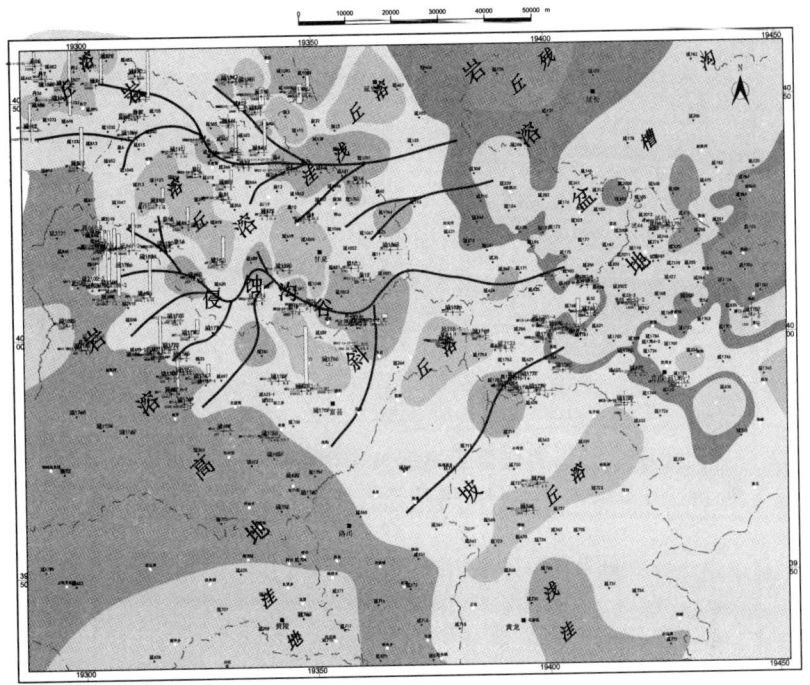

图 8-17 延安气田富县地区马家沟组顶面古地貌及其与试气井产能的关系

岩溶斜坡、岩溶高地向岩溶斜坡的侵蚀沟两侧是有利的成岩及储层发育带，洼地内云岩物性变差。沿凝灰岩层上下分布一定的溶蚀孔洞，但在浅洼、侵蚀沟低洼处被充填。马家沟组上组合受岩溶作用影响强烈，造成上组合各层中的有利储层与溶丘及侵蚀沟谷两翼古地貌有较好配置关系（见图 8-18），马五$_1$有利储层基本都位于溶丘周边，至马五$_2$有利储层在岩溶高地紧邻侵蚀沟谷的高地势区，这些区域上组合气层产能也较高，延*马五$_1$试气获产#m^3/天。至中组合马五$_5$有利储层在溶丘及侵蚀沟谷两翼也有分布（见图 8-19），在延*、延*中马五$_5$层试气都超过#m^3/天。除此之外，在沟谷的洼地内也有分布，显示其在高埋深期岩溶作用影响较小的情况下，气藏的分布应该还受其他因素影响。

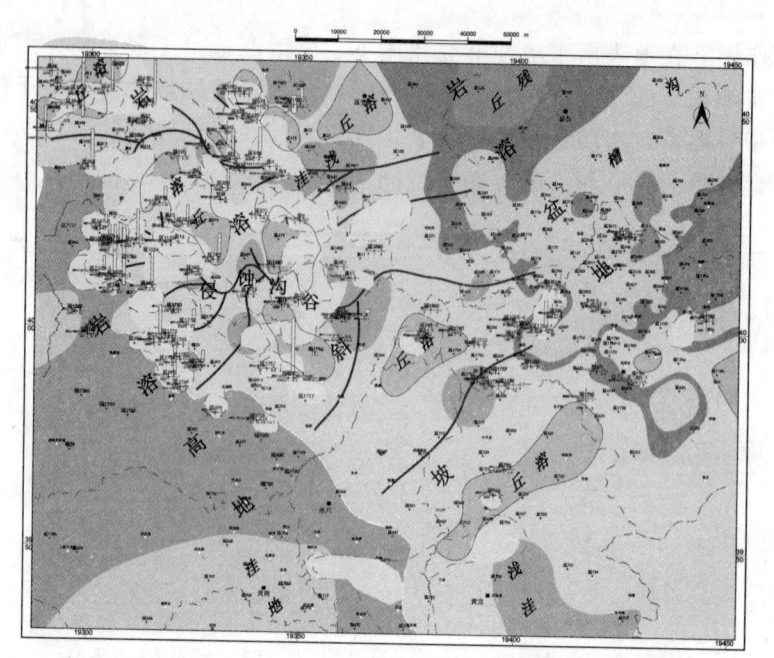

图 8-18 延安气田富县地区马家沟组顶面古地貌及其与上组合有利储层及试气产能的配置关系

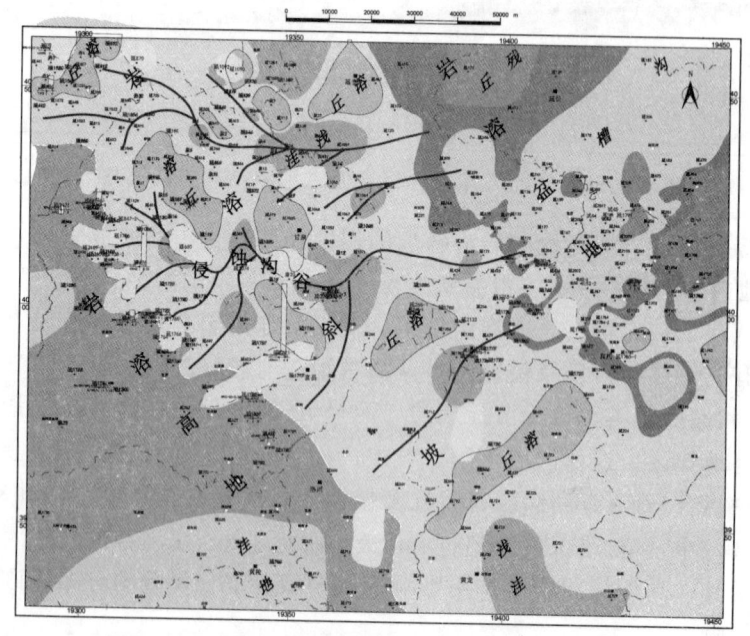

图 8-19 延安气田富县地区马家沟组顶面古地貌与中组合马五$_5$有利储层及试气产能的配置关系

四、古构造演化

区域构造演化对储集层的发育起着宏观调控的作用。从奥陶纪末的加里东运动开始到早白垩世末的燕山运动结束，奥陶系马家沟组中下组合顶面先后经历多次大规模构造格局转变，对奥陶系马家沟组中下组合的运移通道和储层的发育造成了不同程度的影响。

从早白垩世开始烃源岩进入大量排烃阶段，下古气藏开始成藏的关键时期，此时构造已呈现西低东高的特征，上古天然气向下倒灌，再沿构造上倾方向继续运移，遇到遮挡即会聚集成藏。此时的古构造对烃早期聚集成藏起到一定的控制作用，后期随着古构造的演化，烃类进一步运移改造，沥青质残留指示烃类运移的历史。至现今，富县地区东北部位于古隆起与今鼻隆轴线之间或轴线的交叉地带发现高产井，说明古构造和现今构造对气藏的形成都起到一定的控制作用。但是由于储层质量横向变化较大，气藏未必在古隆起最高点聚集，多呈现在古隆起边缘成藏的特征，针对上组合试气的井高产能分布区基本都位于这些区域。图 8-20～8-24 分别为延安气田富县地区马家沟组马五$_5$顶面石炭纪末、三叠纪末、侏罗纪末、白垩纪末、现今构造图。

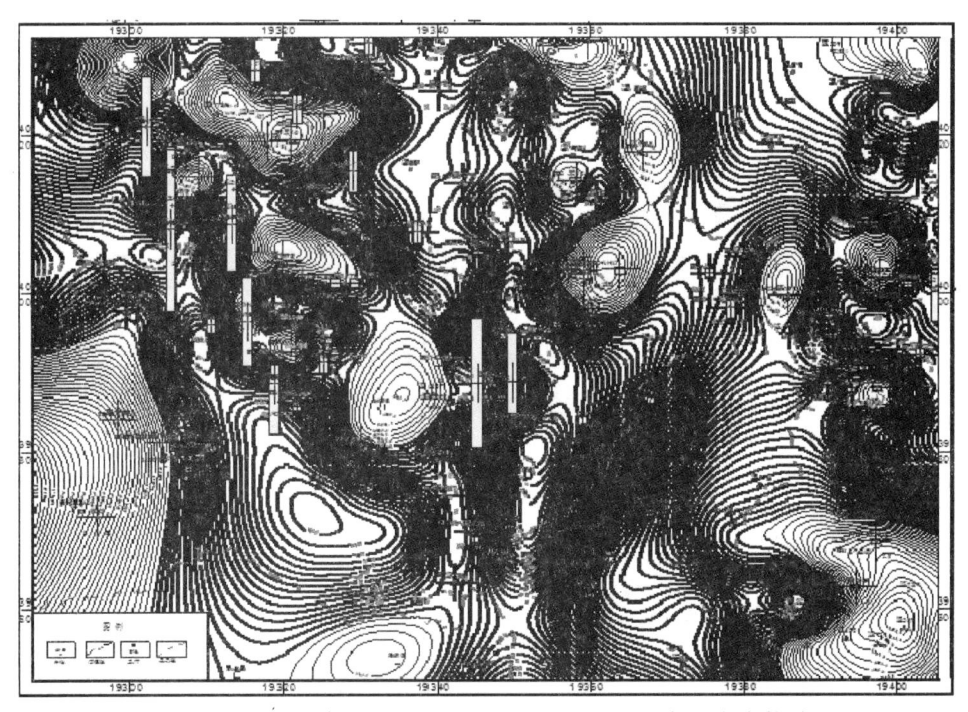

图 8-20　延安气田富县地区马家沟组马五$_5$顶面石炭纪末古构造图

图 8-21　延安气田富县地区马家沟组马五$_5$顶面三叠纪末古构造图

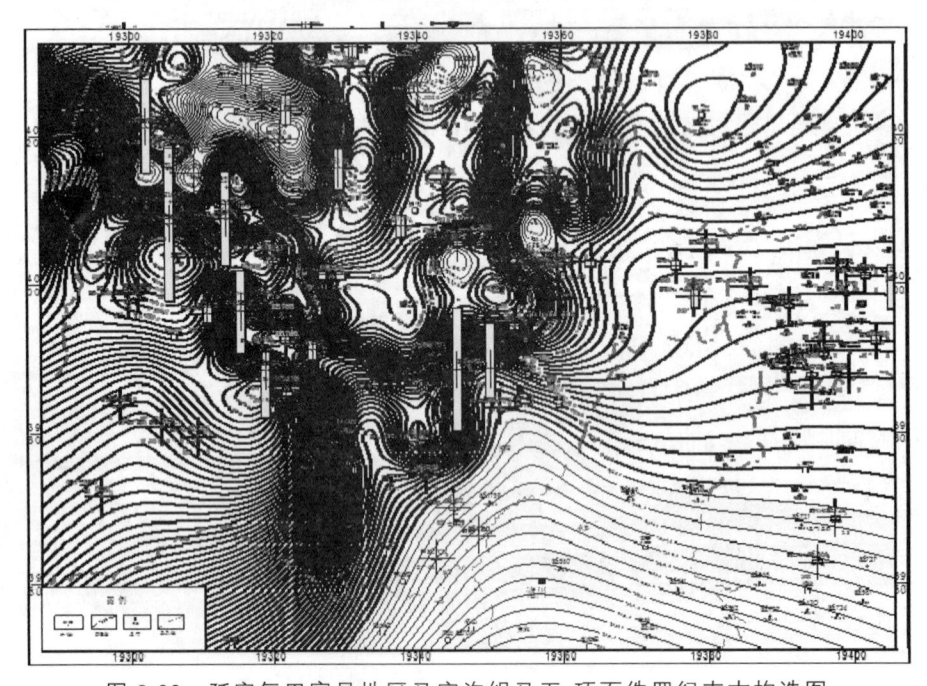

图 8-22　延安气田富县地区马家沟组马五$_5$顶面侏罗纪末古构造图

第八章 气藏主控因素及有利区预测　　　261

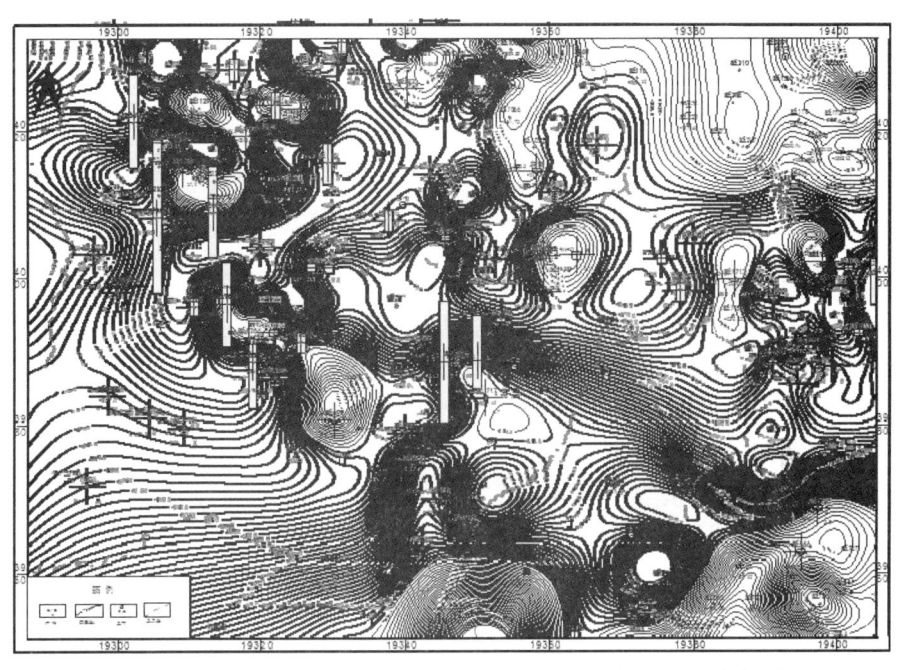

图 8-23　延安气田富县地区马家沟组马五$_5$顶面白垩纪末古构造图

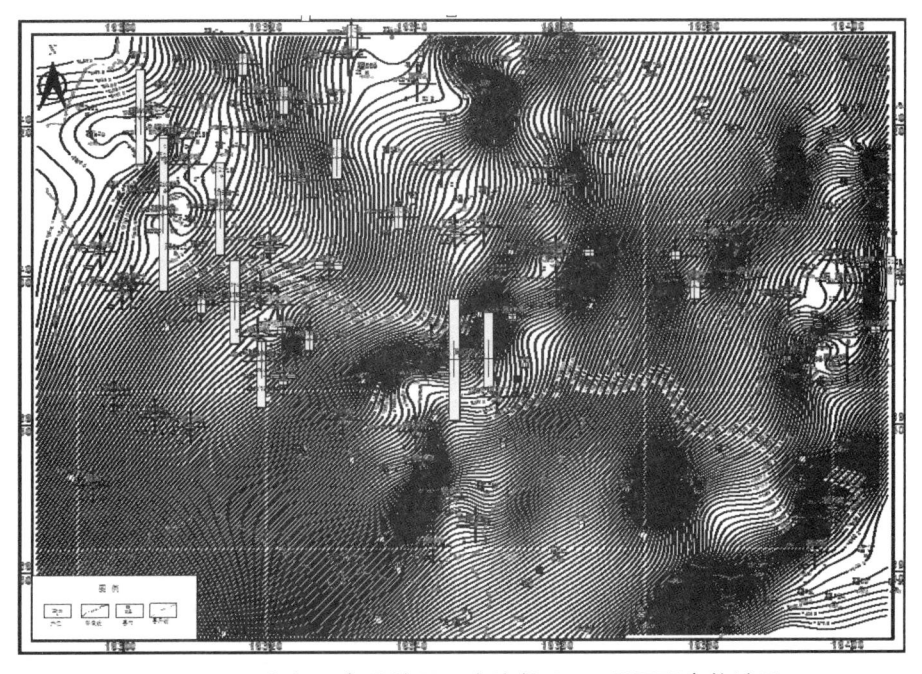

图 8-24　延安气田富县地区马家沟组马五$_5$顶面现今构造图

五、生烃强度

研究区位于中央古隆起东部，早期加里东时期，盆地整体构造表现为西高东低的特点，古隆起东部奥陶系马家沟组上部地层遭受不同程度的剥蚀，致使石炭系煤系地层在古隆起东侧部位与奥陶系沉积地层大面积接触，这样一来上古生界石炭、二叠系煤系烃源岩地层形成的天然气可以侧向运移或倒灌到奥陶系马家沟组上组合储层内。

古生界奥陶系下组合天然气可来源于上古生界的煤成气及下古生界碳酸盐岩油型气，具有双供烃源，奥陶系下组合天然气藏的分布受上古生界的煤系烃源岩及下古生界碳酸盐岩烃源岩的控制。

富县地区烃源岩生烃强度较高，马六厚层灰岩、上覆本溪组底部铝土岩缺失区与有利储层接触的区域为高排烃效率，产能较高的区域，反之排烃效率低，产能低，图 8-25 所示为延安气田富县地区古生界生烃强度平面图。由于古地貌直接影响储层质量，且有利储层及其产能与溶丘周缘及侵蚀沟谷两翼古地貌有较好配置关系，使得古地貌、储层质量成为控制气藏分布的关键因素，在广覆式生烃强度的背景下，马家沟组顶部盖层成为控制高产能区的潜在因素。

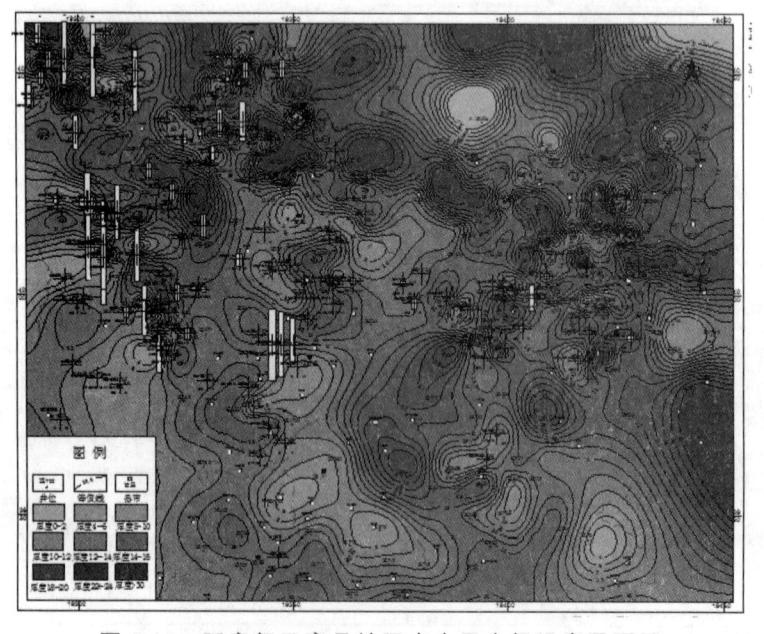

图 8-25　延安气田富县地区古生界生烃强度平面图

第三节 有利区预测

延长气田奥陶系马家沟组下组合气藏主要受古构造、岩溶古地貌、气源、储层等多因素控制，成藏主控因素是有利区预测的依据。马家沟组上组合气藏的分布主要受储层质量、古地貌控制，同时参考盖层（供烃窗口）以及剥蚀线对排烃效率和储层质量的潜在影响，预测研究区马家沟组的有利区。

马家沟组上组合气层在紧邻供烃窗口的高古地貌区近源富集。在古岩溶斜坡中溶丘、溶丘与浅洼间斜坡带、台地向浅洼过渡的侵蚀沟两翼，储层质量相对较好，有缺失马六灰岩、铝土岩的良好的配置关系时，有利于天然气的富集。图 8-26 所示为延安气田富县地区本 2 地层铝土岩与马六灰岩叠合图。

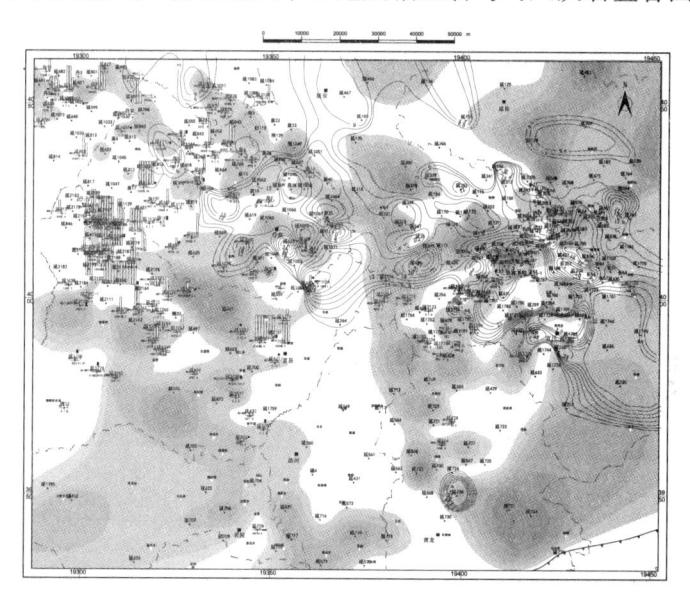

图 8-26　延安气田富县地区本 2 地层铝土岩与马六灰岩叠合图

古岩溶斜坡中溶丘、溶丘与浅洼间斜坡带、台地向浅洼过渡的侵蚀沟两翼，这些区域烃源岩生烃潜力大，且下伏无大面积分布的厚层马六灰岩、铝土岩，对成藏较为有利，但其在主要下灌及侧灌区成藏，往东延伸距离不远。将古地貌、有利储层分布区域叠置，可以看出研究区马家沟组中组合马五$_1$～马五$_7$亚段小层最有利的勘探区主要在富县局部地区及往北的志丹区域。根据不同小层的叠合图对研究区含气有利区进行预测（见图 8-34），马五$_1$ 预测有利含气区域 934.813 km^2（见图 8-27～图 8-29），马五$_2$ 预测有利含气区域

673.032 km² (见图 8-30、图 8-31), 马五$_4^1$ 预测有利含气区域 309.031 km² (见图 8-32), 马五$_5$ 预测有利含气区域 581.652 km² (见图 8-33), 在平面上叠合面积 1 802.55 km², 其中富县境内 818.1 km², 洛川、黄龙境内 191.73 km²。

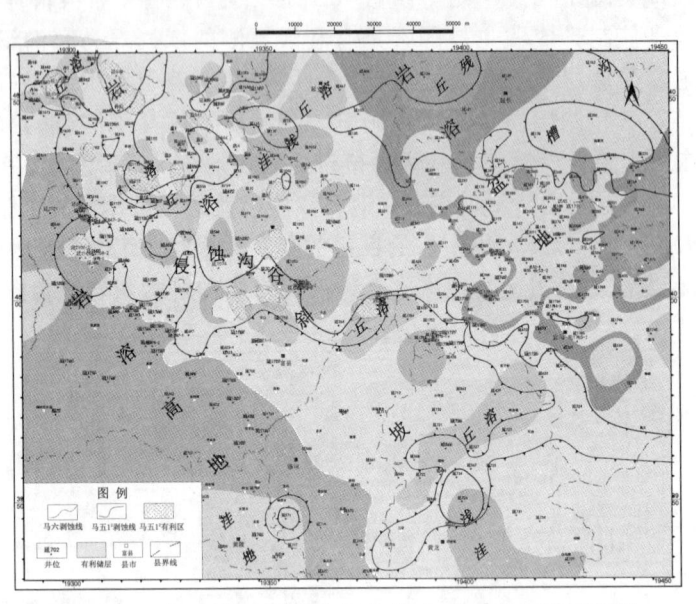

图 8-27 富县地区马家沟组上组合马五$_1^2$有利区预测

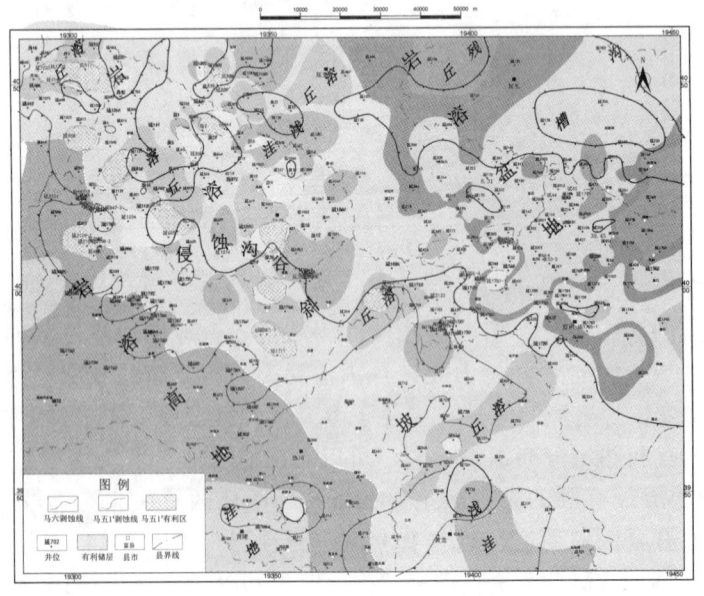

图 8-28 富县地区马家沟组上组合马五$_1^3$有利区预测

第八章 气藏主控因素及有利区预测

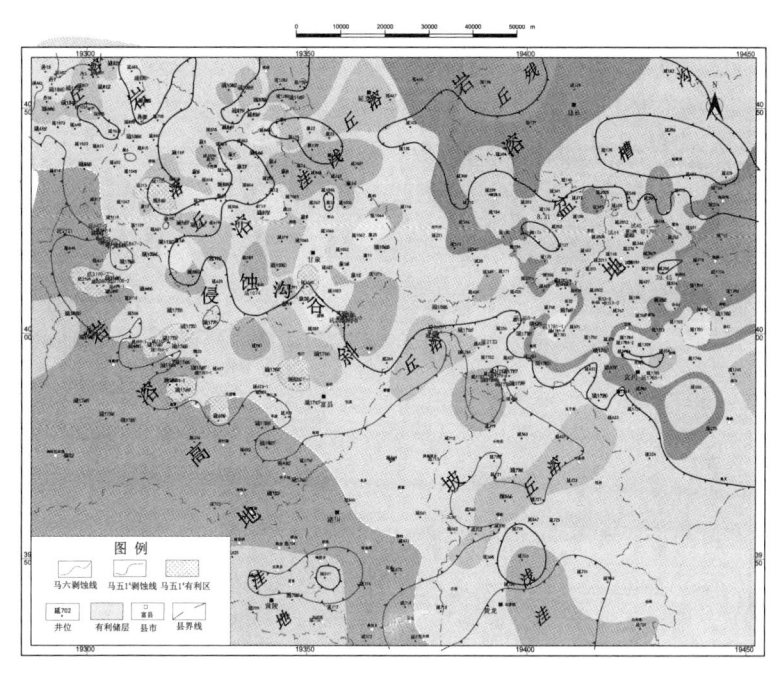

图 8-29 富县地区马家沟组上组合马五$_1^4$有利区预测

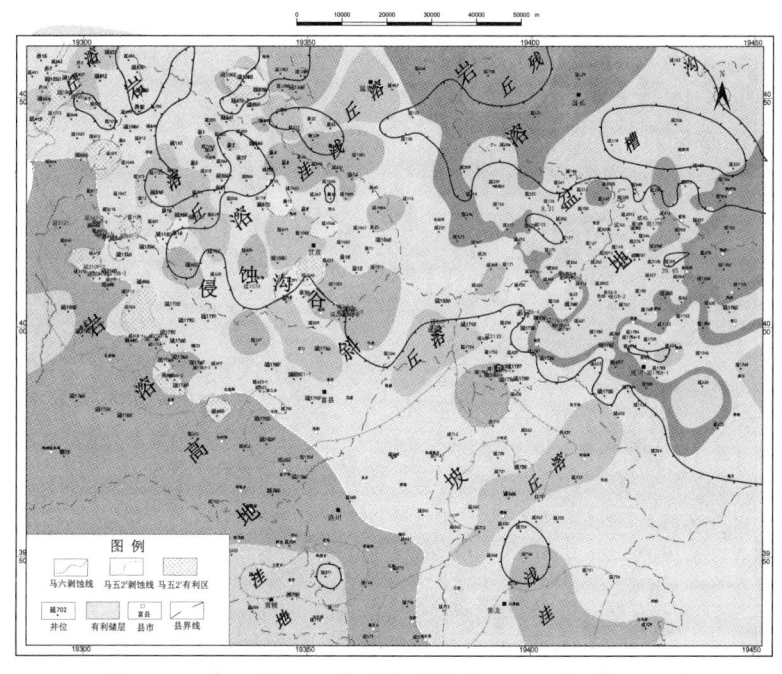

图 8-30 富县地区马家沟组上组合马五$_2^1$有利区预测

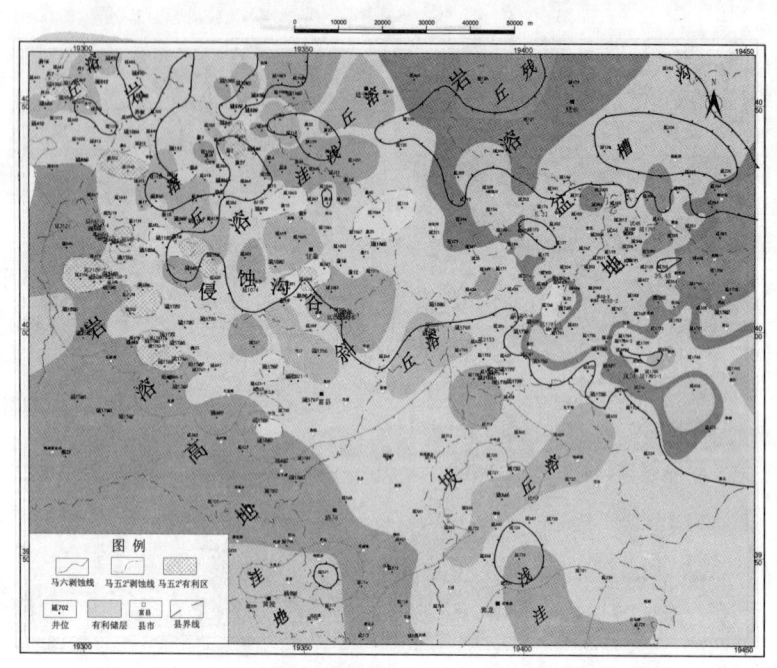

图 8-31　富县地区马家沟组上组合马五$_2^2$有利区预测

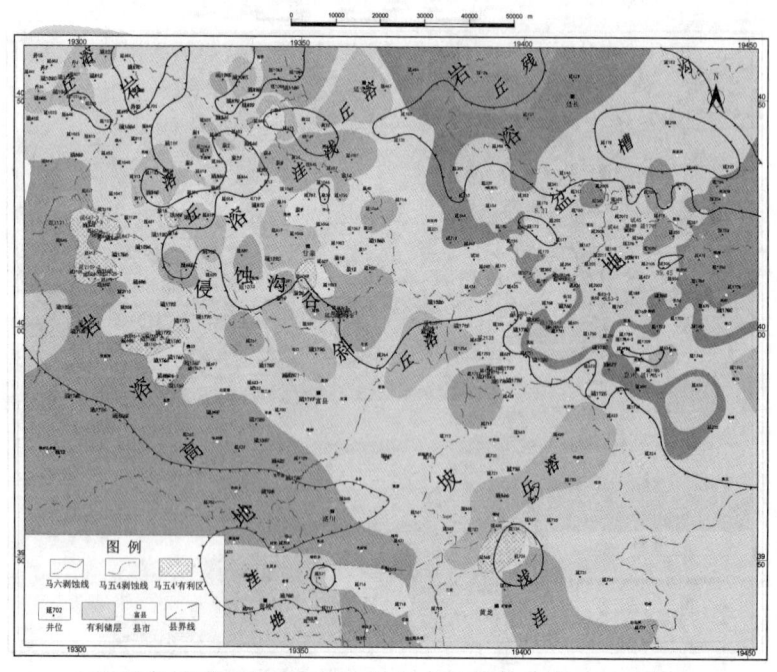

图 8-32　富县地区马家沟组上组合马五$_4^1$有利区预测

第八章 气藏主控因素及有利区预测

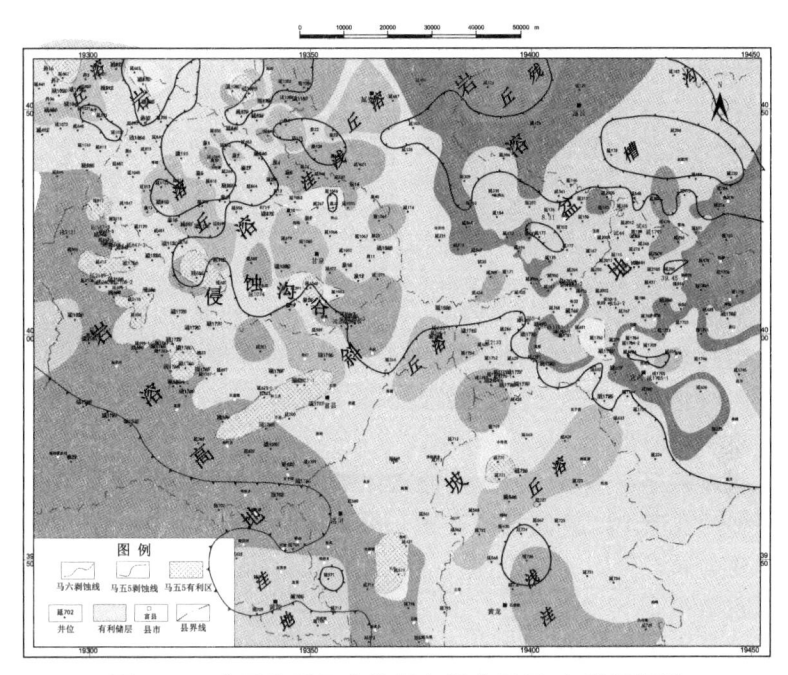

图 8-33 富县地区马家沟组上组合马五$_5$有利区预测

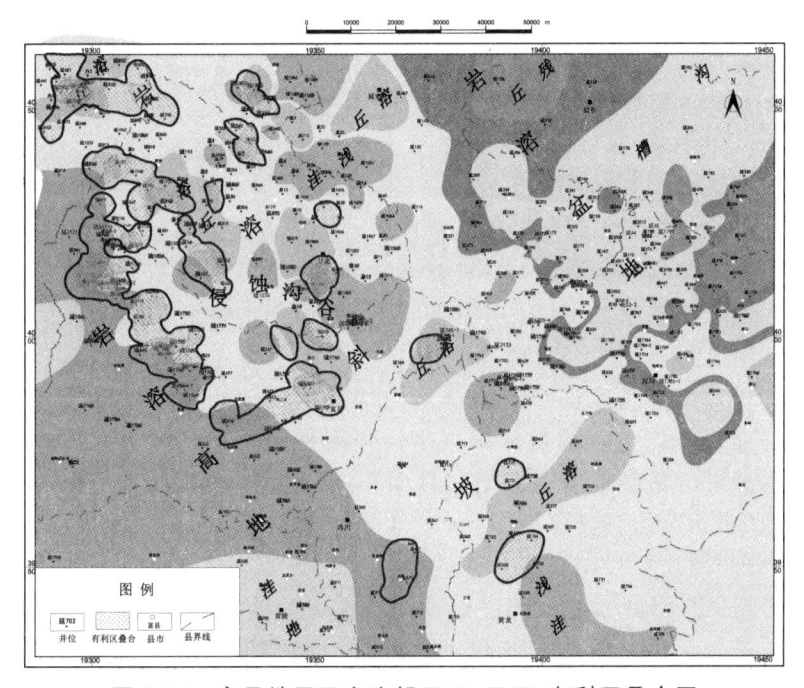

图 8-34 富县地区马家沟组马五$_1$-马五$_5$有利区叠合图

第九章 结 论

（1）本次研究统一了下古地层的划分方案，据此展开研究区地层研究。研究区往南西方向地层剥蚀量逐渐增加，西南部黄陵境内马五地层全部缺失，在富县境内西北部、黄陵-洛川交界处、黄龙境内形成三个地层突变的区域，存在孤立岛状残留带。

（2）研究区存在高温蒸发、还原水体条件，水体动荡，且存在斜坡，故碳酸盐岩多为在潮上、潮间带的产物。按岩相识别出马五$_1$、马五$_2$、马五$_4$碳酸盐岩主要为局限台地云坪微相，马六、马五$_5$、马五$_7$为开阔台地下的灰坪及云坪沉积微相。

（3）富县境内位于岩溶斜坡与岩溶高地过渡区域，侵蚀沟谷的起点主要位于富县境内，由此在志丹、洛川、黄龙形成多个溶丘，至延安、宜川一线往北东方向进入岩溶盆地。

（4）山西组、本溪组和太原组烃源岩样品 TOC 普遍较高，能达到中等-好烃源岩，马家沟组较好泥质烃源岩主要分布在马五$_3$、马五$_4^2$、马五$_4^3$的云质泥岩内。山西组、本溪组、马家沟组暗色泥质烃源岩主要为Ⅱ$_2$、Ⅲ干酪根，普遍进入高成熟生干气阶段。

（5）在确定烃源岩厚度、岩石密度、烃源岩残余有机碳含量及有机质气态烃产率等多个参数的前提下，计算各单井烃源岩层的生烃强度。计算表明研究区平均生气强度 22.64×10^8 m^3/km^2，山西组和本溪组累计贡献占 82.5%，下古马家沟组泥岩贡献占比约为 13.8%。

（6）在未统计马家沟组灰岩源岩的情况下，预测上古煤系烃源岩、下古咸化泥质烃源岩的资源量，根据生烃强度平面展布发现研究区共发育 9 个生烃潜力带。富县地区资源量估算面积 6 222 km^2，预测上下古总生烃量 131 400×10^8 m^3，预测资源量 1 314×10^8 m^3。其中富县开发区内发育富县北、张家湾、张村驿、牛武-岔口 4 个生烃潜力带，4 个区带共圈定面积 1 715 km^2，上下古平均生气强度 20.76×10^8 m^3/km^2，总生烃量预测为 35 834×10^8 m^3，预测资源量为 359×10^8 m^3。

（7）研究区主要发育微晶、泥晶和粉晶白云岩，稀土元素特征显示这些白云岩是在高温、还原水体环境下形成，甚至有的受热液活动影响。结合薄片、古地貌、文献资料分析认为，马五$_4$、马五$_3$和马五$_6$时期水体闭塞、高温蒸发的气候条件，为同生白云岩化、准同生白云岩化、中浅埋藏的回流渗透白云岩化、混合白云岩化和隐伏渗透白云岩化创造条件。马家沟上组合马五$_{1-}$马五$_4$同期的高温蒸发环境，发生准同生白云岩化。马五$_5$、马五$_7$为海侵期，由于位于马五$_4$、马五$_6$蒸发环境之下，主要发生浅埋藏条件下淋滤淡水与高镁卤水的混合白云化。马四期为大规模海侵期，至马五海退期高浓度海水回流渗透形成了马四泥晶云岩。

（8）马家沟组上组合各小层储层孔隙类型多样，以晶间孔、铸模孔以及晶间、晶内溶孔为主，在镜下和岩心内都有裂缝发育，岩心中见到大量的缝合线，多数缝合线都被泥质或方解石填充，由此形成多种孔喉结构储层。最有利的是溶蚀孔-晶间孔组合的高饱和度中等均质型储层，其次为溶蚀孔-缝组合的低饱和度中等均质型和晶间孔-微裂缝-溶蚀孔缝组合的强非均质型储层。

（9）马家沟组主要都为特低孔低渗储层和特低孔特低渗储层，渗透率超过$1\times10^{-3}~\mu m^2$的储层100%来自泥晶和粉晶白云岩类，其中以泥晶云岩类为主。岩溶斜坡中溶丘、侵蚀沟谷相对较高的区域，形成的少量石膏有利于改善储层物性，由于碳酸盐岩岩溶作用强烈，物性明显优于洼地内受填充影响的储层。

（10）在储层孔喉结构为依据建立的分类基础上，结合试气结果，选取储层厚度、孔隙度、渗透率、含气饱和度和储集系数应用聚类分析，据此圈定富县地区马家沟组马五$_1$~马五$_5$主要含气层内Ⅰ、Ⅱ类储层叠合面积为$2~956.09~km^2$，储量丰度$0.4\times10^8~m^3/km^2$情况下，储量约为$1~182.4\times10^8~m^3$，按照采气速度1.5%，可建产$17.74\times10^8~m^3$。

（11）研究区奥陶系马家沟组天然气具有甲烷含量高、重烃组分含量低的特征，本区H_2S含量较低，天然气干燥系数普遍超过99%，属典型的干气。从上古生界至马家沟中组合甲烷碳同位素逐渐变轻，研究区上古天然气甲烷碳同位素偏高，可达-28.7‰，至马家沟组天然气甲烷碳同位素普遍为-30‰，研究区出现了较多碳同位素倒转（$\delta^{13}C_1>\delta^{13}C_2$）的天然气样，境内的富古4井、陕139井都指示煤型气和油型气混源特征。

（12）上下古天然气在早白垩纪末期开始大规模成藏，由于马家沟组内部膏岩不发育，马六灰岩封盖能力有限，其顶部接触的烃源岩和铝土岩是下古气藏主要封盖层。由于纵向、侧向致密层的覆盖或遮挡，大规模天然气具有近源成藏保存的条件，裂缝发育条件下，可实现远距离运聚成藏。

（13）研究区上组合成藏模式多样，包括直接顶灌式成藏、砂岩疏导顶灌成藏、裂缝疏导成藏、直接侧向式成藏；直接顶灌式和砂岩疏导顶灌成藏模式下形成的气藏产能更高；中下组合在靠近剥蚀区为侧向式成藏，高埋深区多混合成藏，裂缝发挥重要作用。由于侧向成藏多位于岩溶高地，裂缝疏导成藏多具一定埋深，造成它们成藏规模有限，产能低。

（14）云坪作为控制储层分布的基础，有利储层的分布明显受古地貌、储层质量、剥蚀线、盖层的影响。在古地貌、储层质量基础上，结合其他几种因素，预测马五$_1$有利含气区域 934.813 km^2，马五$_2$有利含气区域 673.032 km^2，马五$_4$^{1}有利含气区域 309.031 km^2，马五$_5$有利含气区域 581.652 km^2，在平面上叠合面积 1 802.55 km^2，其中富县境内 818.1 km^2。

参考文献

[1] 王震亮，魏丽，王香增，等. 鄂尔多斯盆地延安地区下古生界天然气成藏过程和机理[J]. 石油学报，2016，37（S1）：99-110.

[2] 王建坡，沈安江，蔡习尧，等. 全球奥陶系碳酸盐岩油气藏综述[J]. 地层学杂志，2008，32（4）：363-373.

[3] 李伟，涂建琪，张静，等. 鄂尔多斯盆地奥陶系马家沟组自源型天然气聚集与潜力分析[J]. 石油勘探与开发，2017，44（4）：521-530.

[4] 李百强. 延长探区马家沟组马五段碳酸盐岩储层分布规律及主控因素[D]. 西安：西安石油大学，2016.

[5] 徐黎明. 鄂尔多斯西缘地区古生界构造沉积演化与天然气形成条件研究[D]. 西安：西北大学，2006.

[6] 王大鹏，陆红梅，陈小亮，等. 海相碳酸盐岩大中型油气田成藏体系及分布特征[J]. 石油与天然气地质，2016，37（3）：363-371.

[7] 袁志祥. 鄂尔多斯盆地北部天然气地质[M]. 成都：四川大学出版社，2000.

[8] 吴东旭，吴兴宁，曹荣荣，等. 鄂尔多斯盆地奥陶系古隆起东侧马家沟组中组合储层特征及成藏演化[J]. 海相油气地质，2014，19（4）：38-44.

[9] 王雪莲，王长陆，陈振林，等. 鄂尔多斯盆地奥陶系风化壳岩溶储层研究[J]. 特种油气藏，2005，12（3）：32-35.

[10] 刘雨乔，罗顺社，刘忠保，等. 鄂尔多斯盆地靖边潜台西侧奥陶系马家沟组马五 4 亚段岩溶储层特征及分布[J]. 水利与建筑工程学报，2017，15（5）：76-81.

[11] 郭星，章敏，张振旭. 延安地区奥陶系马家沟组碳酸盐岩储层孔隙特征及天然气成藏期次研究[J]. 地下水，2017，39（5）：107-110.

[12] 赵晓东，赵雪娇，秦晓艳. 鄂尔多斯盆地东南部古生界不整合面输导体特征[J]. 地下水，2013，35（5）：131-134.

[13] 涂建琪，董义国，张斌，等. 鄂尔多斯盆地奥陶系马家沟组规模性有

效烃源岩的发现及其地质意义[J]. 天然气工业，2016，36（5）.

[14] 杨华，刘新社. 鄂尔多斯盆地古生界煤成气勘探进展[J]. 石油勘探与开发，2014，41（2）：129-137.

[15] 侯方浩，方少仙，董兆雄，等. 鄂尔多斯盆地中奥陶统马家沟组沉积环境与岩相发育特征[J]. 沉积学报，2003，21（1）：106-112.

[16] 郑德顺，胡斌，吴智平，等. 华北东部地区中、新生代地形演化关键时期古地理分析[C]. 成都：中国矿物岩石地球化学学会岩相古地理专业委员会，2008，29-30.

[17] 王道富，张文正. 鄂尔多斯盆地三叠系延长组油藏富集特点及勘探潜力[J]. 海相油气地质，2003（3）：54-68.

[18] 黄正良，刘燕，武春英，等. 鄂尔多斯盆地奥陶系马家沟组五段中组合中下段成藏特征[J]. 海相油气地质，2014（3）：57-65.

[19] 赵振宇，郭彦如，王艳，等. 鄂尔多斯盆地构造演化及古地理特征研究进展[J]. 特种油气藏，2012，19（5）：15-20.

[20] 王玉新. 鄂尔多斯地块早古生代构造格局及演化[J]. 中国地质大学学报，1994（6）：778-786.

[21] 王龙，吴海，张瑞，等. 碳酸盐台地的类型、特征和沉积模式——兼论华北地台寒武纪陆表海—淹没台地的沉积样式[J]. 地质论评，2018，62-76.

[22] 冯增昭，等. 鄂尔多斯地区早古生代岩相古地理[M]. 北京：地质出版社，1991.

[23] 赵雪娇. 鄂尔多斯盆地延长探区下古生界天然气成藏动力及输导体系研究[D]. 西安：西北大学，2012.

[24] 苏中堂，柳娜，杨文敬，等. 鄂尔多斯盆地奥陶系表生期岩溶类型、发育模式及储层特征[J]. 中国岩溶，2015，34（2）：109-114.

[25] 冉新权，付金华，魏新善，等. 鄂尔多斯盆地奥陶系顶面形成演化与储集层发育[J]. 石油勘探与开发，2012，39（2）：154-161.

[26] 王建民，王佳媛，沙建怀，等. 鄂尔多斯盆地东部奥陶系风化壳岩溶古地貌特征及综合地质模型[J]. 吉林大学学报（地球科学版），2014，44（2）：409-418.

[27] 朱定伟，丁文龙，游声刚，等. 鄂尔多斯盆地东南部古构造恢复及地质意义[J]. 特种油气藏，2013，20（1）：48-51.

[28] 赵振宇，郭彦如，王艳，等. 鄂尔多斯盆地构造演化及古地理特征研究进展[J]. 特种油气藏，2012，19（5）：15-20.

[29] 李振宏, 胡健民. 鄂尔多斯盆地构造演化与古岩溶储层分布[J]. 石油与天然气地质, 2010, 31（5）: 640-647.

[30] 拜文华, 吕锡敏, 李小军, 等. 古岩溶盆地岩溶作用模式及古地貌精细刻画——以鄂尔多斯盆地东部奥陶系风化壳为例[J]. 现代地质, 2002, 16（3）: 292-298.

[31] 古地貌恢复及对流体分布的控制作用——以鄂尔多斯盆地高桥区气藏评价阶段为例[J]. 石油学报, 2016（12）, 1483-1494.

[32] 乔博, 刘海锋, 何鎏, 蔡明歌, 张芳, 袁继明. 鄂尔多斯盆地靖边气田的古地貌定量恢复新方法[J]. 天然气勘探与开发, 2018, 41（4）: 32-37.

[33] 岩溶残丘精细刻画及控储特征分析——以塔里木盆地轮古地区奥陶系风化壳岩溶储集层为例[J]. 石油勘探与开发, 2017（5）.

[34] 杨俊杰, 谢庆邦, 宋国初. 鄂尔多斯盆地奥陶系风化壳古地貌成藏模式及气藏序列[J]. 天然气工业, 1992（4）: 10+22-27.

[35] 肖玲, 王起琮, 米慧慧, 等. 鄂尔多斯盆地宜君—富县地区马家沟组顶部岩溶古地貌特征[J]. 地质科学, 2015, 50（1）: 262-273.

[36] 王震亮, 魏丽, 王香增, 等. 鄂尔多斯盆地延安地区下古生界天然气成藏过程和机理[J]. 石油学报, 2016, 37（S1）: 99-110.

[37] 陈建平, 赵长毅, 何忠华. 煤系有机质生烃潜力评价标准探讨[J]. 石油勘探与开发, 1997（1）: 1-5.

[38] 程克明, 张朝富. 吐鲁番-哈密盆地煤成油研究[J]. 中国科学化学: 中国科学, 1994, 24（11）: 1216-1222.

[39] 强子同. 碳酸盐储层地质学[M]. 青岛: 中国石油大学出版社, 1998.

[40] 苏中堂, 陈洪德, 徐粉燕, 等. 鄂尔多斯盆地马家沟组白云岩稀土元素地球化学特征[J]. 吉林大学学报（地球科学版）, 2012（S2）: 53-61.

[41] 陈道公. 地球化学[M]. 2版. 合肥: 中国科学技术大学出版社, 2009.

[42] 伊海生, 林金辉, 赵西西, 等. 西藏高原沱沱河盆地渐新世-中新世湖相碳酸盐岩稀土元素地球化学特征与正铈异常成因初探[J]. 沉积学报, 2008, 26（1）: 1-10.

[43] 汪宗欣, 吕修祥, 钱文文. 寒武系海相碳酸盐岩元素地球化学特征及其油气地质意义——以塔里木盆地柯坪地区肖尔布拉克组为例[J]. 天然气地球科学, 2017（7）.

[44] Jones B, Manning D A C.Comparion of geochemical indices used for the interpretation of palaeoredox conditions in ancient mudstones[J]. Chemical Geology, 1994, 111（1~4）:111-129.

[45] 陈思静.碳酸盐岩的成岩作用[M].北京：地质出版社，2010.
[46] 闫佐.陕北志丹 Y818 井区马家沟组马五段—亚段储层特征与分布规律[D].西安：西安石油大学，2016.
[47] 张丽雯.鄂尔多斯盆地东部下奥陶统马五 5 亚段白云岩储层成因及评价[D].成都：成都理工大学，2018.
[48] 李军，王炜，王书勋.青西油田沉凝灰岩储集特征[J].新疆石油地质，2004，25（3）：288-290.
[49] 杨华，杨奕华，石小虎，等.鄂尔多斯盆地周缘晚古生代火山活动对盆内砂岩储层的影响[J].沉积学报，2007，25（4）：526-534.
[50] 李向博,王建伟.煤系地层中砂岩火山尘填隙物的成岩作用特征——以鄂尔多斯盆地天然气储层为例[J].岩石矿物学杂志；2007，26（1）：42-48.
[51] 王宏语，樊太亮，肖莹莹，等，凝灰质成分对砂岩储集性能的影响[J].石油学报，2010，31（3）：432-439.